建筑防火设计
常见问题释疑

JIANZHU FANGHUO SHEJI CHANGJIAN WENTI SHIYI

倪照鹏◎编著

中国计划出版社

北京

图书在版编目（ＣＩＰ）数据

建筑防火设计常见问题释疑 / 倪照鹏编著. -- 北京：
中国计划出版社，2022.1
ISBN 978-7-5182-1398-6

Ⅰ．①建… Ⅱ．①倪… Ⅲ．①建筑设计－防火－问题
解答 Ⅳ．①TU892-44

中国版本图书馆CIP数据核字（2021）第279720号

责任编辑：张　颖　　　　　　　封面设计：韩可斌
责任校对：杨奇志　谭佳艺　　　责任印制：赵文斌　李　晨

中国计划出版社出版发行
网址：www.jhpress.com
地址：北京市西城区木樨地北里甲 11 号国宏大厦 C 座 3 层
邮政编码：100038　电话：（010）63906433（发行部）
北京天宇星印刷厂印刷

787mm×1092mm　1/16　16.75 印张　273 千字
2022 年 1 月第 1 版　2022 年 1 月第 1 次印刷

定价：149.00 元

编 者 的 话

扫码观看作者视频讲解

　　作者多年来一直负责国家标准《建筑设计防火规范》GB 50016 的编制和日常管理工作。在工作过程中，接触到大量关于建筑防火设计的问题和《建筑设计防火规范》等相关标准如何理解和执行的问题。这些问题都是一些具体的工程问题，有些具有一定的特殊性，但不少问题具有普遍的意义，很有必要做一个统一的解答和说明，以飨读者。

　　本书所选问题主要与《建筑设计防火规范》的规定及其在建筑防火设计中的应用有关，包括通用问题，工业建筑和民用建筑的火灾危险性或建筑分类、建筑的耐火等级、平面布置和安全疏散，建筑构造，消防救援设施，消防设施设置、通风与空气调节系统及电气等设计中的有关防火问题。所有问题均力图忠于规范规定的本意和相应的防火目标、性能，结合国家标准 2021 年版《建筑设计防火规范》GB 50016 和全文强制性国家标准《建筑防火通用规范》等标准的修订和编制做了解答，并简述了相关原理。本书的出版，冀望能帮助读者更深入地理解相关建筑防火标准的规定，更好地结合实际工程灵活运用，而不拘泥于标准的教条。

　　本书是《建筑设计防火规范》GB 50016 及其指南的配套读物，可用作从事建筑设计、建筑消防技术咨询与服务、建筑消防设计审查与验收、消防监督管理的人员和消防专业院校师生的工具书。

　　本书在编写过程中，消防资源网总经理石峥嵘先生为本书提供了大量有益的信息，并帮助制作了插图，在此对石峥嵘先生和消防资源网各位朋友的无私奉献表示衷心的感谢。本书得以与读者见面，得益于中国计划出版社张颖老师的策划、鼓励、帮助以及对文字和内容等做了大量细致的编校工作。本书能够更加忠实于标准，更加通俗浅显、简明扼要、准确地回答相关问题，还要感谢天津泰达消防科技有限公司、斯美特（深圳）安全技术有限公司各位技术人员的认真试读和对本书提出的宝贵意见。

最后，对我儿子倪志远在紧张的工作之余帮助设计本书的封面表示感谢，并由衷地感激妻子对我多年无微不至的照顾、热情鼓励和默默支持。

倪照鹏

2021 年 11 月 8 日

目　录

扫码观看问题目录

1 通 用 问 题

问题 1-1 什么是建筑防火？

答：广义上，建筑防火是一门研究在建筑规划、设计、建造和使用过程中，为预防建筑发生火灾、减少建筑火灾危害所需技术和方法的科学。狭义上，建筑防火是一种协调和合理确定建筑中被动防火系统、主动防火系统和安全疏散与避难系统的设防水平，并通过科学的消防安全管理，实现建筑消防安全目标的活动。

问题 1-2 建筑防火设计的目的是什么？

答：建筑防火设计的目的是在建筑设计中合理地确定建筑的消防安全设防标准，采取科学合理的防火技术措施，降低火灾发生的可能性，保证建筑内的人员在火灾情况下能够安全疏散，为消防救援人员安全、快速扑救火灾创造有利条件，控制火灾的蔓延范围，以减少因火灾所致人员伤亡、财产损失、环境危害以及生产、生活和商业受影响所产生的损失，实现建筑防灾减灾的目标。

问题 1-3 建筑防火设计的主要内容有哪些？

答：在建筑防火设计中，采用必要的技术措施和方法来预防建筑火灾和减少建筑火灾危害、保护人身和财产安全是建筑防火设计中的基本消防安全目标。主要内容包括：

（1）总平面布局设计。合理确定建筑方位，避免形成火灾的次生危害；根据建筑的类别和高度、使用性质及其火灾危险性、建筑的耐火等级等因素，合理确定所设计建筑与周围建（构）筑物的防火间距；规划和设置消防车道、消防救援场地（主要为消防车登高操作场地），包括确定消防车道与周围交通道路、消防救援场地的关系与连接方式，消防车道的转弯半径、坡度和宽度，消防救援场地的坡度和大小等。

（2）建筑的平面布置与被动防火设计。合理规划建筑内不同火灾危险性和使用用途场所的布置位置，处理好不同场所与相邻空间以及安全疏散和避难系统的关系；确定合适的建筑耐火等级，进行建筑的耐火性能和防火保护设计；结合平面布置和使用功能需要合理划分防火分区和防火分隔；根据建筑的类型、高度和使用性质及其内部不同场所的用途、通风条件和消防设施设置情况等，确定建筑内地面、顶棚、墙面等不同部位的装修材料和家具、装饰品等的燃烧性能；针对建筑的用途和高度，确定外幕墙的材料和防火构造、外墙内保温或外保温系统和屋面保温系统中保温材料的燃烧性能与保温系统的防火构造；对于有爆炸危险性的建筑或场所，根据该场所内的爆炸危险性物质的特性和数量确定预防形成爆炸环境、抑制发生爆炸、减小发生爆炸后爆炸压力破坏作用的技术措施。

（3）消防给水、灭火系统等主动防火系统的设计。消防给水系统设计；自动灭火系统、室内和室外消火栓系统的设计；灭火器和其他灭火器材的配置；火灾自动报警系统设计，包括火灾探测系统、火灾报警与警报系统、消防联动控制系统、应急广播系统、电气火灾监控系统和消防控制室的功能设计等；烟气控制系统设计，包括划分防烟分区，确定防烟和排烟系统的设置场所，设置排烟口、送风口和补风口，确定和布置排烟、送风、补风管道，计算和确定加压送风量、排烟量和补风量，布置排烟、送风或补风机房等；消防泵房及消防供配电系统设计，包括泵房布置、消防电源的负荷等级确定、消防配电线路选型与敷设等。

（4）安全疏散与避难系统设计。针对不同使用性质建筑内使用人员的特征和预计疏散人数，确定足够的疏散门、疏散走道和疏散楼梯以及必要的避难场所，包括计算疏散人数、确定安全出口和疏散门的数量与位置、规划疏散路径、确定疏散距离和每个疏散门或疏散楼梯及疏散或避难走道的宽度、选择和设置消防应急照明与疏散指示系统、确定避难间或避难区的位置和使用面积等。

（5）建筑灭火救援保障设施的设计。确定灭火救援窗的位置和形式，设置消防电梯、应急排烟排热窗、灭火救援专用通道和消防通信设施，屋顶直升机停机坪或救助设施设计、消防水泵接合器布置等。

（6）电气等火灾预防措施设计。非消防供电线路的选型和敷设防火设计，电气设备和高温、明火使用部位或器具的布置和防火保护措施设计、室内变压器的选型等，供暖、通风和空气调节系统的防火设计等。

问题 1-4 建筑防火系统中的主动防火系统构成及其作用是什么？

答：（1）建筑的主动防火系统是根据建筑内火灾发生、火灾和烟气的发展与蔓延特性，由提高建筑的灭火、控火能力，改善人员安全疏散与避难条件的各种技术措施构成的体系，包括建筑内外的消防给水系统、灭火设施、火灾自动报警设施和防烟排烟设施等。该系统要区别于外部消防救援力量灭火所用装备和器材。

（2）主动防火系统包括在建筑内和建筑外设置与配置建筑消防给水设施、灭火设施与器材、火灾报警设施、防排烟设施等通过预防、控制或扑救火灾，减小热作用等减小火灾危害的技术措施。

（3）建筑主动防火系统是在建筑发生火灾后，确保建筑内人员生命和财产安全的重要防火技术措施。其主要作用有：通过及早探测火情，使建筑发生火灾后能尽早报警和采取措施进行人员疏散、开展灭火行动，通过在建筑内设置的自动灭火设施及时灭火、控火、排除火灾产生的烟和热，以将火灾控制在一个较小的状态或空间内，减小火灾的热和烟气对建筑结构和人员疏散及消防救援人员的危害。

问题 1-5 建筑主动防火系统设计的主要内容和目标是什么？

答：（1）建筑主动防火系统的设计主要包括：消防给水系统、火灾自动报警系统、室内外消火栓和自动灭火系统等灭火系统与灭火器材（灭火器、灭火沙、灭火毯等）、建筑防烟与排烟系统的设置和设计等内容。

（2）主动防火系统设计的目标为：

1）建筑的消防给水系统和室内、室外消火栓系统以及建筑中配置的灭火器、消防软管卷盘、灭火沙等或自动灭火系统与设施，应满足建筑扑救和控制火灾的需要。

2）自动喷水灭火系统、气体灭火系统、泡沫灭火系统、细水雾灭火系统、水喷雾灭火系统、固定消防炮灭火系统、厨房自动灭火装置等自动灭火系统和灭火器材应具备扑灭初起火的能力，并应与所在场所可燃物的火灾特性相适应，能实现扑灭或抑制初起火的目标。

3）火灾自动报警系统应满足及时侦测火情、发出火警信号并启动火灾警报装置、应急照明系统、火灾应急广播等设施，引导着火现场人员及时疏散和采取灭火与救援行动的需要。

4）排烟系统应能及时有效排除火灾产生的烟气和热量，通过烟气控制系统的气流组织使烟气有序运动而不任意蔓延，减小火灾烟气对燃烧的热反馈作用，减小热烟气对建筑结构的热作用和对人员的毒害作用，能满足为消防救援和人员疏散创造更安全条件的需要。

5）防烟系统应满足阻止有毒烟气进入着火场所相邻空间的需要，特别是可以防止烟气侵入人员在疏散或避难过程中需通过、进入或停留的空间或场所。

问题 1-6　建筑防火系统中的被动防火系统构成及其作用是什么？

答：（1）建筑被动防火系统是根据建筑中可燃物燃烧的基本原理，由防止可燃物燃烧条件的产生或削弱其燃烧条件的发展、阻止火势蔓延的各种技术措施构成的体系。通常，通过控制建筑物内的可燃物数量（准确地说，应该采用火灾荷载或火灾荷载密度表达，本书统一采用通俗的说法——可燃物数量来表达。火灾荷载是建筑或其中某一空间、区域所有可燃物完全燃烧的总热值，火灾荷载密度是建筑内某一空间或区域的火灾荷载折算成所在单位地板面积后的数值）和类型、提高建筑物的耐火等级和材料的燃烧性能、控制和消除点火源、采取分隔措施阻止火势蔓延等方式来实现防火的目标。

（2）建筑被动防火的主要作用有：将火势及烟气限制在起火的较小空间内，减少生命及财产损失；防止建筑结构的局部破坏或整体垮塌；防止火势蔓延至邻近区域或阻止火势从邻近区域蔓延过来；尽可能阻止和消除建筑内形成发生火灾的条件。

问题 1-7　建筑被动防火系统设计的主要内容？

答：建筑被动防火系统设计需要通过合理的工程设计协调建筑的功能要求，确定相应的建筑耐火等级及其构件或结构耐受火灾热作用的性能，确定建筑内部和外部不同部位建筑或装修装饰材料的燃烧性能，合理进行总平面布局和平面布置，并合理划分建筑内部的防火分隔区域。通常包含建筑内部和外部装修装饰（包括建筑内保温或外保温系统）的防火设计，建筑平面布置和防火分区与防火分隔设计，建筑整体耐火性能及建筑结构或构件的耐火和防火保护设计，建筑之间的防火设计（如防火间距等），建筑内的防火封堵系统设计和安全疏散与避难系统的防火保护设计等内容。

　　建筑被动防火系统的设计主要以建筑结构和构造的形式体现，不易移动或改变，在建筑设计时需要细心研究，一次到位，避免在建筑竣工后或在使用过程中因设计缺陷形成难以改造的消防安全隐患。设计中要充分估计建筑在使用过程中可能发生功能或用途改变带来的潜在风险，设计应有所冗余。

问题 1-8　当同一建筑内设置多种使用功能场所时，如何确定哪些功能场所需要与相邻区域进行防火分隔？

　　答：设置多种不同使用功能的建筑，多存在不同的使用和管理主体，使用时间可能也不完全一致，具有较复杂多样的火灾致灾因素，需要通过合理的平面布置和防火分隔来尽量降低火灾的危害。对于建筑的功能，可以从建筑的分类或对应已有的建筑设计标准确定，如办公、居住或经营性住宿、商店、展览、养老、儿童活动、医疗、生产与仓储等；而住宅、商店、旅馆、办公建筑中的不同用途房间，不属于本问题所指的不同使用功能场所，如商店建筑内的营业厅、辅助办公室、附属库房、配套设备用房等。

问题 1-9　建筑中的地下或半地下室的耐火等级、安全疏散等的设计与地上部分有何区别？

　　答：建筑中的地上部分与地下或半地下部分的设防要求有一定差别。实际上，可以将这两部分看成是位于同一建筑结构承重体系中两座建筑的上、下组合，相互间既有联系，又有各自的要求，其耐火等级、防火分区、疏散楼梯间的形式、室内的疏散距离、消防设施设置等均可以分别按照地上部分和地下部分的各自功能、层数、高度或埋深等确定，但建筑的室内外消防给水系统、火灾自动报警系统、消防通信、室外消防救援保障条件等应统一考虑。

问题 1-10 建筑的地下部分和地上部分是否可以采用不同的耐火等级？

答：建筑的耐火等级是一个用于表示建筑整体耐火性能高低的指标。除木结构建筑外，《建筑设计防火规范》GB 50016—2014（2018 版）（以下简称"《建规》"）为便于确定相应的设防标准，将其他类型结构的建筑耐火等级从高到低依次分为一级、二级、三级和四级，共 4 级。民用建筑地下部分的耐火等级不应低于一级，工业建筑地下部分的耐火等级不应低于二级，一般不低于一级。建筑的地上部分可以根据其使用功能、建筑高度和火灾危险性等确定其与地下部分不一样的耐火等级，可以采用木结构建筑或者一级、二级、三级、四级耐火等级的其他类型结构的建筑等。建筑的地下部分与地上部分之间应采用耐火极限不低于 1.50h 的楼板分隔；对于一些特殊建筑，该分隔楼板的耐火极限还要有所提高。

问题 1-11 工业建筑是否也有裙房？

答：依据《建规》第 2.1.2 条，在高层建筑主体投影范围外，与高层建筑主体相连且建筑高度不大于 24m 的附属建筑，均可视为是裙房。《建规》有关裙房的定义，并未特指是民用建筑还是工业建筑。因此，高层工业与民用建筑中符合上述条件的附属建筑均可视为建筑高层主体的裙房，即高层工业建筑中符合裙房定义的附属建筑也可以按照裙房考虑。

问题 1-12 如果工业建筑存在裙房，《建规》有关裙房的设防原则和要求是否适用？

答：尽管《建规》只规定了民用建筑有关裙房的防火设计技术要求，但并不是说裙房不适用工业建筑，只是工业建筑有关裙房的防火设计问题不突出，未在规范中予以明确。在具体工程中，如果高层工业建筑存在裙房的情形，其防火设计要求可以比照《建规》第五章的有关设防原则确定。

另外，高层工业与民用建筑的裙房应注意与高层工业与民用建筑的裙楼的区别。建筑的裙楼也是与高层建筑主体直接相连的附属建筑，但是其建筑高度与高层建筑主体的高度相差较大，且裙楼的建筑高度大于 24m。裙楼的防火设计要求要根据高层建筑主体及裙楼的建筑高度、建筑类别或火灾危险性类别来确定，当裙楼采用防火墙和甲级防火门与高层建筑主体分隔时，裙楼部分的防火设计可以按照裙楼的建筑高度、建筑类别或火灾危险性类别来确定，但裙楼的耐火等级不应低于高层建筑主体的耐火等级。

问题 1-13 相邻两座建筑满足什么要求属于贴邻建造？

答：相邻两座建筑当相互之间无间距时，属于贴邻建造。一般情况下，相邻两座贴邻建筑的外墙是各自独立的；当两座建筑属于同一个产权所有人时，贴邻的两座建筑也可以共用防火墙或抗爆墙，但其承重结构体系应是各自独立的。

问题 1-14 不同耐火等级工业和民用建筑的建筑构件的耐火极限与防火卷帘、防火玻璃隔墙、防火门、防火窗等的耐火极限有何区别？

答：（1）建筑构件的燃烧性能和耐火极限是决定建筑物耐火等级的主要依据。根据现行国家标准《消防词汇 第 2 部分：火灾预防》GB/T 5907.2—2015 和《建规》的规定，耐火极限为在标准耐火试验条件下，建筑构件、配件或结构从受到火的作用时起至失去耐火稳定性（或承载力）、耐火完整性或耐火隔热性时止的时间，用小时表示。相应的耐火试验方法和判定标准应符合现行国家标准《建筑构件耐火试验方法》GB/T 9978.1 ~ GB/T 9978.9 的规定。

虽然建筑构件的耐火极限包括耐火承载力、完整性、隔热性等关键指标，但是对于不同建筑结构或构配件，其耐火极限的判定标准和所代表的含义可能不完全一致。例如，承重柱的耐火极限主要由其耐火承载力的时长决定，防火分隔墙体和楼板的耐火极限主要由其耐火完整性能和耐火隔热性能的时长决定。

（2）对于防火卷帘、防火玻璃隔墙、防火门、防火窗等建筑分隔构配件，需要依据各自的产品标准对其耐火完整性和隔热性进行判定。门和防火卷帘的耐火极限应按照现行国家标准《门和卷帘的耐火试验方法》GB/T 7633—2008 的规定进行试验和判定。其中，钢质防火卷帘和无机纤维复合防火卷帘的耐火极限应按照 GB/T 7633 的规定测定其耐火完整性，特级防火卷帘的耐火极限应按照 GB/T 7633 的规定测定其耐火完整性和隔热性。

防火窗的耐火性能应按照现行国家标准《镶玻璃构件耐火试验方法》GB/T 12513—2006 的规定进行试验。其中，隔热性防火窗的耐火性能应按照 GB/T 12513—2006 关于隔热性镶玻璃构件判定准则的规定进行判定，非隔热性防火窗的耐火性能应按照 GB/T 12513—2006 关于非隔热性镶玻璃构件判定准则的规定进行判定。

防火玻璃隔墙的耐火性能应按照现行国家标准《建筑构件耐火试验方法第 8 部分：非承重垂直分隔构件的特殊要求》GB/T 9978.8—2008 的规定进行试验和判定标准确定。

从上述试验方法和判定标准看，建筑构件、防火玻璃隔墙、防火卷帘、门和防火窗的耐火极限的试验方法和判定标准所遵循的标准不同，但试验设备和试验条件、判定标准基本一致。因此，相同耐火极限和燃烧性能的建筑构件、防火玻璃隔墙、防火卷帘、门和防火窗，它们的耐火性能是相当的，发挥同样作用的建筑构配件或防火卷帘可以相互替代。

问题 1-15　建筑构件的燃烧性能分类与建筑材料的燃烧性能分级有何区别？

答：国家标准对建筑构件、建筑装修材料、建筑保温材料及制品的燃烧性能均有要求。根据《建规》的规定，建筑构件的燃烧性能分为不燃性、难燃性和可燃性；根据现行国家标准《建筑内部装修设计防火规范》GB 50222—2017 的规定，建筑内部装修材料的燃性能分为 A 级（不燃材料）、B_1 级（难燃材料）、B_2 级（可燃材料）和 B_3 级（易燃材料）。建筑构件和建筑材料的燃烧性能分级均应符合现行国家标准《建筑材料及制品燃烧性能分级》GB 8624—2012 的规定，因此建筑构件的燃烧性能分类与建筑材料的燃烧性能分级要求是一致的。

问题 1-16　不同耐火等级建筑相应构件的燃烧性能分为不燃性、难燃性和可燃性材料，是否表示房屋建筑中不允许采用易燃性建筑构件？

答：是的，建筑构件不允许采用易燃材料构筑。国家标准不仅对不同耐火等级建筑的构配件的燃烧性能有通用性要求，且不允许采用易燃性建筑构配件，而且对不同建筑中某些构件的燃烧性能有专门要求。这些要求是综合建筑的火灾危险性和扑救难度等因素，对相应构件燃烧性能通用性要求的调整。如《建规》第 3.2.12 条对部分一、二级耐火等级仓库或厂房的非承重外墙，结合墙体的耐火极限对墙体材料的燃烧性能进行了调整。

问题 1-17 建筑的屋面防水采用难燃防水材料并铺设在难燃保温材料上时，防水材料或保温材料可否不做防护层？

答：根据《建规》第 3.2.16 条和第 5.1.5 条的要求，屋面防水层宜采用不燃、难燃材料，当采用可燃防水材料且铺设在可燃、难燃保温材料上时，防水材料或可燃、难燃保温材料应采用不燃材料做防护层。根据《建规》第 6.7.10 条的规定，建筑屋面的外保温系统采用燃烧性能为 B_1 或 B_2 级的保温材料时，外保温系统应采用不燃材料做防护层。

因此，建筑屋面的防水采用难燃材料并铺设在难燃保温材料上时，应采用不燃材料做防火保护层。该保护层可以设置在屋面防水层与外保温系统之间，也可以设置在屋面防水层上面。

问题 1-18 当建筑的屋面防水采用不燃防水材料且屋面外保温系统使用难燃或可燃保温材料时，该防水层可否作为该屋面外保温系统的防火保护层？

答：建筑的屋面防水采用不燃防水材料时，能够防止外部飞火或火星以及低强度的热辐射作用引燃屋面内的可燃或难燃材料，故该防水层可以直接作为采用难燃或可燃保温材料的屋面外保温系统的防火保护层，但防水层的厚度不应小于 10mm，即应满足外保温系统外防火保护层的厚度要求。

问题 1-19 建筑屋面外保温系统采用不燃保温材料时，屋面防水层采用可燃防水材料直接铺设在保温材料上时，防水层外是否需要做防火保护层？

答：由于屋面防水层厚度较薄，且其下部的屋面外保温系统中保温材料的燃烧性能为 A 级，即使可能被引燃，其火灾危险性也较小。因此，直接敷设在不燃保温材料上的可燃材料防水层不需要做防火保护层。

问题 1-20　当建筑的楼地板和吊顶的耐火极限满足要求时，防火隔墙可否从架空地板砌到吊顶板？

答：防火隔墙是建筑内防止火灾在不同火灾危险性房间之间蔓延的重要防火分隔墙体。由于吊顶和架空地板只是其板材的耐火极限符合要求，但其整体的耐火极限还受固定支吊架、下部结构以及拼缝等的影响，难以满足火灾条件下有效阻止火势蔓延的需要。因此，防火隔墙应从楼地面基层隔断至梁、楼板或屋面板的底面基层，并应对墙头缝（如墙体与墙体之间、墙体与顶板和楼地板之间、墙体与梁体或柱体之间的缝隙）进行防火封堵，不应从架空地板砌至吊顶顶棚下，应防止出现架空地板下或吊顶上部空间在防火分隔部位贯通的情况，参见图 1-1。

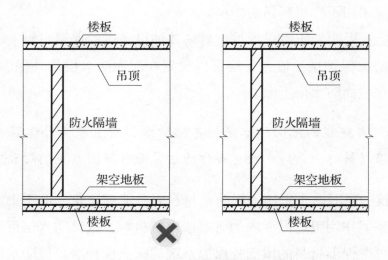

图 1-1　防火隔墙构造示意图

问题 1-21　金属夹芯板材用于建筑外墙、隔墙和屋面板时，有何防火技术要求？

答：芯材为不燃材料（A 级）的金属夹芯板材，可以用作建筑中的非承重外墙、房间隔墙和屋面板等，不应用作防火墙、承重墙、楼梯间的墙、电梯井的墙和楼板。受夹芯板材自身构造和承载力的限制，建筑的上人屋面、一级和二级耐火等级建筑的非承重外墙和房间隔墙不宜采用金属夹芯板材。

问题 1-22　确定墙体的耐火极限时，为何可以不考虑墙上洞口的影响？

答：墙体的耐火极限与墙体的构造、构成材料的性能和受力情况等有关，与墙体上是否设置洞口无关。但是，当要求具有耐火极限的墙体设置洞口时，洞口会影响该墙体的防火分隔作用，需要根据分隔部位的功能要求和洞口与缝隙大小等具体情况，对墙体上的这些洞口设置相应耐火性能的防火门、防火窗、防火卷帘、防火分隔水幕等防火保护措施，并对相应的缝隙采取防火封堵措施。对于疏散走道两侧墙体上设置的门窗等的要求，见问题 1-25 和 1-26 的释疑。

问题 1-23　疏散走道两侧的隔墙可否采用玻璃隔墙？有何技术要求？

答：玻璃具有良好的通透性，火灾情况下易造成人体碰撞玻璃，人员可以看见火势和烟气，并会因此产生一定心理压力或恐慌情绪。因此，疏散走道两侧的隔墙不宜采用玻璃隔墙，人员密集场所和人员密集的场所均不应采用玻璃隔墙。其他场所当采用玻璃隔墙时，应采用耐火极限不低于 1.00h 的 A 类防火玻璃隔墙，或具有水防护冷却系统保护的 C 类防火玻璃隔墙（可以视火灾蔓延的可能性等具体情况确定是否设置水防护冷却系统），并应设置预防人员撞击玻璃的明显标识。

问题 1-24　疏散走道两侧的隔墙可否采用防火卷帘或芯材为不燃材料（A级）的金属夹芯板材替代？

答：（1）疏散走道是在建筑内用于火灾时人员疏散，并具有一定防火、防烟性能的人行通道。由于影响防火卷帘可靠性的因素多，如联动设施、固定槽或卷轴电机等，当前防火卷帘在实际使用中的可靠性较低，效果较差，因此疏散走道两侧的隔墙应为实体墙或防火玻璃隔墙，不应采用防火卷帘替代或在隔墙上设置防火卷帘，以强化平时人员对疏散路径的印象，有利于人员安全疏散。

（2）疏散走道两侧的隔墙可以采用芯材为不燃材料（A级）的金属夹芯板材或防火玻璃隔墙替代，但金属夹芯板材墙体的整体耐火极限不应低于 1.00h 或设计所要求的耐火极限，板材墙体及其固定体系应具有足够的防挤压破坏性能。

问题 1-25　疏散走道两侧隔墙上设置的房间疏散门是否需要采用防火门？

答：疏散走道两侧的隔墙主要用于建筑发生火灾后人员在疏散时发挥防烟的作用，房间的疏散门在火灾初期均具有一定的隔烟作用。如相关标准无专门规定，疏散走道两侧隔墙上的房间疏散门可以采用普通平开门，不要求采用防火门。

问题 1-26　疏散走道两侧的隔墙上可否开窗？是否需要采用防火窗？

答：疏散走道是建筑内在火灾时具有一定防火、防烟性能的人行疏散通道，因此不宜在疏散走道两侧的隔墙上开窗，也不宜将窗扇直接开向疏散走道，开向疏散走道的窗扇不应影响人员安全疏散，不应减小疏散走道的设计疏散宽度。确有需要设置的窗口应设置窗扇，并宜具有相应的耐火完整性能。

问题 1-27　《建规》对建筑内房间隔墙的耐火极限有明确规定，但在实际建筑中有不少房间隔墙采用普通玻璃替代或在墙体上设置面积较大的玻璃窗。这种做法是否符合标准要求？

答：《建规》规定了不同耐火等级工业与民用建筑中房间隔墙的耐火极限，该隔墙是建筑内因使用用途需要而在房间之间设置的隔墙。要求房间墙体具有一定的耐火性能，主要为避免在房间内发生火灾时，能够发挥阻止火势和烟气蔓延的作用。在墙体上设置普通玻璃或普通玻璃窗的房间隔墙，其耐火性能难以满足相应的要求，因此在标准要求应具有一定耐火性能的房间隔墙上，不能采用普通玻璃隔墙替代，尽量不设置普通玻璃窗；当在这些房间隔墙上设置普通玻璃或普通玻璃窗时，在防火上一般要将相邻几个房间视为一个房间与周围区域分隔，或者采用防火玻璃隔墙，必要时窗玻璃也应采用防火玻璃。

问题 1-28　同一建筑内有多台客、货电梯并列设置时，电梯井道之间是否需要设置具有一定耐火性能的分隔墙体？

答：未设置防烟防火前室等防火措施的电梯井道，是建筑内导致火灾和烟气在竖向快速蔓延的主要通道之一，竖井之间未进行防火分隔将加大火灾和烟气蔓延的危害。根据《建规》的要求，电梯井道应独立设置，同一建筑内并列设置多台客、货电梯时，井道之间、井道与相邻其他区域之间应采取防火分隔措施，且防火分隔墙体应具有不低于 1.00h 的耐火极限。

问题 1-29 设置在三级或四级耐火等级建筑内的气体灭火系统储瓶间应满足哪些防火技术要求？

答：气体灭火系统的储瓶间是存放气体灭火系统中气体灭火剂、设置相关控制和启动装置的重要设备房，应确保其消防安全，使其避免受到相邻区域火灾的危害作用，并在相应区域发生火灾时能安全、正常发挥作用。

根据现行国家标准《气体灭火系统设计规范》GB 50370—2005 的规定，管网灭火系统的储存装置宜设在专用储瓶间内，储瓶间应符合建筑物耐火等级不低于二级的有关规定。为了防止外部火灾的作用，设置在三级或四级耐火等级建筑内的气体灭火系统储瓶间需要局部加强其隔墙、梁、柱和楼板等的耐火性能，使其具备不低于二级耐火等级建筑中相应构件的燃烧性能和耐火极限。严格来说，需要设置气体灭火系统的建筑，其耐火等级一般不会低于三级，而独立设置的气体灭火系统专用储瓶间的耐火等级不应低于二级。

问题 1-30 在人防工程内设置的汽车库，如何确定其防火分区的最大允许建筑面积？

答：汽车库无论设置在何种功能的其他建筑内，均需要采用相应耐火极限的楼板和防火墙与其他功能区域分隔，独立划分防火分隔区域。与其他功能区域分隔后的汽车库，可以按照现行国家标准《汽车库、修车库、停车场设计防火规范》GB 50067—2014 的规定划分防火分区，并确定其相关防火设计技术要求。因此，设置在人防工程内的汽车库应独立划分防火分区，防火分区的最大允许建筑面积应符合 GB 50067—2014 的规定。

问题 1-31 平时使用的人民防空工程内设置自动喷水灭火系统的防火分区，其疏散距离可否增加 25%？

答：根据现行国家标准《人民防空工程设计防火规范》GB 50098—2009

第 5.1.5 条的规定，为有效控制房间的大小，人防工程中的观众厅、展览厅、多功能厅、营业厅、餐厅、开敞阅览室等开敞大空间场所内任一点直通最近安全出口（这些场所的疏散门就是安全出口的情形）的直线距离，不宜大于 30m，且在设置自动喷水灭火系统时可以再增加 25%；人防工程中各类房间（包括观众厅、展览厅等开敞大空间场所）内任一点至最近直通疏散走道的房间疏散门的直线距离，均不应大于 15m，且在设置自动喷水灭火系统时也不应再增加。对于房间疏散门至安全出口的疏散距离，当防火分区内设置自动喷水灭火系统时，可以相应增加 25%。

问题 1-32 汽车库、修车库能否与厂房或仓库合建？

答：汽车库、修车库属于具有一种特殊功能的建筑，既不属于民用建筑，也不属于工业建筑，而是一种服务于周围建筑或所在建筑本身的功能性配套建筑或场所，防火设计标准是根据其实际火灾危险性，参照丁类或甲类厂房的相应要求确定的。因此，汽车库、修车库与厂房或仓库合建时需要符合下列要求：

（1）汽车库、修车库不应与甲、乙类的厂房或仓库贴邻或组合建造。

（2）甲、乙类物品运输车的汽车库、修车库不应与任何厂房或仓库合建。严格来说，这里的甲、乙类物品运输车的汽车库、修车库是指车辆上装有甲、乙类物品的车辆，或者尽管未装载甲、乙类物品，但设置了已装卸相应物品的容器的车辆，不包括新出厂用于运输甲、乙类物品但还未经使用的车辆。

（3）Ⅰ类修车库不应与任何厂房或仓库合建。Ⅱ、Ⅲ、Ⅳ类修车库可以与没有明火作业的丙、丁、戊类的厂房或仓库合建。

（4）其他汽车库和修车库可以与丙、丁、戊类的厂房或仓库组合或贴邻建造。

问题 1-33 为民用建筑配套服务的设备用房是否可以设置在民用建筑地下室的汽车库内，并与汽车库划分为同一个防火分区？

答：为民用建筑配套服务的设备用房可以设置在建筑的地下室内，但应与汽车库分别单独划分防火分区，不应并入汽车库的防火分区，设备用房的防火分区最大允许建筑面积应符合《建规》的规定。但是仅供汽车库使用或主要为汽车库服务的附属设备用房，可以与汽车库划为同一个防火分区，防火分区的建筑面积可以根据汽车库中一个防火分区的最大允许建筑面积确定。

问题 1-34　汽车库坡道的面积是否计入汽车库的防火分区建筑面积？

答：根据现行国家标准《汽车库、修车库、停车场设计防火规范》GB 50067—2014 第 5.3.3 条的规定，除敞开式汽车库、斜板式汽车库外，汽车库内的汽车坡道两侧应采用防火墙（实际上属于耐火极限不低于 3.00h 的防火隔墙）与停车区隔开，坡道的出入口应采用水幕、防火卷帘或甲级防火门等与汽车停车区隔开；但当汽车库和汽车坡道上均设置自动灭火系统（一般为自动喷水灭火系统或自动喷水—泡沫联用系统）时，在汽车坡道的出入口处可以不设置水幕、防火卷帘或甲级防火门。因此，汽车库坡道实际是一个独立于汽车库外的防火区域，平时无可燃物，其建筑面积可以不计入相应停车区内防火分区的建筑面积。

问题 1-35　对于直通建筑内附设汽车库的电梯，在汽车库部分设置的电梯候梯厅可否采用防火玻璃隔墙和防火卷帘替代耐火极限不低于 2.00h 的防火隔墙和乙级防火门与汽车库分隔？

答：根据《建规》第 5.5.6 条的规定，直通建筑内附设汽车库的电梯应在汽车库部分设置电梯候梯厅，并应采用耐火极限不低于 2.00h 的防火隔墙和甲级或乙级防火门与汽车库分隔。该分隔主要为防止汽车库内的火灾及其烟气通过电梯竖井蔓延至其他楼层。因此，在汽车库部分设置的电梯候梯厅可以采用防火玻璃墙局部替代该部位的防火隔墙，防火玻璃墙的耐火隔热性和耐火完整性均不应低于 2.00h；采用耐火完整性不低于 2.00h 的非隔热性防火玻璃墙时，应设置自动喷水灭火系统保护，并宜采用夹胶防火玻璃。鉴于防火卷帘在使用中存在仍需进一步完善的问题，电梯候梯厅的防火隔墙不允许采用防火卷帘替代，与汽车库相通的开口部位应设置甲级或乙级防火门。

问题 1-36 住宅小区或机关企事业单位的停车位是否需要按照《汽车库、修车库、停车场设计防火规范》GB 50067—2014 的规定，考虑停车位与建筑物的防火间距？

答：根据现行国家标准《汽车库、修车库、停车场设计防火规范》GB 50067—2014 第 2.0.3 条的规定，停车场是专用于停放由内燃机驱动且无轨道的客车、货车、工程车等汽车的露天场地或构筑物。因此，如果住宅小区或机关企事业单位的停车位属于上述定义的停车场，就应按照 GB 50067—2014 确定这些停车位与建筑物的防火间距。

严格来说，住宅小区或机关企事业单位的停车位属于停车场，停车位与建筑物的防火间距应符合 GB 50067—2014 的要求。防火间距可以按照停车位至建筑物门窗洞口的直线水平距离计算。但是，根据住建部对有关问题的答复，对于供住宅小区车辆停放的地面车位、单位内临道路或根据场地情况配置的停车位，GB 50067—2014 未做具体规定。根据此答复，住宅小区或机关企事业单位的地面停车位与建筑的防火间距可以不执行 GB 50067—2014 的规定。

问题 1-37 在其他使用功能建筑的地下室设置汽车库时，如何确定汽车库的疏散楼梯和消防电梯设置要求？

答：设置在其他使用功能建筑地下室的汽车库，当汽车库与其他使用功能场所之间采用防火墙和耐火极限不低于 2.00h 的不燃性楼板完全分隔时，汽车库和其他使用功能场所的疏散楼梯、消防电梯的设置要求可以分别根据各自区域的建筑埋深或建筑高度、用途和现行国家标准《汽车库、修车库、停车场设计防火规范》GB 50067—2014 及《建规》的规定确定，并符合下述原则：

（1）对于其他使用功能建筑的地下室，当建筑上部设置消防电梯时，这些消防电梯应延伸至建筑地下室各层，并在地下各层能够停靠和开门；当建筑上部不要求设置或未设置消防电梯时，地下室可以根据其埋深和单个楼层的总建筑面积确定是否设置消防电梯。

（2）对于汽车库，无论其规模和埋深多大，GB 50067—2014 均不要求设置消防电梯，但是从更好地满足火灾时的应急救援考虑，汽车库要参照《建规》有关地下室或地下建筑设置消防电梯的要求，根据汽车库的埋深和单个楼层的总建筑面积设置消防电梯。

问题 1-38　与其他建筑合建的汽车库、修车库，其外墙门、洞口的上方应设置耐火极限不低于 1.00h、宽度不小于 1.0m、长度不小于开口宽度的不燃性防火挑檐，外墙上、下层开口之间墙的高度不应小于 1.2m 或设置耐火极限不低于 1.00h、宽度不小于 1.0m 的不燃性防火挑檐。这里的"外墙门、洞口"与"外墙上、下层开口"有何区别？

答：与其他建筑合建的汽车库或修车库需要单独划分防火区域，主要是避免汽车库火灾蔓延至其他功能区域。在汽车库、修车库的外墙门、洞口上方设置防火挑檐，在外墙的上、下层开口之间设置一定高度的窗间墙或防火挑檐，都是为了防止火势通过外墙上的开口沿建筑立面竖向蔓延。这里的"外墙门、洞口"是汽车库或修车库直接通向室外的人员和车辆出入口或洞口；"外墙上、下层开口"主要为汽车库或修车库外墙上的外窗或开敞、半开敞汽车库的外墙开口，参见图 1-2。

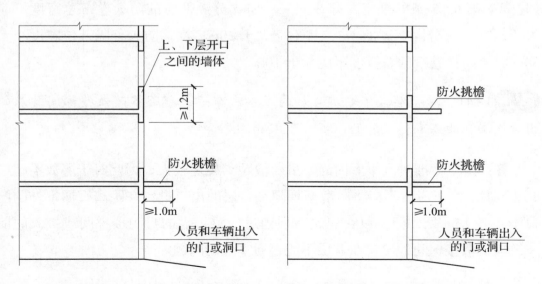

图 1-2　汽车库、修车库外墙上的开口及设置防火挑檐或窗间墙示意图

问题 1-39　与住宅地下室连通的地下、半地下汽车库，当人员疏散借用住宅部分的疏散楼梯，且不能直接进入住宅部分的疏散楼梯间时，应在汽车库与住宅部分的疏散楼梯之间设置连通走道，走道应采用防火隔墙分隔，汽车库开向该走道的门均应采用甲级防火门。该连通走道两侧防火隔墙的耐火极限应为多少？防火隔墙是否可以开门？

答：在住宅建筑下部设置的汽车库，当汽车库内的人员需要借用住宅部分的疏散楼梯进行疏散，并需要通过走道与疏散楼梯间连接时，要求在汽车库进入该走道处设置甲级防火门，实际上就是使该走道成为一条连通至住宅部分疏散楼梯间的疏散走道。因此，该走道的耐火性能可以比疏散楼梯间防火隔墙的耐火性能低些，但不应低于疏散走道两侧墙体的耐火性能，即耐火极限不应低于 1.00h，燃烧性能应为 A 级；在走道两侧的隔墙上可以开门，但宜采用乙级或甲级防火门。

问题 1-40　在汽车库内防火分区之间设置的防火卷帘是否有长度限制？

答：在汽车库内的防火分区之间，防火卷帘主要设置在汽车通道处，在其他部位应尽量采用防火墙分隔。防火卷帘在防火分隔部位的设置宽度应符合《建规》第 6.5.3 条的规定，即在同一个防火分隔部位的防火卷帘总宽度不应大于所在防火分隔宽度的 1/3，且不应大于 20m；当该防火分隔部位宽度小于 30m 时，防火卷帘的总宽度不应大于 10m。

问题 1-41　对于层数不超过 4 层的多层汽车库，可否将疏散楼梯间首层的出口设置在距离直通室外的门不大于 15m 处？

答：由于标准对汽车库内的人员疏散距离规定较大，因此对于层数不超过 4 层的多层汽车库，不应将疏散楼梯间在首层的出口设置在距离直通室外的门口不大于 15m 处，但可以在建筑首层通过设置扩大的封闭楼梯间或扩大的前室解决疏散楼梯间的出口在首层不能直通室外的问题。

问题 1-42　建筑地上部分设置的消防电梯应延伸至地下室各楼层。当地下室为汽车库时，是否也要延伸到地下室？

答：尽管现行国家标准《汽车库、修车库、停车场设计防火规范》GB 50067—2014 未明确要求地下汽车库应设置消防电梯，但当建筑的地上部分设置了消防电梯时，建筑地上部分的消防电梯仍应延伸至地下室中汽车库的各楼层，并应能在地下对应区域每层停靠和开门。

问题 1-43　建筑防爆与泄爆的区别是什么？什么情况下需要采取防爆措施或泄爆措施？

答：建筑防爆是一种通过采取预防在建筑使用过程中形成爆炸性条件的措施降低建筑内部环境的爆炸危险性，以及采取防止爆炸压力作用于建筑承重结构及相邻区域的措施降低爆炸作用产生危害性效应的技术。

建筑泄爆是一种通过在建筑的围护结构上设置足够的泄压面积及时泄放建筑爆炸所产生的压力，减轻爆炸作用对建筑承重结构的危害性效应的技术。

建筑防爆和建筑泄爆是两种从不同方面降低爆炸危险性和减小爆炸作用对建筑产生破坏性效应的技术。建筑防爆着重于预防爆炸，属于事前防灾技术，包括部分事后减灾措施；建筑泄爆着重于减轻爆炸作用，属于事后减灾技术。对于具有爆炸危险性的建筑或者建筑内的局部区域或部位，在建筑设计时应考虑防爆措施，而是否需要采取爆炸泄压措施，则要根据建筑内的爆炸危险性部位所在位置、建筑的外部条件和建筑结构的抗爆性能等确定，一般要同时考虑。

问题 1-44　单位质量不超过 $60kg/m^2$ 的彩钢板屋面能否计入泄压面积？

答：根据《建规》第 3.6.3 条的要求，建筑采用轻质屋面和墙体泄放爆炸压力时，屋面板和墙体的单位质量不宜大于 $60kg/m^2$。但是用作泄压面积的建筑围护结构的单位面积质量，还需根据爆炸所产生的压力梯度、建筑其他围护结构的单位面积质量和固定等约束方式确定，并不是只要单位质量不大于

$60kg/m^2$ 的围护结构都可以用作泄压设施。《建规》对建筑泄压面积上所用泄压设施的单位质量要求只是一个基本要求。

问题 1-45 建筑中作为泄压设施的门、窗应采用何种玻璃？

答：普通玻璃在遇到冲击作用后会形成尖锐性碎片向外迸射，易对周围设施和人身造成二次损伤和破坏；安全玻璃在受到冲击作用后一般产生颗粒性粉碎破坏，或因夹胶剂而成片破坏，不易对周围设施和人身产生较大的危害。因此，建筑中作为泄压设施的门、窗不应采用普通玻璃，而应采用安全玻璃，使其在爆炸泄压时不会产生尖锐碎片等破坏性作用大的物体。

2 工业建筑

2.1 厂房的火灾危险性类别

问题 2-1 当生产厂房中一个防火分区包括多个楼层时，该防火分区的火灾危险性类别是以本层还是本防火分区的建筑面积为基础计算不同类别火灾危险性的生产部位所占面积比例？

答：根据《建规》第3.1.2条的要求，一个楼层包括多个防火分区或一个楼层只划分一个防火分区的生产建筑，在确定防火分区的火灾危险性类别时，应以该防火分区的建筑面积为基础计算其中不同类别火灾危险性区域的建筑面积所占比例，参见图2-1；当多个楼层的火灾危险性类别不同时，参见图2-2，不应简单地按照其中不同类别火灾危险性区域所占面积之比来确定。

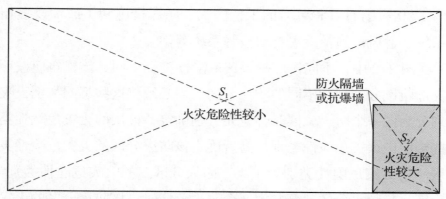

图2-1 同一防火分区或同一楼层中不同火灾危险性区域所占面积与该分区的火灾危险性类别的关系

注：S_1 为本层或防火分区的建筑面积（包含 S_2 区域），S_2 为火灾危险性较大生产区域的建筑面积。

（1）在图2-1中，某防火分区的建筑面积为 S_1，其中火灾危险性较大部分的建筑面积为 S_2。当满足以下条件之一时，可以按照火灾危险性较小部分的类别确定该防火分区的火灾危险性类别：

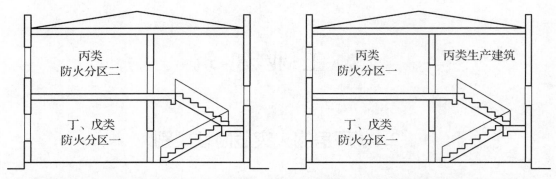

图 2-2　一个防火分区包含多个不同火灾危险性的楼层时的火灾危险性类别确定

1）$S_2 < 5\% S_1$（对于丁、戊类厂房的油漆工段，$S_2 < 10\% S_1$），且位于区域 S_2 内的火灾不会蔓延至区域 S_1；

2）采用防火隔墙 / 防火墙（或抗爆墙）等将区域 S_2 与区域 S_1 分隔及其他有效的防火措施，使其能够预防在区域 S_2 内发生火灾或爆炸；

3）采用防火隔墙 / 防火墙（或抗爆墙）等将区域 S_2 与区域 S_1 分隔及其他有效的防火措施，能够及时扑灭或抑制区域 S_2 内的火灾；

4）采用防火隔墙 / 防火墙（或抗爆墙）等将区域 S_2 与区域 S_1 分隔及其他有效的防火措施，能够控制区域 S_2 内的火灾蔓延并限制或减轻相应的危害性作用。

这些有效的防火措施还包括：根据具体生产工艺和环境条件等情况，在区域 S_2 内采取相应的有效和可靠的工艺防火、防爆措施和（或）设置相应的自动灭火系统、通风设施及火灾自动报警系统等。

（2）在图 2-2 中，不同楼层的火灾危险性类别不同，该建筑应按照不同类别的火灾危险性分别划为不同的防火分区。当必须将这些不同类别火灾危险性的楼层划分为同一个防火分区时，应先分别确定各楼层的火灾危险性类别，再按照这些楼层中火灾危险性类别最高者确定该防火分区的火灾危险性类别。即防火分区一的火灾危险性类别为丁类，防火分区二的火灾危险性类别为丙类，当防火分区一与防火分区二合并为一个防火分区时，该防火分区的火灾危险性类别应为丙类。

问题 2-2　两座不同类别火灾危险性的厂房是否可以根据《建规》第 3.1.2 条的要求和火灾危险性类别确定原则改建为一座厂房？

答：这种情况比较复杂，正常情况下不允许两座不同类别火灾危险性的厂房改建为同一座厂房。《建规》第 3.1.2 条的规定主要针对同一座厂房中同一防火分区内的火灾危险性分类，不适用于两座独立厂房整合到同一座厂房，也不适用于在同一座厂房内的同一楼层或将不同楼层的不同防火分区整合为一个防火分区后的火灾危险性分类。

（1）对于不同类别火灾危险性的厂房，应分别独立建造。当两座不同类别火灾危险性的厂房确需改造合并时，除建筑的耐火等级等方面需要符合规范要求外，合并后的建筑应根据《建规》第 3.1.2 条的要求和火灾危险性类别确定原则，按照新建建筑的要求重新确定其火灾危险性类别，并完善和改造相应的防火措施。对于单层厂房，改建后的火灾危险性类别可以按照《建规》第 3.1.2 条的要求确定；对于多层厂房，应按照改建前两座厂房中火灾危险性类别较高者确定，或重新划分防火分区后依据《建规》等标准的要求确定，参见图 2-3。在图 2-3 中，如为两座单层厂房，火灾危险性较小的厂房甲与火灾危险性较大的厂房乙改建为同一座厂房后，当 $S_2 < 5\%(S_1 + S_2)$ 时，改建后厂房的火灾危险性类别可以按照原厂房甲的火灾危险性确定；如两座中任一座厂房不是单层厂房或两座厂房均为多层或高层厂房，则改建后厂房的火灾危险性类别，即使 $S_2 < 5\%(S_1 + S_2)$，也应按照原厂房乙的火灾危险性类别确定。

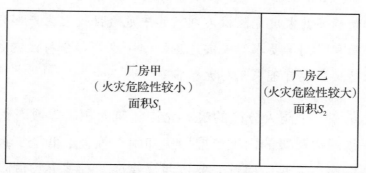

图 2-3 两座不同火灾危险性的厂房改建为同一座厂房后的火灾危险性类别确定

（2）当同一座建筑中多种不同类别火灾危险性的车间需要合并时，应按照《建规》第 3.1 节的有关规定重新确定该车间的火灾危险性类别。一座厂房的火灾危险类别一般应按照该厂房内火灾危险性类别较高的防火分区或楼层的火灾危险性类别确定。一个防火分区的火灾危险性类别应按照该分区内火灾危险性最大部分的类别确定，或按照《建规》第3.1.2条的要求确定，参见图2-4。在图2-4中，某楼层包括火灾危险性较小的防火分区一（面积为S_1）和火灾危险性较大的防火分区二（面积为S_2）。一般情况下，该楼层的火灾危险性类别应按照图中防火分区二的类别确定。但是如果$S_2<5\%$（S_1+S_2），该楼层的火灾危险性类别可以按照防火分区一的类别确定。因为防火分区二是划分为独立的防火分区，即当在防火分区二内发生火灾后，可以因防火分区二与防火分区一之间的防火分隔措施而将火灾限制在防火分区二内。

图2-4　存在多个不同火灾危险性防火分区的楼层的火灾危险性类别确定

问题 2-3　对于标准允许一个防火分区的最大允许建筑面积不限或者很大的生产建筑，如何确定其火灾危险性类别，其中危险性较大生产部分的面积除占比外，是否有面积限制等要求？火灾危险性较小生产部分与火灾危险性较大生产部分之间的防火分隔可否采用防火卷帘？

　　答：标准允许一个防火分区的最大允许建筑面积不限或者很大的生产建筑，主要为一级耐火等级的丙类单层厂房和耐火等级不低于二级的丁类或戊类单层、多层厂房。这些厂房首先要按照《建规》有关火灾危险性类别划分的原则确定其火灾危险性类别，再确定其耐火等级和划分防火分区，而不是先假定该建筑的建筑面积和防火分区的建筑面积不限后，再确定其火灾危险性类别。当某一生产过程需要很大的建筑面积且划分防火分区难以满足使用要求或难以满足划分防火分区的要求时，其中火灾危险性较高的工序或生产作业部分不仅要考虑其在整个防火分区内的建筑面积占比，而且要考虑该占比的生产区域发生火灾或爆炸是否会产生严重的危害性作用。当火灾危险性较高部分的建筑面积较大，且在其发生火灾或爆炸后对其他区域会产生较大危害时，应采取相应的防止火灾蔓延和减小火灾或爆炸危害性作用的分隔等措施，如划分为独立的防火分区、设置抗爆墙、加强通风和设置自动灭火系统等。

对于在其中火灾危险性较小的生产部分与火灾危险性较大的生产部分之间是否可以采用防火卷帘分隔的问题，要视生产过程的具体情况和火灾类型及其发展速度等确定。如果生产过程在分隔处不要求保持连续，或者分隔处一侧的火灾属于火势发展迅速类型，不应采用防火卷帘分隔；如果生产过程在防火分隔处要求保持连续，不允许采用防火墙完全隔断时，可以在防火分隔处采用防火卷帘、防火分隔水幕等方式分隔。

问题 2-4　怎样确定白酒的火灾危险性分类？商店及其仓库中储存白酒时，是否属于甲类场所？

答：根据《建规》第3.1.3条的说明，酒精度为38°及以上的白酒储存场所应划分为甲类火灾危险性场所。这主要针对酒厂生产过程中的白酒存放库房，未严格区分不同包装和容量的白酒储存方式。在实际工程中，白酒的火灾危险性分类应依据《建规》及现行国家标准《酒厂设计防火规范》GB 50694—2011的规定确定。例如，以金属储罐和陶坛等方式储存且酒精度为38°及以上的白酒库、人工洞白酒库、食用酒精库的火灾危险性类别应划分为甲类第1项；采用瓶装等方式（白酒包装容器的容量一般不大于5L）存放完成全部生产过程且可供销售的白酒、白兰地仓库的火灾危险性类别可以划分为丙类第1项。

因此，储存瓶装白酒的商店及其仓库可划分为火灾危险性类别为丙类第1项的场所，在商店（包括超市等）经营存放瓶装白酒不违反国家标准有关在民用建筑内不允许存放甲类火灾危险性物品的规定。但是商店仅可以存放销售必需的产品，储存区域应符合建筑防火与消防安全管理的要求。对于存放瓶装白酒数量较多的库房，可以按照丙类第1项确定其火灾危险性类别及相应的防火要求，但建筑应尽量独立建造。

问题 2-5 独立建造的实验楼与科研楼，其防火设计要求是按照公共建筑还是厂房确定？

答：一座建筑是工业建筑还是民用建筑，一般要先考虑该建筑的规划用地性质。从消防安全角度考虑，独立建造的实验楼与科研楼是一类特殊的建筑，其实际用途有的与常规的民用建筑类似，有的具有生产建筑的特点，通常应按照公共建筑来确定其防火设计要求（如生物安全实验室、学校等教学机构的实验室等），但一些主要用于中间试验或大中型设施设备性能或功能测试的建筑（如大型风洞实验室、飞机发动机试车台、建筑构件或结构性能测试实验室、洁净电子工业测试车间等），其火灾危险性和使用用途与生产性建筑相近，需要按照相应类别火灾危险性的生产建筑来确定其防火设计要求。

问题 2-6 生产过程开放、可供参观游览的厂房，如何确定其防火设计要求？

答：一些生产厂房（主要为丙类生产车间或试验设施）将部分区域开放并设置为在生产过程中可供人员参观（如一些食品加工车间、电子生产车间、制药车间等）的区域，这只是对建筑附加一个功能，需要考虑保证生产和安全的措施，但并不是建筑定性的依据。这些功能实际上没有改变建筑的使用性质，建筑的使用性质应以其实际的主要使用功能确定。因此，这类建筑仍然是生产性质的建筑，其防火设计要求仍应按照其中生产和使用的材料或产品的火灾危险性、数量和生产条件等，在确定不同区域的火灾危险性类别和该建筑的火灾危险性类别后，根据《建规》和相应专项工业建筑设计标准的有关要求确定。由于国家现行相关标准对此类建筑的防火设计要求不是很明确，比较分散，因此建议在设计时重点考虑以下要求：

（1）尽量不在甲、乙类生产厂房内设置观光走廊，确需设置时，应避开甲、乙类生产车间或部位。

（2）参观区的疏散出口不应直接经过生产区，安全出口或疏散楼梯尽量独立设置，或应至少有一个独立的安全出口或疏散楼梯。

（3）参观区域可以与相邻其他生产区域划分为同一个防火分区，也可以视实际情况单独划分防火分区。

（4）参观区应采用防火隔墙与生产区分隔，防火隔墙的耐火极限不应低于2.00h，连通门、窗应采用甲级或乙级防火门、窗。采用防火玻璃墙时，尽量采用 A 类防火玻璃；采用 C 类防火玻璃时，应根据分隔部位两侧的防火、防烟要求确定是否需要设置水冷却保护系统。对于分隔部位两侧具有可燃物或火灾蔓延危险的部位，应设置水冷却防护系统保护 C 类防火玻璃隔墙；对于具有甲、乙类生产部位的厂房，参观廊道与生产区域大的分隔应采用 A 类防火玻璃墙。

问题 2-7 油浸式变压器的变配电站和干式变压器的变配电站，其火灾危险性类别如何确定？

答：变配电站主要由变压器室和相关的电缆夹层、气体绝缘组合电器设备（包括断路器、隔离开关、接地开关、电压互感器等设备）室、配电室、控制室、辅助办公等房间构成，其主要可燃物为可燃的绝缘油、电缆等，火灾危险性与丙类生产性场所基本类似。其中，油浸式变压器的主要火灾危险性来自其可燃的绝缘油，火灾危险性较高；干式变压器的可燃物数量少，火灾危险性低。

《建规》将储油量大于 60kg 的可燃油油浸变压器室及其他单台含油量小于60kg 的配电装置室划分为丙类生产性场所，现行国家标准《钢铁冶金企业设计防火标准》GB 50414—2018 将干式变压器室的火灾危险性划分为丁类，《火力发电厂与变电站设计防火规范》GB 50229—2019 明确了变电站内不同房间的火灾危险性类别。

总体上，无论是可燃油油浸式变压器的变配电站，还是干式变压器的变配电站，其建筑的火灾危险性类别均可以按照丙类生产性场所考虑。其中，布置在民用建筑内或与民用建筑贴邻等方式建造的变配电站可以将其视为民用建筑的附属设施，相关防火设计技术要求可以比照丙类火灾危险性厂房的要求确定；独立建造的变配电室的防火设计要求应按照丙类生产厂房的防火要求确定。

问题 2-8 如何确定生产建筑中电缆隧道、电缆夹层等类似场所的火灾危险性类别？

答：生产建筑中电缆隧道和电缆夹层内的主要可燃物为电力电线电缆，属于可燃固体，电缆隧道和电缆夹层应划分为丙类生产性场所。有关火灾危险性分类和防火设计要求可参见现行国家标准《城市综合管廊工程技术规范》GB 50838—2015、《电力工程电缆设计标准》GB 50217—2018、《有色金属工程设计防火规范》GB 50630—2010、《钢铁冶金企业设计防火标准》GB 50414—2018 和《火力发电厂与变电站设计防火标准》GB 50229—2019 等标准的规定。目前，个别工程建设标准将采用阻燃性电线电缆的电缆隧道或电缆夹层划分为丁类火灾危险性场所是不妥的，因为阻燃性线缆对火的反应特性与可燃性线缆没有明显差别。

问题 2-9 如何确定工业开发区统一建设的标准化招商厂房的火灾危险性类别？标准化的机械加工厂房可否按照丁、戊类火灾危险性确定？

答：对于没有明确具体使用功能，按照标准化模式统一建设的厂房，一般应按照丙类生产厂房确定其基本防火要求。对于机械加工等丁类或戊类生产厂房，可以根据所确定招商对象的生产属性及其实际用途确定其火灾危险性类别，一般可以按照丁类等实际火灾危险性类别的生产厂房考虑。在实际招商过程中，应依据建筑的设防标准确定招商对象的生产类别，否则应在确定招商用途后按照实际生产的火灾危险性类别改造。

问题 2-10 设置在工业建筑内的柴油发电机房应符合哪些防火技术要求？

答：设置在工业建筑内的柴油发电机房应按照丙类生产场所确定其所在建筑内的防火技术要求，有关储油间的总储油量应符合工业建筑内设置丙类液体的储量要求，柴油发电机所用柴油的闪点不应低于60℃。

问题 2-11 在厂区内独立建造的办公、食堂、浴室等按照工业建筑还是公共建筑定性？

答：在厂区内独立建造的办公、食堂、浴室等不具有生产或仓储功能的建筑，无论其建设用地性质属于哪类，在确定建筑的防火设计技术要求时，均应根据其实际使用功能和用途按照民用建筑考虑。

问题 2-12 存在不同类别火灾危险性的工业建筑，其中每个防火分区的最大允许建筑面积是根据各防火分区的实际火灾危险性类别确定，还是根据该建筑的火灾危险性类别确定？

答：厂房或仓库中任一防火分区内有不同火灾危险性类别的生产或储存区域时，该防火分区的火灾危险性类别应按照其中火灾危险性较大的部分确定；同理，同一座厂房或仓库的火灾危险性类别应以建筑中火灾危险性最大的防火分区的火灾危险性类别确定。但是当一个防火分区内较高火灾危险性的部位采取相应的防火、防爆措施后不足以影响其他区域的消防安全时，可以按照其中占主导区域或物质的火灾危险性确定该防火分区的火灾危险性类别。

有关一座建筑及其内部不同楼层或防火分区的防火设计标准，可以按照以下原则确定：

（1）一座厂房或仓库的耐火等级、建筑的最多允许层数或仓库的占地面积应根据该建筑的火灾危险性类别和生产工艺要求等确定，防火间距、室外消防给水、消防车道与消防车登高操作场地等应根据该建筑的火灾危险性类别、耐火等级、建筑体积和建筑高度等确定。

（2）一座厂房或仓库内不同楼层或防火分区的最大允许建筑面积、不同楼层或防火分区之间的防火分隔应根据本楼层或防火分区及相邻楼层或相邻防火分区的火灾危险性类别确定；不同楼层或防火分区内的防火分隔、消防设施、室内消防给水、疏散设施与疏散距离等可以根据该楼层或防火分区的实际火灾危险性类别、楼层位置及建筑面积等确定。例如，乙类厂房中允许有丙类火灾危险性的防火分区，而其中丙类火灾危险性的防火分区的最大允许建筑面积可以按照国家标准关于丙类火灾危险性生产场所的相应要求确定。

2.2　建筑的耐火等级及防火间距

问题 2-13　采用钢梁、钢柱承重且钢梁、钢柱未采取防火保护措施的工业建筑，如何确定其耐火等级？

答：无防火保护的钢结构的耐火时间通常为 15 ~ 25min，采用无防火保护的钢梁、钢柱承重的建筑，其耐火性能与四级耐火等级建筑相当。但是对于火灾危险性低，可能的火灾规模小，影响范围也小的丁、戊类工业建筑，当建筑按照二级耐火等级设计时，其中受到可能的火灾影响小（一般按照长期受热辐射作用后温度低于 200℃ ）的承重结构，如梁、柱（包括斜撑），当采用无防火保护的金属构件时，仍可以将该建筑按照具有与二级耐火等级建筑同等防火性能的建筑考虑，但其他建筑构件（如楼板、墙体等）的耐火时间和燃烧性能仍应符合相关标准要求。如国家标准《钢铁冶金企业设计防火标准》GB 50414—2018 第 3.0.2 条规定，二级耐火等级的丁、戊类厂房或设置自动灭火系统的单层丙类厂房，在生产中或火灾发生时，表面受热辐射作用后的温度低于 200℃ 的金属承重构件可不采用防火保护隔热措施，火焰直接影响的部位或表面受热辐射作用后的温度高于 200℃ 的部位，应采取外包敷不燃材料或其他防火隔热保护措施。

问题 2-14　国家标准中有关一座建筑"采用自动喷水灭火系统全保护"的要求是什么含义？

答：一座"采用自动喷水灭火系统全保护"的建筑，是指这一座建筑中适用并允许采用自动喷水灭火系统保护的全部场所均设置了自动喷水灭火系统。该自动喷水灭火系统的设置是用于控制和扑灭建筑内的初起火灾，不是用于保护建筑的承重结构，但由于自动喷水灭火系统的有效性和可靠性高，具有降低火灾对建筑结构热作用的效果，间接具有保护建筑结构的作用。因此，《建规》规定一级耐火等级的工业建筑在采用自动喷水灭火系统全保护后，允许其屋顶承重构件的耐火极限降低 0.50h，但并没有要求建筑的屋顶承重构件等钢结构部位也要设置自动喷水灭火系统保护。

问题 2-15 当两座厂房相邻较高一面外墙为防火墙，或相邻两座高度相同的一、二级耐火等级建筑中相邻任一侧外墙为防火墙且屋顶的耐火极限不低于1.00h时，其防火间距不限，但甲类厂房之间不应小于4m。在实际工程中，如何确定甲类厂房与其他火灾危险性类别厂房的防火间距？对于乙类厂房，若符合此要求，如何确定其防火间距？

答：当两座丙、丁、戊类厂房相邻较高一面外墙为防火墙，或相邻两座高度相同的一、二级耐火等级建筑中相邻任一侧外墙为防火墙且屋顶的耐火极限不低于1.00h时，其防火间距不限，参见图2-5、图2-6。

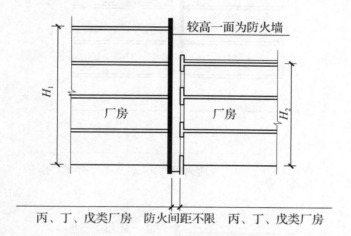

图 2-5 丙、丁、戊类厂房之间在较高一侧设置防火墙时的防火间距

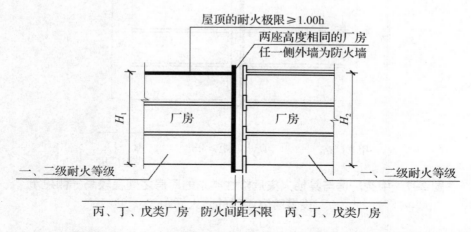

图 2-6 等高的丙、丁、戊类厂房之间在任一侧设置防火墙时的防火间距

在实际工程中，尽管工程建设标准未明确甲类厂房与其他火灾危险性类别厂房的防火间距，但明确了甲、乙类厂房或甲、乙类仓库不应与除为生产直接服务的办公室、休息室等以外的其他建筑贴邻。因此，甲类厂房不能与其他生产建筑或仓储建筑贴邻，更不应与民用建筑贴邻。当相邻建筑一侧设置防火墙时，甲类厂房与丙、丁、戊类火灾危险性厂房之间的防火间距应按照不小于 4m 确定；对于乙类厂房，应比照甲类厂房的要求确定，参见图 2-7 ~ 图 2-10。

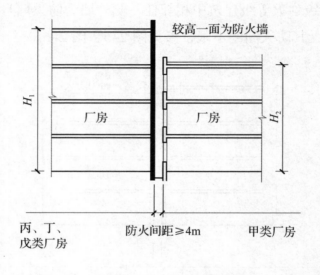

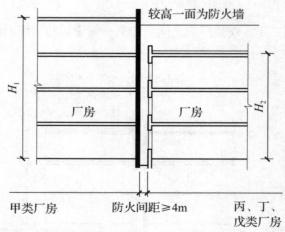

图 2-7　甲类厂房与其他火灾危险性类别的厂房之间在较高一侧建筑
设置防火墙时的防火间距

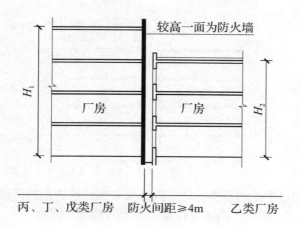

丙、丁、戊类厂房　　防火间距≥4m　　乙类厂房

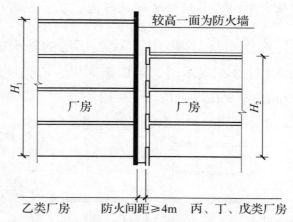

乙类厂房　　　防火间距≥4m　丙、丁、戊类厂房

**图 2-8　乙类厂房与其他火灾危险性类别的厂房之间在较高一侧建筑
设置防火墙时的防火间距**

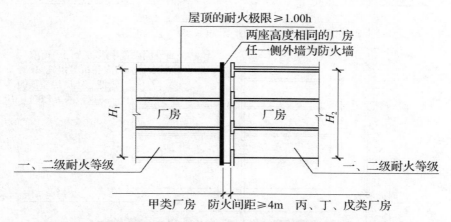

甲类厂房　防火间距≥4m　丙、丁、戊类厂房

**图 2-9　等高的甲类厂房与其他火灾危险性类别的厂房之间
在任一侧建筑设置防火墙时的防火间距**

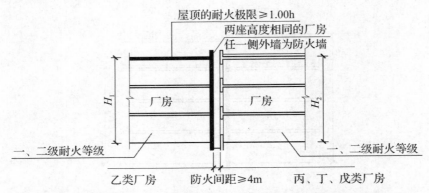

**图 2-10　等高的乙类厂房与其他火灾危险性类别的厂房之间
在任一侧建筑设置防火墙时的防火间距**

问题 2-16　如何确定甲、乙类厂房之间及与丙、丁、戊类厂房的防火间距?

答:甲、乙类厂房之间及与丙、丁、戊类厂房的防火间距,当满足《建规》第 3.4.1 条表 3.4.1 注 3 的要求时,可以按照甲、乙类厂房之间的防火间距确定,即不应小于 6m,参见图 2-11、图 2-12。

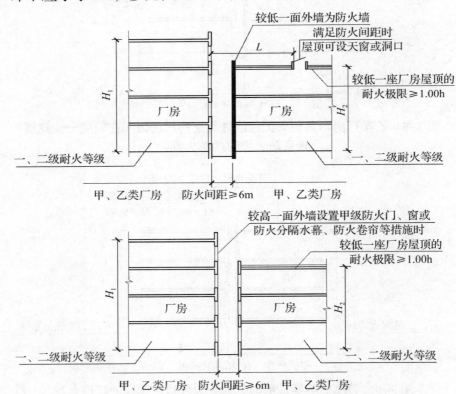

图 2-11　甲、乙类厂房之间的防火间距示意图

注:L 为建筑外墙到天窗或洞口的水平距离,应符合《建规》第 3.4.1 条的规定。

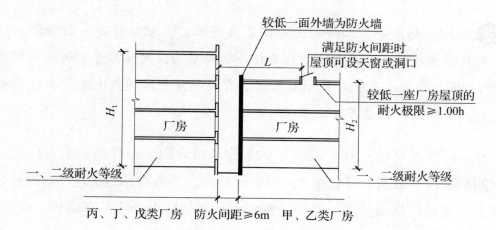

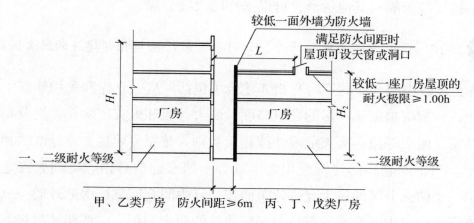

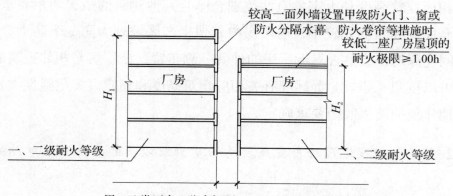

图 2-12 丙、丁、戊类厂房与甲、乙类厂房之间在较低一侧
设置防火墙时的防火间距示意图

注: L 为建筑外墙到天窗或洞口的水平距离,应符合《建规》第 3.4.1 条的规定。

问题 2-17   两座一、二级耐火等级乙类仓库，当相邻较高一面外墙为防火墙或两座高度相同的乙类仓库中相邻任一侧外墙为防火墙且屋顶的耐火极限不低于1.00h，总占地面积不大于国家标准有关一座仓库的最大允许占地面积的规定时，其防火间距是否可以不限？

答：根据《建规》表3.5.2注2的规定，符合题中条件的乙类仓库之间的防火间距可以不限制，但仓库之间应根据仓库内存放物品的物理性质确定是采用防火墙还是抗爆墙分隔。当任一侧仓库相邻的防火分区具有爆炸危险性时，应采用抗爆墙分隔；其他情形，可以采用防火墙分隔。

问题 2-18   设置中间仓库的厂房，如何确定该厂房与相邻建筑的防火间距？

答：设置中间仓库的厂房与相邻建筑（包括厂房、仓库和民用建筑）的防火间距，一般应根据该厂房的建筑高度、耐火等级和火灾危险性类别及相邻建筑的高度、耐火等级、火灾危险性或建筑类别，按照《建规》等标准的相应要求确定。当中间仓库的建筑面积大于或等于国家标准对相应类别火灾危险性仓库中一个防火分区的最大允许建筑面积，且中间仓库靠厂房的外墙一侧布置时，该厂房设置中间仓库的部位与相邻建筑的防火间距，应按照《建规》等标准有关相应建筑高度和火灾危险性类别仓库与其他建筑的防火间距要求确定；当中间仓库的建筑面积较小，与厂房内其他生产区域划为同一个防火分区时，无论中间仓库的位置是否靠近厂房的外墙一侧布置，该厂房与相邻建筑的防火间距均可以按照《建规》等标准有关相应建筑高度和相应火灾危险性类别的厂房与其他建筑的防火间距要求确定。

问题 2-19   如何确定厂房与变压器总油量5t及以下的室外变配电站的防火间距？

答：厂房与变压器总油量5t及以下的室外变配电站的防火间距可以根据厂房的火灾危险性类别、耐火等级和建筑高度等，按照现行国家标准《火力发电厂与变电站设计防火标准》GB 50229—2019第11.1节的规定确定。

问题 2-20 如何确定厂房外附设的化学易燃物品设备与所属厂房的防火间距？

答：厂房外附设的化学易燃物品设备或设施采用不燃材料制作时，可将该附属设备或设施视为一、二级耐火等级的建筑，并以此为基础确定这些设备或设施与相邻其他建筑的防火间距。这些设备、设施与所服务厂房的间距可以根据生产工艺要求确定，一般可以不考虑设置防火间距，参见图 2-13。

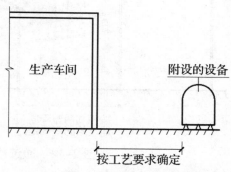

图 2-13 厂房外附设的化学易燃物品设备与所属厂房的防火间距示意图

问题 2-21 在栈桥与生产建筑的连接处是否需要采取防火分隔措施？

答：封闭的栈桥、输送有火灾危险性物料的栈桥以及存在可燃或难燃材料的栈桥，不仅由于机械设备故障或物料与运输设备之间的摩擦等作用，使其在运输物料时具有一定的火灾危险性，而且可能因相连接的任一建筑内发生火灾，通过运输的物料和栈桥蔓延至另一侧的建筑。因此，在栈桥连接建筑物的开口处应采取防火分隔措施，如设置防火卷帘、防火分隔水幕，有的还需在栈桥上设置自动灭火系统和火灾自动报警系统。

问题 2-22 生产建筑之间设置栈桥时如何确定其防火间距？

答：通过栈桥连接的建（构）筑物应按照不同的建（构）筑物来确定栈桥两端相邻建筑的防火间距。对于同一建筑内因生产工艺所需设置栈桥时，可以按照下述原则确定位于栈桥的建筑两翼的间距：

（1）当栈桥所连接的两侧区域位于同一个防火分区时，建筑两翼的间距可依生产工艺要求确定。

（2）当栈桥所连接的两侧区域位于不同防火分区时，建筑两翼的间距应符合相应建筑高度和相应火灾危险性类别的厂房之间的防火间距，参见图 2-14。

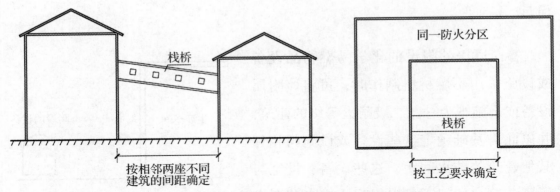

图 2-14　通过栈桥连接的建筑之间的防火间距

2.3　建筑的平面布置

问题 2-23　如何确定仓库的占地面积？对于上部楼层的投影凸出首层的仓库以及具有地下、半地下库房的仓库，如何计算仓库的占地面积？

答：建筑的占地面积是指项目取得的土地使用证上所列建筑的面积指标，一般为建筑在地面所占有或使用的土地水平投影面积。通常可以按照下述原则确定仓库的占地面积：

（1）当建筑各层投影面积相同时，建筑的占地面积可以直接按照首层的占地面积确定，参见图 2-15。

（2）当建筑的上部楼层凸出首层时，应按照各楼层的最大水平投影面积确定，参见图 2-16。

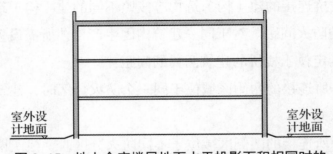

图 2-15　地上仓库楼层地面水平投影面积相同时的
仓库占地面积确定示意图

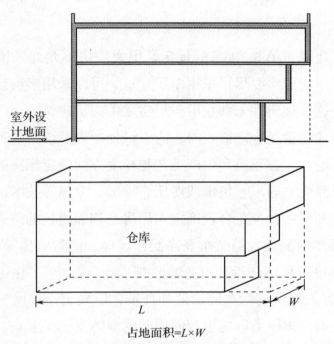

**图 2-16　地上仓库楼层地面水平投影面积不同时的
仓库占地面积确定示意图**

（3）当建筑设置地下或半地下库房时，建筑的地上和地下或半地下部分可以分别按照各自的地面水平投影面积计算，但地下或半地下部分的水平投影面积不应大于该类火灾危险性地上仓库的最大允许占地面积，参见图2-17。

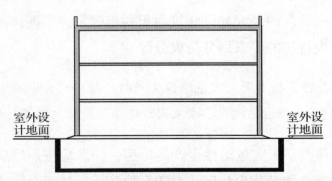

**图 2-17　地下或半地下仓库楼层地面水平投影面积不同时的
仓库占地面积确定示意图**

问题 2-24　甲类厂房因生产工艺的需要必须采用高层建筑时，如何确定其防火设计要求？

答：根据《建规》第 3.3.1 条的规定，甲类厂房不允许采用高层厂房，即在正常情况下，甲类厂房要尽量采用单层建筑，可以采用多层建筑，不应采用高层建筑。但是这一规定并未禁止甲类厂房采用高层建筑。当因生产工艺要求须采用高层厂房才能满足生产需要时，应在设计中根据该厂房不同楼层、区域或部位的火灾危险性，在建筑和生产工艺与环境方面确定相应的防火、防爆本质安全措施以及除尘、通风、抗爆或泄压、抑爆、分隔等技术措施，根据建筑中的爆炸危险性部位所在位置合理确定本厂房与相邻建筑的防火间距，充分考虑并在厂房外部和内部设置消防车登高操作场地、消防电梯等消防救援条件，依据住建部《建设工程消防设计审查验收管理暂行规定》（住房和城乡建设部令第 51 号）的有关要求进行专题论证和评审，以确定设计所采取的防火、防爆技术措施是否满足该甲类厂房生产使用时的消防安全要求。

问题 2-25　工业建筑的地下、半地下设备用房，可否按照公共建筑中地下设备用房的要求划分防火分区，即每个防火分区的最大允许建筑面积不应大于 1 000m²，设置自动灭火系统时不应大于 2 000m²？

答：工业建筑的地下、半地下设备用房不可以按照公共建筑中地下设备用房的要求划分防火分区。工业建筑的地下、半地下设备用房应根据不同设备房的火灾危险性类别，按照国家标准有关厂房中相应类别火灾危险性的地下或半地下用房每个防火分区的最大允许建筑面积要求确定，不能按照《建规》有关民用建筑内地下设备房的要求划分防火分区。

问题 2-26　在存在多种类别火灾危险性生产的厂房中，其中的甲类与乙类或甲、乙类与丙类生产的防火分区之间是要求采用抗爆墙还是防火墙进行分隔？

答：存在多种类别火灾危险性生产的厂房，一般应按照厂房内不同火灾危险性的区域分别独立划分防火分区。对于采取防火、防爆分隔措施能将其中发生火灾或爆炸后的危害性作用限制在分隔区域内而不足以影响厂房内其他区域的高火灾或爆炸危险性部位或区域，可以与其他低火灾危险性的区域划分为同一个防火分区。

由于不是所有甲、乙类生产场所均具有爆炸危险性，因此甲类或乙类生产的防火分区与相邻甲、乙类或丙类生产的防火分区之间是否要采用抗爆墙分隔，要根据甲、乙类生产的防火分区是否存在爆炸危险性以及能否采用局部分隔的方式限制其火灾、爆炸危害来确定。对于有爆炸危险性的防火分区，一般应采用相应抗爆强度的抗爆墙与相邻防火分区分隔，或采取抗爆墙与减压设施等联合使用的措施进行分隔；无爆炸危险性的防火分区之间可以采用防火墙分隔。

问题 2-27 甲、乙类厂房和甲、乙、丙类仓库内的防火墙，其耐火极限要求不应低于 4.00h，在乙类生产场所和丙类存储场所内防火分区之间的防火墙上设置防火卷帘时，如何确定该防火卷帘的耐火极限要求？目前，国内只有耐火极限为 2.00h 和 3.00h 的防火卷帘产品，是否可以不采用耐火极限不低于 4.00h 的防火卷帘？

答：甲、乙类厂房和甲、乙、丙类仓库均为火灾危险性高、容易引发爆炸的场所，丙类仓库发生火灾后由于可燃物数量大，难以有效灭火、控火，上述建筑的火灾后果严重，建筑内的防火分区之间应该采取更加严格的防火分隔措施。尽管国家标准允许在乙类生产场所内的防火分区之间、丙类储存场所内防火分区之间的防火墙上开设较大的开口，这些开口处难以设置甲级防火门时，允许采用防火卷帘分隔，但是仍要尽量不设置开口，或采用甲级防火门等可靠的防火分隔措施封闭防火墙上的开口。当采用防火卷帘时，防火卷帘的耐火极限不应低于其所在部位防火墙的设计耐火极限，且不应低于国家标准要求的最低耐火极限，即不应低于 4.00h。

根据现行国家标准《防火卷帘》GB 14102—2005 的规定，防火卷帘按照其耐火极限分为耐火极限分别不低于 2.00h 和不低于 3.00h 两类。其中耐火极限不低于 3.00h 的防火卷帘具有耐火极限大于或等于 3.00h 的有多个品种。因此，当需要在设计耐火极限不低于 4.00h 的防火墙上设置开口并必须采用防火卷帘分隔时，应注意采用和标注该防火卷帘的耐火极限不应低于 4.00h，不应采用耐火极限低于 4.00h 的防火卷帘。防火卷帘的耐火极限测试与判定应符合现行国家标准《门和卷帘的耐火试验方法》GB/T 7633—2008 的规定。

问题 2-28 国家标准要求在甲、乙类厂房和甲、乙、丙类仓库内的防火分区之间设置耐火极限不低于 4.00h 的防火墙。对于丙、丁、戊类厂房中的甲、乙、丙类中间仓库，当与其他区域采用防火墙进行分隔时，该防火墙的耐火极限应按照什么要求确定？

答：根据《建规》第 3.2.9 条的规定，甲、乙类厂房和甲、乙、丙类仓库内防火墙的耐火极限不应低于 4.00h。因此，在丙、丁、戊类厂房中设置甲、乙、丙类中间仓库时，这些中间仓库与厂房内其他区域之间或中间仓库内的不同防火分区之间应采用防火墙分隔，且防火墙的耐火极限不应低于 4.00h。

问题 2-29 国家标准允许物流建筑中储存区的最大允许占地面积和其中每个防火分区的最大允许建筑面积可以按照一般仓库的最大允许占地面积和一个防火分区的最大允许建筑面积增加 3.0 倍。具体如何确定此面积？

答：现行国家标准《物流建筑设计规范》GB 51157—2016 根据物流建筑的使用功能特性，将其分为作业型、存储型和综合型物流建筑。《建规》根据不同类型物流建筑的火灾特性规定了相应类型物流建筑中仓库的防火设计要求。当建筑内的分拣等作业区采用防火墙与储存区完全分隔时，作业区和储存区的防火要求可分别按照厂房和仓库的有关要求确定；当分拣等作业区采用防火墙与储存区完全分隔且符合下列条件之一时，除自动化控制的丙类高架仓库外，储存区的防火分区最大允许建筑面积和储存区部分建筑的最大允许占地面积，可以按照《建规》表 3.3.2（不含注）的规定增加 3.0 倍：

（1）储存除可燃液体、棉、麻、丝、毛及其他纺织品、泡沫塑料等物品外的丙类物品且建筑的耐火等级不低于一级，建筑内全部设置自动水灭火系统和火灾自动报警系统。

（2）储存丁、戊类物品且建筑的耐火等级不低于二级，建筑内全部设置自动灭火系统和火灾自动报警系统。

这一要求允许将物流建筑内储存区的最大允许占地面积和每个防火分区的最大允许建筑面积，按照《建规》关于丙类仓库的最大允许占地面积和每个防火分区的最大允许建筑面积的要求分别增加 3.0 倍，即可以分别扩大到一般仓库允许占地面积和防火分区最大允许建筑面积的 4.0 倍。例如，对于一座单层丙类仓库，当为普通仓库时，其允许占地面积为 6 000m²，每个防火分区的最大允许建筑面积为 1 500m²；当为物流建筑时，其中储存区的占地面积可以扩大至 24 000m²，每个防火分区的建筑面积可以扩大至 6 000m²。除自动化控制的丙类高架库外，有关其他物流建筑中仓储区的允许占地面积和每个防火分区的最大允许建筑面积要求参见表 2-1。

表 2-1　物流建筑中仓储区的允许占地面积和每个防火分区的最大允许建筑面积

储存物品的火灾危险性类别	储存区的耐火等级	最多允许层数	建筑内全部设置自动灭火系统和火灾自动报警系统时，储存区的最大允许占地面积和每个防火分区最大允许建筑面积（m²）						
			单层		多层		高层		地下或半地下
			占地	防火分区	占地	防火分区	占地	防火分区	防火分区
丙类第2项（除棉、麻、丝、毛及其他纺织品、泡沫塑料等物品）	一级	不限	24 000	6 000	19 200	4 800	16 000	4 000	1 200
丁类	一、二级	不限	不限	12 000	不限	6 000	19 200	4 800	2 000
戊类	一、二级	不限	不限	不限	不限	8 000	24 000	6 000	4 000

问题 2-30　除高层厂房和甲类厂房外，数座其他类别火灾危险性的单层或多层厂房，当占地面积之和小于国家标准规定的一个防火分区的最大允许建筑面积（不大于 10 000m²）时，可成组布置。当这些成组布置的厂房均设置自动喷水灭火系统时，其占地面积可否增加一倍，即改组建筑的最大占地面积是否可以增加至 20 000m²？

答：当数座单层或多层乙、丙、丁、戊类厂房均设置自动喷水灭火系统且成组布置时，其占地面积允许按照相应高度和火灾危险性的厂房中一个防火分区的最大允许建筑面积增加 1.0 倍，但仍不应大于 10 000m²，参见图 2-18。

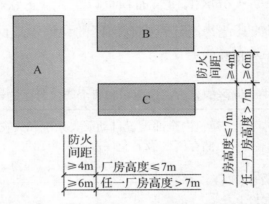

图 2-18　成组布置的厂房的间距和占地面积示意图

注：1. A、B、C 厂房中不得有高层厂房和甲类厂房。
　　2. 以 A、B、C 厂房中生产火灾危险性类别最高的一座的耐火等级、层数确定此类厂房防火分区的最大允许建筑面积（最大允许建筑面积不应大于 10 000m²），当此数座厂房的占地面积总和小于该最大允许建筑面积时，则此数座厂房可成组布置。
　　3. 当厂房内设置自动灭火系统时，上述厂房的最大允许建筑面积可增加 1.0 倍，但不应大于 10 000m²。

问题 2-31　设置自动消防水炮灭火系统的煤均化库，其防火分区的最大允许建筑面积是否可以扩大 1.0 倍，即扩大至 24 000m²？设置手动消防水炮灭火系统的圆形料仓，其最大允许占地面积是否可以扩大 1.0 倍？

答：煤的燃烧表现与一般可燃固体的燃烧有较大不同，煤在自然状态下的燃烧速率缓慢，明火火焰较小，但热值大、燃烧深度通常较大。对于煤仓中煤堆的火灾至今尚无特别有效的自动灭火设施，即使设置自动消防水炮也不能发挥较好的灭火作用。因此，在《建规》已经将煤均化库内每个防火分区的最大允许建筑面积调整到 12 000m² 的情况下，煤均化库内每个防火分区的最大允许建筑面积在煤均化库设置自动消防水炮灭火系统后仍不允许扩大。同理，圆形料仓内设置消防炮系统后，其最大允许占地面积也不允许再扩大。

另外，根据现行国家标准《固定消防炮灭火系统设计规范》GB 50338—2003 的规定，固定消防水炮灭火系统应同时具有自动和手动功能，因此在建筑内设置的固定消防水炮灭火系统不存在只设置手动功能的情形。

问题 2-32　国家标准允许在厂房或仓库中设置自动灭火系统的防火分区，其最大允许建筑面积可以按照标准规定增加 1.0 倍。这一规定是否适用于甲、乙类火灾危险性的防火分区？

答：自动灭火系统具有及时控制和扑灭建筑内初起火灾的作用，设计合理、运行维护良好的自动灭火设施能通过有效灭火或控火而较大程度地提高建筑的消防安全性能。因此，建筑内设置自动灭火系统的防火分区，其最大允许建筑面积可以增加 1.0 倍，包括甲、乙类的生产和仓储场所。但是对于具有爆炸危险性的甲、乙类火灾危险性的防火分区，大多数表现为先爆炸后燃烧，火势发展蔓延迅速，除部分场所可以采用雨淋灭火系统（自动喷水灭火系统的一种类型）、泡沫—雨淋灭火系统、气体灭火系统等进行全覆盖或全淹没灭火保护外，大部分常规灭火设施难以有效发挥灭火、控火作用。因此，国家相关标准对大多数甲、乙类生产和仓储场所并未明确要求设置自动灭火系统，即使甲、乙类火灾危险性的防火分区设置了自动灭火系统，由于其发生燃烧和爆炸所表现的特性，防火分区的建筑面积也不应扩大。

问题 2-33　高层厂房和甲、乙类厂房的耐火等级不应低于二级，建筑面积不大于 $300m^2$ 的独立甲、乙类单层厂房可采用三级耐火等级的建筑。应如何确定此类三级耐火等级甲、乙类厂房的防火分区面积？

答：建筑面积不大于 $300m^2$ 的独立甲、乙类单层厂房属于小型建筑，有关厂房的建筑面积与建筑耐火等级的关系，为国家标准对此类甲、乙类厂房的调整。这类建筑一般仅一层，最大建筑面积只有 $300m^2$，不需再划分防火分区。

问题 2-34　厂房内的中间仓库允许存放哪类物品，如何控制厂房内中间仓库的储量？中间仓库的布置有哪些防火技术要求？

答：厂房内的中间仓库是为满足工业化连续生产需要而设置的，其中所存放的物品需要根据生产工艺和产量等需要来确定。根据《建规》第 3.3.6 条的规定，一般不允许存放甲、乙类物品；确实需要存放时，甲、乙类中间仓库的储量不宜超过 1 昼夜的需要量。对于丙、丁、戊类中间仓库,其储存量和设置楼层可根据连续生产需要确定。

厂房内的中间仓库设置应符合下列要求:

(1)中间仓库除可存储为满足连续生产所需原材料、中间产品或周转成品外,不应作为物流仓库或者长期储存物质的仓库使用。

(2)甲、乙类中间仓库应靠外墙布置,并尽量远离车间出入口的位置;具有爆炸危险性的仓库或仓库内的爆炸危险性部位应采取相应的防爆措施和(或)设置泄压设施,并避开厂房的梁、柱等主要承重构件,控制室与重要或贵重设备。

(3)中间仓库的总建筑面积、防火分区的建筑面积和分隔方式应符合《建规》有关仓库的规定,中间仓库的总建筑面积与生产区所占建筑面积之和不应大于相应类别火灾危险性厂房中一个防火分区的最大允许建筑面积,且应以生产区所占面积为主;当中间仓库设置自动灭火系统时,允许中间仓库的最大允许建筑面积增加 1.0 倍。

问题 2-35　根据国家标准的规定,厂房内某防火分区局部设置自动灭火系统时,该防火分区的增加面积可以按照其中设置自动灭火系统的局部面积的一半计算。这个局部区域是否需要采取防火分隔措施与防火分区内的其他区域分隔?如果需要,应符合什么要求?

答:根据《建规》第 3.3.3 条的规定,当厂房内一个防火分区设置自动灭火系统时,该防火分区的最大允许建筑面积可以按照未设置自动灭火系统时的标准规定值增加 1.0 倍;当其中局部设置自动灭火系统时,该局部区域在计算防火分区的最大允许建筑面积时可以按照其建筑面积的一半计入该防火分区的建筑面积。通常如果需要在一个防火分区内设置自动灭火系统,要尽量考虑在该防火分区全部设置自动灭火系统。当建筑中一个防火分区内存在多种不同功能和火灾危险性的区域时,允许在一些火灾危险性较低的区域不设置自动灭火系统,而仅在其中火灾危险性较高的区域设置自动灭火系统,即在该防火分区内局部设置自动灭火系统。为能较好地保证该防火分区的消防安全性能,防止自动灭火系统失效导致火灾蔓延,当在一个防火分区内局部设置自动灭火系统时，该区域应采取防火隔墙和乙级或甲级防火门等分隔措施与其他未设置自动灭火系统的区域分隔。

防火分区内局部设置自动灭火系统的区域与其他区域之间的具体防火分隔措施，需要根据该局部区域的实际火灾危险性考虑。一般可以采用耐火极限不低于2.00h的防火隔墙和乙级防火门分隔，部分面积较大且平时不允许封闭的开口也可以采用防火卷帘、防火分隔水幕等分隔。对于甲、乙类火灾危险性的区域，应采用抗爆墙或耐火极限不低于3.00h的防火隔墙和甲级防火门等与其他区域进行分隔，参见图2-19。

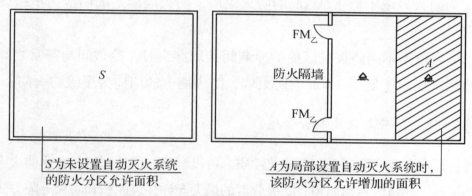

图 2-19　厂房内设置自动灭火系统的区域的面积增加计算值和防火分隔要求

问题 2-36　冷藏间是冷库的一部分，现行国家标准《冷库设计标准》GB 50072—2021只规定了冷藏间的层数、最大允许占地面积和防火分区的最大允许建筑面积。在实际工程中，如何确定一座冷库的占地面积？

答：冷库是采用人工制冷降温并具有保冷功能的仓储建筑，包括制冷机房、变配电间、冷藏间、冷冻间、穿堂等。冷藏间是冷库的一部分，尽管现行国家标准《冷库设计标准》GB 50072—2021只规定了冷藏间的耐火等级、层数、最大允许占地面积和防火分区的最大允许建筑面积要求，未明确冷库的占地面积，但是冷库的制冷机房、变配电间、穿堂等均是冷藏间或冷冻间的配套设施和区域，其建筑面积需要根据冷藏间或冷冻间的建筑面积或容积大小确定，故只要确定了冷藏间的建筑面积或容积、冷库的层数和耐火等级，冷库的占地面积就基本确定了。

问题 2-37 怎样划分冷库的防火分区，当多个冷藏间共用穿堂，不同的冷藏间采用独立的防火分区时，冷藏间的门是否需要采用防火门？冷藏间与穿堂之间的隔墙是否需要采用防火墙？

答：无论是处于同一个防火分区内的冷藏间，还是位于不同防火分区内的冷藏间，当冷藏间共用穿堂时，均应在冷藏间与穿堂之间采用防火隔墙和防火门分隔，并应符合下列要求：

（1）当处于同一个防火分区内的冷藏间共用穿堂时，冷藏间与穿堂之间的隔墙应为耐火极限不低于 2.00h 的防火隔墙，防火隔墙上的门应为甲级或乙级防火门。

（2）当位于不同防火分区内的冷藏间共用穿堂时，冷藏间与穿堂之间的隔墙应为耐火极限不低于 3.00h 的防火墙，防火墙上的门应为甲级防火门。

问题 2-38 厂房与仓库能否合建？

答：厂房和仓库同属于工业建筑性质，可以合建。但是厂房与仓库的火灾危险性分类标准，建筑的占地面积、防火分区的最大允许建筑面积和防火分隔方式、安全疏散设施、消防设施的设置等均有不同的设计技术要求，因此两者不宜合建。除中间仓库外，甲、乙厂房与各类仓库，甲、乙类仓库与各类厂房不应合建。

问题 2-39 厂房或仓库能否与民用建筑合建？

答：除为满足民用建筑自身使用功能所需设置的附属库房，或为满足生产或仓储管理所需设置的办公室、休息室、控制室等外，民用建筑内不应设置生产车间和其他库房，厂房或仓库内不应设置其他非生产或仓库用途或功能的场所，即厂房和仓库均不能与民用建筑合建。在丙、丁、戊类厂房或丙、丁、戊类仓库内允许设置的办公室和休息室等用房可以视为一种附属用房，而不是一种独立功能的建筑。因此，民用建筑与生产或仓储建筑不应贴邻或组合建造。

为满足民用建筑自身使用功能的附属库房，主要为方便建筑使用所必需的库房，如在办公建筑内设置的文件资料库、档案库、办公用品库房，在住宅建筑下部设置的家庭储藏室，在商品建筑内设置的为保证商店正常经营所需的商品暂存库房等。

问题 2-40 在建筑内的楼板上开设洞口时，通过该洞口连通的上、下楼层或区域是否需要按照同一个防火分区考虑？

答：对于房屋建筑，建筑的内部空间在竖向一般是按照自然楼层划分防火分区，采用楼板作为防火分隔构件；当楼层上的建筑面积大于一个防火分区的最大允许建筑面积时，需将该楼层在水平方向再划分防火分区。因此，当在工业与民用建筑内的楼板上设置洞口，且这些洞口在火灾时不能及时封闭时，应将通过该洞口连通的上、下楼层区域作为一个防火分区；当该连通区域的总建筑面积大于一个防火分区的最大允许建筑面积时，应将该连通区域按照国家相关标准的要求进一步划分防火分区。

问题 2-41 设置在厂房内的变、配电站有什么防火分隔要求？

答：变、配电站是具有较高火灾危险性的场所。根据《建规》第 3.3.8 条的规定，变、配电站不应设置在甲、乙类厂房内，也不应与甲、乙类厂房贴邻。直接服务于甲、乙类厂房的 10kV 及以下的专用变、配电站可以采用无任何开口的防火墙与甲类厂房分隔后一面贴邻，可以采用设置甲级防火窗的防火墙与乙类厂房贴邻。对于其他类别火灾危险性的厂房，根据《建规》第 6.2.6 条的规定，设置在厂房内的变、配电站应采用耐火极限分别不低于 2.00h 的防火隔墙和 1.50h 的楼板与其他部位分隔，开向建筑内的门应采用甲级防火门。

问题 2-42 设置在丁、戊类厂房和戊类仓库内的办公室、休息室，是否需要采取防火分隔措施？

答：对于在丁、戊类厂房和戊类仓库内设置的办公室或休息室，《建规》没有明确其防火分隔要求，可以根据建筑内的实际功能需要采取相应的防火分隔措施，但办公室和休息室的火灾危险性较丁、戊类厂房和戊类仓库内的其他区域高，一般仍需要采取一定的防火分隔措施（如采用耐火极限不低于 2.00h 的防火隔墙和耐火极限不低于 1.00h 的楼板，隔墙上的门、窗的耐火性能可不做要求。但是隔墙和门、窗的耐火极限需要根据办公室和休息室的建筑面积大小调整）与生产区或储存区分隔，并通过合理布置尽量避免人员经过生产区域或仓储区域疏散。

2.4 厂房和仓库的安全疏散

问题 2-43 厂房或仓库的疏散楼梯间是否必须在首层直通室外？厂房内的疏散楼梯间可否经过首层生产车间通至室外？

答：厂房或仓库的疏散楼梯间在首层应直通室外，也可以通过疏散走道或门厅通至室外，但不应经过生产作业区域、库房的仓储区域、其他房间或汽车库通至室外。疏散走道或门厅应采用耐火极限不低于 2.00h 的防火隔墙和甲级或乙级防火门、窗与相邻区域分隔。

问题 2-44 厂房的疏散楼梯间是否可在建筑的首层采用扩大的封闭楼梯间或扩大的防烟楼梯间前室？

答：扩大的封闭楼梯间或扩大的防烟楼梯间前室是建筑内人员的疏散安全区域，这些区域应采取一定的防火措施，使其满足相应的防火分隔和疏散距离要求，并能确保火灾时的烟气和火势不会危及该区域安全。在此基础上，当多层或高层生产厂房中的疏散楼梯间在首层难以直通室外时，疏散楼梯间在首层可以采用扩大的封闭楼梯间或扩大的防烟楼梯间前室连通至建筑室外。扩大的封闭楼梯间或扩大的防烟楼梯间前室内任一点至建筑直通室外出口的疏散距离可参考民用建筑中的相应要求，按照不大于 30m 确定。

需要注意的是，扩大的封闭楼梯间或扩大的防烟楼梯间前室内的防烟可以采用机械加压送风的方式，也可采用自然排烟或机械排烟的方式来实现。这可以根据该区域的空间容积大小和工程的经济合理性来确定。

问题 2-45 设置在丙类厂房或丙、丁类仓库内的办公室、休息室是否需要设置两个安全出口？

答：丙类厂房内的办公室、休息室应设置至少 1 个独立的安全出口，其他安全出口可以与生产作业区共用；丙、丁类仓库内的办公室、休息室，其安全出口应独立设置。这些办公室和休息室应设置疏散门，但这些疏散门不一定是安全出口，疏散门的数量应根据房间的建筑面积大小确定，可以参照《建规》第 5.5.15 条的规定确定。即符合下列条件之一的办公室或休息室允许设置 1 个疏散门，不符合下列条件之一的办公室或休息室均应设置至少 2 个疏散门：

（1）位于两个安全出口之间且建筑面积不大于 120m² 的房间；

（2）位于袋形走道的两侧且建筑面积不大于 120m² 的房间；

（3）位于走道的尽端且建筑面积不大于 50m² 的房间；

（4）位于走道的尽端，房间内任一点至疏散门的直线距离不大于 15m、建筑面积不大于 200m² 且疏散门的净宽度不小于 1.4m 的房间。

问题 2-46　办公室、休息室设置在丙类厂房内时，应至少设置 1 个独立的安全出口。当需要设置两个安全出口时，在保证一个独立安全出口的前提下，另一个出口是否可以通过生产区进行疏散或与生产区共用安全出口？

答：丙类厂房内设置的办公室或休息室应设置至少 1 个独立的安全出口直通室外，其他安全出口可以与生产区的安全出口共用，一般不应直接通向生产作业区，参见图 2-20。

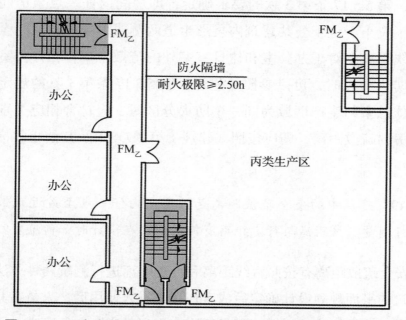

图 2-20　厂房内辅助办公室等房间与生产区共用安全出口示意图

问题 2-47　怎样确定厂房内办公室、休息室的疏散楼梯间形式？

答：在厂房内设置办公室和休息室时，一般是随厂房的生产楼层设置，无论这些办公室和休息室的疏散楼梯间是独立设置还是与生产区共用，均应根据厂房的层数和高度按照厂房的疏散楼梯设置要求来确定。只有当办公室和休息室为独立的楼层或独立的防火分区时，其中仅供办公室或休息室独立使用的疏散楼梯间可以参照办公建筑的疏散楼梯间设置要求确定，即当楼层数为 5 层及以下或位于建筑的五层及以下楼层时，可以采用开敞楼梯间；当楼层数为 6 层及以上或位于建筑的六层及以上楼层时，应为封闭楼梯间或防烟楼梯间。当然，当办公室和休息室具有这种规模时，往往应按照民用建筑的要求独立建造，不宜再与厂房合建。

问题 2-48　怎样确定厂房内办公室、休息室的安全疏散距离？

答：厂房内的办公室和休息室的安全疏散距离由两部分构成：一部分为办公室和休息室室内的疏散距离，另一部分为办公室和休息室的房间疏散门至安全出口的疏散距离。对于办公室和休息室室内的疏散距离，可以参照《建规》第 5.5.17 条第 3 款的要求确定，即房间内任一点至房间疏散门的直线距离不应小于位于公共建筑内袋形走道两侧或尽端的疏散门至最近安全出口的直线距离。对于办公室和休息室室外的疏散距离，当办公室和休息室为独立的防火分区时，可以参照《建规》第 5.5.17 条第 1 款的规定确定；当办公室和休息室与生产区域为同一个防火分区时，应符合相应类别火灾危险性生产厂房的疏散距离，即应按照《建规》第 3.7.4 条及其他相关标准的规定确定。

问题 2-49　建筑中的安全疏散距离是按照室内任一点至最近疏散出口的直线距离进行测量。该距离与行走距离有何区别，在设计时如何确定？

答：安全疏散距离有按照直线距离和行走距离进行测量两种方法。行走距离是在建筑的平面规划设计确定后或者在建筑投入使用后，人员在其中从室内任一点至最近疏散门或从疏散门至最近安全出口的实际步行距离，需要考虑疏散路线上阻挡人员行走的物体的影响。行走距离主要用于建筑使用期间的消防安全监督管理。

为简化设计，《建规》在确定建筑内的疏散距离时，均按照室内任一点至最近疏散门或房间疏散门至最近安全出口（均计算至疏散出口的中心线）的直线距离进行测量，不考虑因设备、座椅、柜台、家具等布置而产生的阻挡，但应考虑墙体、大型固定家具或高大货架等的遮挡。当在设计区域内设置墙体、大型固定家具或货架等可能遮挡人员的疏散路径和视线时，安全疏散距离应按照各段疏散路径的折线长度之和计算。因此，在建筑设计时，一般可以以标准规定的最大允许疏散距离为半径划圆弧线的方式来检查设计是否符合标准要求，当设计区域内存在墙体等遮挡时，应考虑墙体遮挡的影响，按照绕过遮挡物体的折线距离校核，参见图 2-21。

问题 2-50　地上的厂房或仓库在平面上具有多个采用防火墙分隔的防火分区相邻布置时，每个防火分区可否利用防火墙上通向相邻防火分区的甲级防火门作为第二安全出口？

答：尽管《建规》等国家相关标准未明确地上厂房或仓库中的防火分区是否可以利用通向相邻防火分区的甲级防火门作为安全出口，但从同一时间发生一次或多次火灾的概率考虑，在正常设防标准要求下，地上厂房或仓库中具有至少 1 个独立安全出口的防火分区，可以参照《建规》第 5.5.9 条的要求利用通向相邻防火分区的甲级防火门作为安全出口，但疏散宽度、疏散距离应符合相应要求，防火分区之间应采用防火墙分隔，不应采用防火卷帘、防火分隔水幕等非实体的墙体分隔。

问题 2-51　如何确定仓库内的人员疏散距离？

答：除物流仓库外，普通仓库主要用于储存货物，平时使用人数少，人员对室内环境和疏散路线、疏散门的位置熟悉。为此，《建规》没有明确规定仓库内的安全疏散距离（实际上可以不要求），但需要根据库房的建筑面积设置足够数量的疏散出口。因此，仓库内的疏散距离主要通过控制库房的疏散出口数量和建筑的安全出口数量来保证。

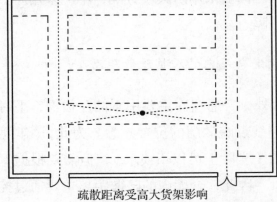

疏散距离受墙体影响

疏散距离不受座椅、柜台等的影响

疏散距离受高大货架影响

图2-21　开敞式空间内的疏散距离测量方法示意图

问题 2-52　厂房内全部设置自动喷水灭火系统时，其安全疏散距离可否按照现行相关标准的规定值增加 25% ？

答：《建规》对生产厂房内安全疏散距离的规定值均较大，甚至没有限制一、二级耐火等级的单层或多层丁、戊类厂房的安全疏散距离。因此，当厂房内全部或局部设置自动喷水灭火系统时，其安全疏散距离均不允许增加。

问题 2-53　怎样确定仓库的疏散楼梯、走道和门的净宽度？

答：仓库内所需疏散人数少，但为满足仓库的功能要求，疏散楼梯、走道和门的宽度往往较大，《建规》等国家标准没有明确，也没有必要规定仓库中疏散楼梯、走道和门的最小净宽度和百人疏散宽度计算指标。在实际工程建设中，仓库中疏散楼梯、走道和门的净宽度可以参照《建规》第 3.7.5 条对厂房中疏散楼梯、走道和门的最小净宽度要求，并结合消防救援、建筑功能所需宽度来确定。

问题 2-54　仓库中同层的不同防火分区可否共用安全出口或疏散楼梯（间）？

答：不同于生产厂房和民用建筑，《建规》等国家标准明确规定了每座仓库建筑的疏散出口或安全出口设置数量和疏散楼梯（间）的形式，规定了其中每个防火分区（实际为储存间）的出口设置要求。标准要求中每个防火分区的"出口"可以是疏散门，也可以是安全出口，根据该出口的设置位置和出口场地情况而定。因此，仓库中同层的不同防火分区（实际为独立的储存间）可以共用安全出口或疏散楼梯间。但是为确保储存间之间防火分隔的可靠性，对于丙类仓库，不同储存间应通过疏散走道共用疏散楼梯间，如图 2-22 所示，不应在库房内通过前室或封闭楼梯间直接共用疏散楼梯间；对于丁、戊类仓库，要尽量通过走道连通至共用的疏散楼梯间，也可以在具有不少于 2 部疏散楼梯间的情况下，通过前室或封闭楼梯间的方式在库房内共用疏散楼梯间。

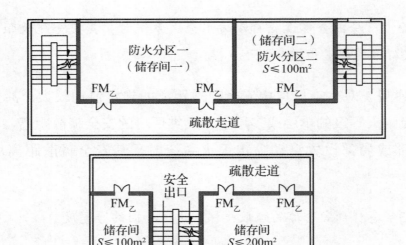

图 2-22　仓库中不同防火分区共用安全出口示意图

问题 2-55　厂房中同层的不同防火分区可否共用安全出口或疏散楼梯间？

答：对于厂房，尽管《建规》未明确建筑中同层的不同防火分区是否可以共用安全出口或疏散楼梯间，但根据建筑的防火原理和同一时间可能发生火灾次数的概率与设防标准，厂房中同层的相邻防火分区可以共用同一个安全出口或疏散楼梯间。但厂房的火灾危险性类别及其分布比较复杂、使用人数差别大，当相邻防火分区共用安全出口或疏散楼梯间时，应在充分考虑防火分区之间防火分隔的可靠性、人员在火灾时疏散的安全性的基础上，合理确定相应的防火分隔、疏散宽度、疏散距离、疏散照明与疏散指示标志设置等的技术要求。为确保防火分区分隔的可靠性，不同防火分区共用的疏散楼梯间应采用防烟楼梯间，并确保人员分别从位于不同防火分区的前室进入。

问题 2-56　仓库中防火分区通向疏散走道的门必须采用防火门吗？

答：仓库中的不同防火分区要尽量独立设置安全出口，当该出口为安全出口并且出口门直通室外时，该门可以不采用防火门；当该出口门（安全出口的门或库房的疏散门）为通向疏散楼梯间或疏散走道时，该门应为甲级或乙级防火门。

仓库中不同防火分区（实际上此时为储存间而非独立的防火分区，本题下同。）共用的疏散走道可以视为不属于其中任何一个防火分区，而是一个相对独立且防火安全性较高的区域，这些防火分区通向疏散走道的门应采用甲级或乙级防火门。即使在仓库中同一个防火分区内设置多个隔间用作库房，当这些隔间共用一条疏散走道时，为减小火灾的危害，这些库房也应按照不同的防火分隔房间进行设置，故同一防火分区内不同库房的疏散门也应采用甲级防火门。

问题2-57 仓库的疏散门必须向疏散方向开启吗？

答：建筑中疏散出口上设置的门为疏散门，包括房间的疏散门和防火分区或建筑的安全出口门。不同于民用建筑和生产厂房，仓库因使用功能需要，疏散门数量往往较少，疏散距离往往较大，应确保人员在火灾时能快速疏散。除国家标准允许采用推拉门或卷帘门的疏散门外，仓库的疏散门均应向疏散方向开启，不能按照《建规》第6.4.11条第1款的规定按照疏散人数多少来确定其开启方向。

问题2-58 仓库建筑中的疏散楼梯间均应为封闭楼梯间吗？建筑高度大于32m的高层仓库是否要求采用防烟楼梯间？

答：根据《建规》第3.8.7条的规定，高层仓库的疏散楼梯应采用封闭楼梯间，建筑高度大于32m的高层仓库也可以采用封闭楼梯间，但其中不符合自然排烟要求的封闭楼梯间应采取机械防烟措施或改为防烟楼梯间。对于多层仓库，可以采用开敞楼梯间。位于地下或半地下的仓库，其疏散楼梯应采用封闭楼梯间。其中，埋深大于10m或层数为3层及以上的地下或半地下仓库，其疏散楼梯应采用防烟楼梯间。

问题2-59 建筑通向栈桥的门可以作为安全出口吗？

答：栈桥是指主要供输送物料的架空桥。输送有火灾、爆炸危险性物质的栈桥不应兼作疏散通道，建筑通向这些栈桥的出口不能作为安全出口，建筑通向其他栈桥的门可以作为安全出口；当需要利用栈桥作为疏散通道，建筑要利用通向栈桥的门作为安全出口时，应满足以下条件：

（1）栈桥应采用不燃材料制作，应在栈桥上设置独立的疏散通道。

（2）栈桥周围可能危及人员疏散安全的情况，如在栈桥下方或相邻部位开设的门、窗洞口等，应采取相应的防火措施。

（3）建筑物通向栈桥的出口应符合安全出口的要求。

3 民用建筑

3.1 建筑高度和建筑层数的计算

问题 3-1 在计算建筑高度时，应如何确定建筑高度的起算点？

答：建筑具有自然地面标高和设计地面标高。自然地面标高是在施工前建筑基地地面的原始高程；室外设计地面标高是建筑设计中相对某基准点选定的建筑基地设计高程，是建筑设计中确定的 ± 0.000 标高所在平面。在计算建筑高度时，应将建筑的室外设计地面标高作为起算点。

问题 3-2 对于具有保温、防水层及覆土等面层的平屋面建筑，应如何确定其建筑高度？

答：对于平屋面（包括有女儿墙的平屋面）建筑，建筑高度应按照建筑的室外设计地面至其屋面面层的高度计算。该屋面面层包括屋顶上的保温层、防水层、覆土层等，参见图 3-1，不应只计算至建筑屋顶的结构面层。

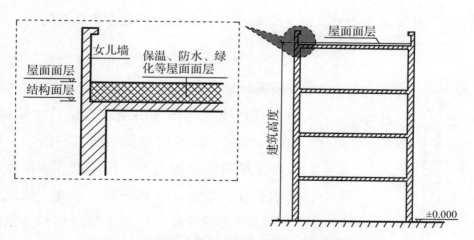

图 3-1　建筑高度计算至建筑屋面面层位置示意图

问题 3-3 与非住宅功能建筑上下组合建造的住宅建筑，如以其他功能建筑的屋面作为住宅建筑的室外设计地面应符合哪些要求？

答：根据《建规》第 5.4.10 条的规定，与非住宅功能建筑上下组合建造的住宅建筑，当以其他功能建筑的屋面作为住宅建筑的室外设计地面时，应至少满足以下要求：

（1）非住宅功能建筑与住宅建筑之间分隔楼板的耐火极限不应低于 1.50h；当非住宅功能部分的建筑高度大于 24m，或非住宅功能部分与住宅部分的总建筑高度大于 27m 时，该分隔楼板的耐火极限不应低于 2.00h。

（2）具有设置消防车道从地面到达非住宅功能部分的建筑屋面的条件，屋面场地能满足住宅部分消防车通行和停靠的要求，如车道宽度、转弯半径、回车场地或具有环形车道，屋面下部结构的承载能力符合消防车在其上部通行、停靠与安全作业的要求；对于高层住宅，还需满足设置消防车登高操作场地的要求。

（3）在非住宅功能部分的建筑屋面上，应按照住宅建筑的要求设置室外消防给水系统和室外消火栓、消防水泵接合器。

（4）非住宅功能部分的建筑屋面具有可供人员避难以及直通地面的疏散楼梯等设施。

总之，非住宅功能部分的建筑屋面应符合一座在地面独立建造住宅建筑时的相应要求。

问题 3-4 计算坡屋面建筑的建筑高度时，应如何确定其檐口高度？

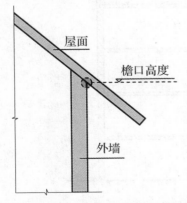

图 3-2 建筑的檐口高度示意图

答：坡屋面建筑的建筑高度应按照建筑的室外设计地面至其檐口与屋脊的平均高度计算。根据现行国家标准《民用建筑设计术语标准》GB/T 50504—2009 的规定，建筑的檐口是屋面与外墙墙身的交接部位，作用是方便排除屋面雨水和保护墙身，又称屋檐。因此，建筑的檐口高度应为室外设计地面至坡屋面与建筑外墙墙身交接部位的高度，参见图 3-2，而不应计算至坡屋面屋檐的最低部位。

问题 3-5 设置夹层的坡屋顶建筑应如何计算其建筑高度？

答：设置夹层的坡屋顶建筑，其建筑高度计算可以按照以下原则确定：

（1）当夹层仅为通风隔热空间，不作为人员的活动空间、不放置可燃物时，建筑高度仍可以按照其室外设计地面至建筑的檐口与屋脊的平均高度计算。

（2）当夹层上部设置楼板，并作为人员的活动空间或放置可燃物时，建筑高度应按照其室外设计地面至建筑的檐口与夹层顶板的平均高度计算。

（3）当夹层上部不设置楼板时，建筑高度应按照建筑的室外设计地面至建筑屋脊的高度计算。

问题 3-6 建筑上部局部突出屋顶的会议室、茶座等房间，当其水平投影总面积占屋面面积不大于 1/4 时，是否可以不计入建筑高度？

答：根据《建规》附录 A 第 A.0.1 条第 5 款的规定，设置在建筑屋顶的瞭望塔、冷却塔、水箱间、微波天线间或设施、电梯机房、排风和排烟机房以及楼梯出口小间等辅助设备用房，当其总投影面积占屋面面积不大于 1/4 时，可以不计入建筑高度。对于会议室、茶座等其他具有使用功能的房间，无论其水平投影的面积占屋面面积的比例是多大，均应计入建筑高度。

问题 3-7 对于住宅建筑，设置在建筑底部且室内高度不大于 2.2m 的自行车库、储藏室、开敞空间，室内外高差或建筑的地下、半地下室的顶板面高出室外设计地面的高度不大于 1.5m 的部分，可以不计入建筑高度。当一座住宅建筑在其底部既设置了符合上述要求的自行车库，室内外又具有高差但不大于 1.5m 时，应如何确定其建筑高度？

答：此种建筑设计情况比较罕见。当确实存在这种建筑时，可以按照下述原则计算其建筑高度：

（1）当地下室高出室外设计地面的高度或建筑室内外高差与住宅建筑下部

架空层的高度之和大于或等于 3.0m（住宅建筑按照 3.0m 一层进行折算）时，建筑高度应自室外设计地面计算至建筑的屋面面层或檐口（对于坡屋面建筑和设置夹层的建筑，参见问题 3-4 和问题 3-5 的释疑），且不应减去架空层和地下室高出地面的高度或建筑室内外的高差。

（2）当地下室高出室外设计地面的高度或建筑室内外高差与住宅建筑下部架空层的高度之和小于 3.0m（住宅建筑按照 3.0m 一层进行折算）时，建筑高度应自室外设计地面计算至建筑的屋面面层或檐口（对于坡屋面建筑和设置夹层的建筑，参见问题 3-4 和问题 3-5 的释疑），且可以减去架空层和地下室高出地面的高度或建筑室内外的高差，参见图 3-3。

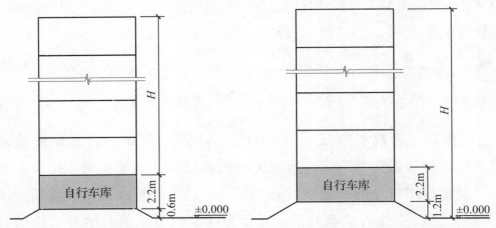

图 3-3　建筑下部设置架空层或具有室内外高差时的建筑高度计算示意图

问题 3-8　建筑层数应按照建筑的自然层数计算，其中室内顶板面高出室外设计地面的高度不大于 1.5m 的地下或半地下室和设置在建筑底部且室内高度不大于 2.2m 的自行车库、储藏室、开敞空间可以不计入建筑层数。当一座建筑在其底部既设置了符合上述要求的自行车库，地下室的顶板又高出室外设计地面不大于 1.5m 时，如何确定其建筑层数？

答：建筑层数主要影响建筑的竖向疏散距离和建筑的外部救援难度，建筑层数应按照建筑的自然层数计算。因此，同时存在上述情况的建筑，其建筑层数计算规则不变，即地下室和自行车库所在层均可以不计入建筑层数。这与问题 3-7 中有关建筑高度计算原则略有差异。

问题 3-9 按照单元住宅方式布置的老年人照料设施应符合哪些防火技术要求?

答:老年人照料设施属于公共建筑,其防火设计要求一般应符合相关标准对老年人照料设施的规定;对于国家现行标准未明确的,应符合相应建筑高度公共建筑的防火要求。按照单元住宅方式布置的老年人照料设施,实际上是利用住宅建筑用作老年人养老设施,尽管建筑的防火分隔及楼层面积均较小,但是管理方式有所区别,老年人的行为能力等通常较弱,因此除建筑的室外消防给水、室外消火栓系统、消防车道及消防车登高操作场地的设置和防火间距可以参照住宅建筑的相关要求确定外,建筑室内消防设施、人员疏散设施和消防电梯等的设置均应符合公共建筑的相关防火技术要求。

问题 3-10 对于建筑高度大于 250m 的民用建筑,其裙房和高层建筑主体的地下室是否应符合国家有关建筑高度大于 250m 的高层民用建筑的防火技术要求?

答:国家有关建筑高度大于 250m 的高层民用建筑的防火技术要求,主要针对高层建筑主体及其投影范围内的地下室,裙房和高层建筑主体投影外的地下室的防火设计不要求符合这些规定。但是当裙房与高层建筑主体划分为同一个防火分区时,除疏散楼梯间设置形式、安全出口的疏散宽度计算、疏散距离等疏散设计和消防电梯等消防救援设施、防火间距的设置仍可以按照其层数和功能确定外,裙房及其地下室的其他防火设计应符合高层建筑主体的要求。

问题 3-11 当建筑高度大于 250m 的高层民用建筑设置高层裙楼时,应如何确定该裙楼的防火设计要求?

答:对于建筑高度大于 250m 的高层民用建筑的高层裙楼,应按照下述原则确定其防火设计要求:

(1)当裙楼与高层建筑主体之间采用防火墙和甲级防火门分隔时,除防火间距和消防设施的设置外,裙楼可以根据其实际建筑高度和使用功能确定其室内外防火要求,包括消防车登高操作场地和消防电梯的设置。

(2)当裙楼与高层建筑主体之间未采用防火墙和甲级防火门分隔时,裙楼的防火技术要求应符合高层建筑主体的相关规定，如不允许设置燃气使用场所、防火分区划分、消防设施设置等，但疏散设计、建筑的防火间距、消防车登高操作场地和消防电梯的设置仍可以按照裙楼的实际建筑高度确定。

问题 3-12　当建筑高度大于250m的高层民用建筑在其核心筒周围设置了环形疏散走道后，是否还需要在核心筒内的电梯厅出入口处采用防火门分隔？

　　答：当建筑高度大于250m的高层民用建筑在核心筒周围设置了环形疏散走道后，不要求在核心筒内的电梯厅出入口处设置防火门分隔，但如能在该部位设置甲级或乙级防火门，则可以进一步提高防止楼层上的火灾和烟气通过电梯竖井竖向蔓延的性能。

问题 3-13　对于建筑高度大于250m的高层民用建筑中的特殊楼层，如首层门厅、酒店大堂、餐饮区、健身区等开敞空间，一般难以在核心筒周围设置环形疏散走道。此时，应如何满足建筑高度大于250m的高层民用建筑核心筒周围宜设置环形疏散走道的要求？

　　答：建筑高度大于250m的高层建筑主体设置环形疏散走道，一方面是为满足人员双向疏散的要求，另一方面是为进一步提高建筑内核心筒的防火安全性能，因此要尽量按照规定设置。对于首层门厅、酒店大堂、餐饮区、健身区等设置开敞空间的特殊楼层，由于实际火灾危险性较低，并能满足双向疏散的要求，因此在采用甲级防火门和耐火极限不低于2.00h的防火隔墙将该区域与其周围具有较高火灾危险性的房间分隔后，核心筒周围可以不再设置环形走道，但要尽量在电梯厅入口处采取防火分隔措施。特殊楼层核心筒与周围区域的防火分隔示意见图3-4。

问题 3-14　建筑高度大于250m的高层民用建筑的垂直交通设计通常采用穿梭电梯的方式，即该电梯仅停靠首层门厅和其服务的空中大堂层，电梯停层的门厅、大堂等均为可燃物较少的空间，电梯门可否直接开向大堂而不设候梯厅？

　　答：建筑高度大于250m的高层民用建筑中所设置的电梯，当仅在首层和

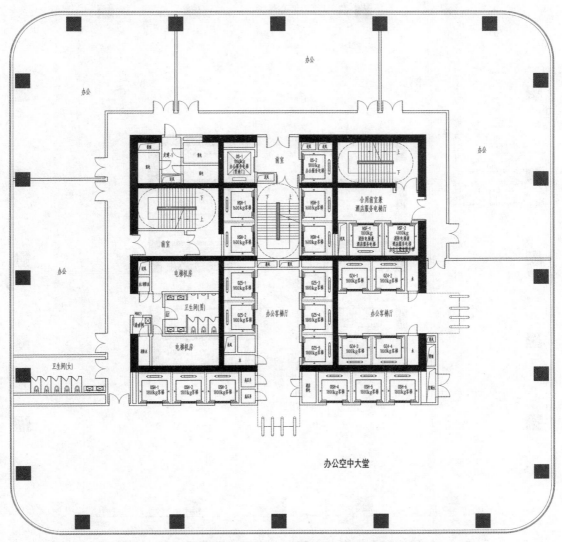

图 3–4　特殊楼层核心筒与周围区域防火分隔示意图

其他服务的空中大堂层停靠，在其他楼层不开设电梯层门时，在控制首层门厅和空中大堂的火灾危险性的前提下（一般要将其中的火灾荷载密度控制在 20MJ/m² 以下，约 1kg/m² 木材的燃烧热值。当门厅或大堂的建筑面积较大时，应分成更小的区域校核），电梯门尽量不要直接开向空中大堂而应设置候梯厅，但首层门厅核心筒内的电梯厅不要求设置甲级防火门分隔。首层或空中大堂核心筒内电梯厅与周围区域防火分隔示意参见图 3–5。

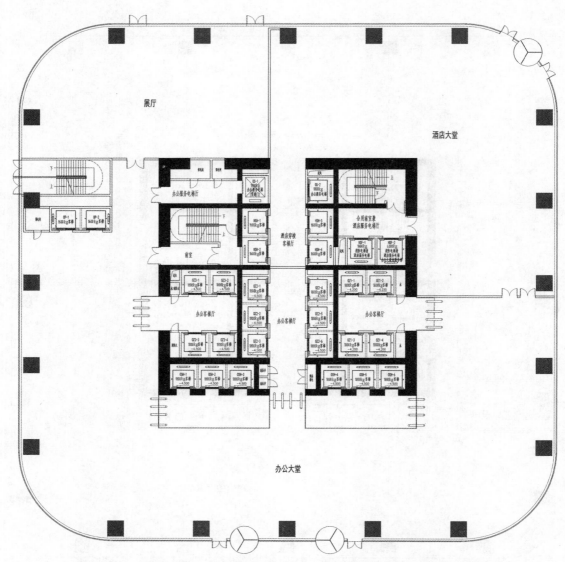

图 3-5　首层或空中大堂核心筒内电梯厅与周围区域防火分隔示意图

问题 3-15　建筑高度大于 250m 的高层民用建筑核心筒周围不设置环形走道时，应采取哪些防止火灾通过核心筒或竖向交通设施蔓延的措施，以保证核心筒的防火安全？

答：建筑高度大于 250m 的高层民用建筑核心筒周围宜设置环形走道，当受平面布置难以设置环形走道时，为保证核心筒的防火安全，仍应设置与核心筒分隔的疏散走道，并应在电梯厅入口处设置甲级防火门、耐火极限不低于

3.00h 的防火隔墙，以提高防止火灾通过核心筒或楼梯间向其他楼层蔓延的可靠性。电梯厅入口处可以采用防火卷帘或防火玻璃隔墙与甲级防火门配合使用的方式进行分隔。

3.2　建筑分类和耐火等级

问题 3-16　根据《建规》的要求，民用建筑如何分类？

答：建筑分类是确定建筑防火设计技术要求的基础。民用建筑根据其使用功能大类分为居住建筑和公共建筑，其中公共建筑根据其火灾时可能产生的危害性进一步分为一般公共建筑和重要公共建筑；根据建筑高度和层数分为高层民用建筑和单、多层民用建筑，其中高层民用建筑根据其建筑高度、使用功能和楼层的建筑面积等又分为一类高层民用建筑和二类高层民用建筑。

问题 3-17　一类高层公共建筑是否属于重要公共建筑？

答：重要公共建筑的确定标准与高层公共建筑的分类标准不同。重要公共建筑是指发生火灾可能造成重大人员伤亡、财产损失和严重社会影响的公共建筑，与其建筑高度无直接关系，而一类高层公共建筑与其建筑高度和使用功能直接有关。重要公共建筑可能是单、多层公共建筑，也可能是一类高层公共建筑或者二类高层公共建筑。一类高层公共建筑不一定属于重要公共建筑，即不是全部一类公共建筑都属于重要公共建筑。

问题 3-18　《汽车加油加气加氢站技术标准》GB 50156—2021 将藏书量超过 50 万册的图书馆划分为重要公共建筑。《建规》将建筑高度超过 24m 的重要公共建筑和藏书量超过 100 万册的图书馆划为一类高层公共建筑。对于藏书量超过 50 万册，但建筑高度不大于 50m 的高层图书馆，是否属于一类高层公共建筑？

答：有关重要公共建筑的范围，《汽车加油加气加氢站技术标准》GB 50156—2021 附录 B 的规定可以作为参考，不能作为除汽车加油加气加氢站以外其他建筑防火设计的依据。一座图书馆建筑是否为重要公共建筑，应根据其藏书的文化和历史价值、建筑发生火灾后的可能后果等因素，按照重要公共建筑的定义确定。对于藏书量超过 50 万册，但建筑高度不大于 50m 的高层图书馆，不要求划分为一类高层公共建筑，但在实际设计中可以视具体情况将其按照一类高层公共建筑考虑。

问题 3-19　对于高层商店、展览、电信、邮政、财贸金融建筑和其他多种功能组合的建筑，什么情况下应划分为一类高层公共建筑？

答：根据《建规》第 5.1.1 条的规定，对于高层商店、展览、电信、邮政、财贸金融建筑以及其他多种功能组合的建筑，当建筑高度 24m 以上部分任一楼层的建筑面积大于 1 000m² 时，应划分为一类高层公共建筑。因此，符合下列条件的建筑应划分为一类高层民用建筑：

（1）使用功能为商店、展览、电信、邮政、财贸金融的建筑（均为单一使用功能）；

（2）除为第（1）项功能的建筑以及住宅、汽车库与公共功能组合建造的建筑外，具有 2 种和 2 种以上其他公共功能的建筑；

（3）建筑高度大于 24m；

（4）在楼地面标高大于 24m（即自建筑的室外设计地面至楼地面上表面的高度大于 24m）的楼层中，任意一层的建筑面积大于 1 000m²，参见图 3-6。

值得注意的是，当建筑高度及楼层面积符合规定要求时，下列建筑仍可以不划分为一类高层建筑：

（1）住宅与非住宅功能组合建造，但相互间完全分隔后的建筑；

（2）与汽车库组合建造的高层公共建筑。

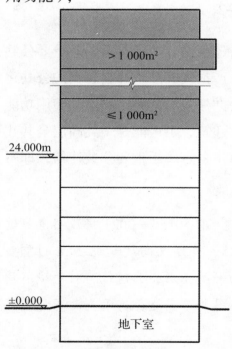

图 3-6　在楼地面标高大于 24m 的楼层中任一层建筑面积大于 1 000m² 的一类高层建筑示意图

问题 3-20 多种功能组合的高层民用建筑在划分一、二类高层建筑时，是否考虑建筑地下室的功能？

答：建筑的地上部分与地下部分是属于同一建筑结构中的两个不同防火设防标准的空间，通常需要完全分隔。此外，一类和二类高层民用建筑的划分是以建筑高度为重要依据，但在确定建筑高度时一般不计算建筑中地下部分的高度。因此，多种使用功能组合的高层民用建筑在划分一类和二类高层建筑时不考虑其地下室的使用功能，只依据其地上部分的使用功能（除坡地建筑等外）。

问题 3-21 建筑高度大于 24m 的单层公共建筑，当设置多层附属用房时，应如何确定该建筑的防火设计要求？

答：建筑高度大于 24m 的单层公共建筑仍可以划分为单层建筑，当在建筑的单层主体周围设置多层附属用房时，情况比较复杂，不能简单地按照单、多层建筑或者高层建筑确定其防火设计要求，而要综合附属建筑的层数、面积、建筑高度和防火分隔情况等因素确定。在设计中，一般应在将附属用房与建筑的单层主体部分分别划分为不同的防火分区后，将多层部分按照其建筑高度确定防火设计标准，单层高大空间部分仍可以按照单层公共建筑考虑；否则应将该建筑整体按照多层或高层公共建筑确定防火设计标准。

问题 3-22 电竞酒店、月子中心、度假村、疗养院、蔬菜交易大棚应分别按照哪类建筑确定其防火设计要求？

答：（1）电竞酒店是在既有旅馆建筑的基础上改变使用功能或按照旅馆建筑建造、具有网吧和娱乐游艺功能的建筑。这类建筑的火灾危险性与歌舞娱乐放映游艺场所类似，应按照歌舞娱乐放映游艺场所确定其防火设计要求。

（2）月子中心，也称月子会所，主要为产妇提供专业产后恢复与婴儿照料服务的场所。对于无治疗功能的月子中心，考虑到产妇体能处于恢复期，婴儿需要专业照顾，宜按照旅馆建筑和托儿所建筑中的较高要求确定其防火设计要求；对于具有治疗功能的月子中心，应按照旅馆建筑、医疗建筑和托儿所建筑中的较高要求确定其防火设计要求，既要符合旅馆建筑的相关规定，又要符合医疗建筑和托儿所建筑的防火要求。

（3）根据现行行业标准《旅馆建筑设计规范》JGJ 62—2014 的规定，度假村、疗养院属于旅馆建筑。因此，度假村、疗养院的防火设计应符合旅馆建筑的相关要求，其中有治疗功能的疗养院还应符合医疗建筑的防火设计要求。

（4）蔬菜交易大棚属于进行蔬菜买卖或交易的公共场所，应按照商店建筑确定其防火设计要求。

问题 3-23 设置在民用建筑外墙处的观光电梯，当采用透明玻璃围护结构时，该透明玻璃是否有耐火性能要求？

答：观光电梯设置在建筑外墙处时，电梯竖井破坏了在建筑立面上设置的窗间墙、防火挑檐等防止火势在建筑上、下层之间蔓延的措施的完整性，使得建筑外立面在电梯竖井处上下贯通而可能成为火势沿此竖井竖向蔓延的直接通道。因此，当电梯在进入建筑的楼层处采用具有耐火性能并符合相关标准要求的电梯层门、电梯竖井的围护结构与建筑外墙上相邻开口的水平距离满足防止火灾蔓延的要求（一般不小于 2.0m）时，民用建筑外墙处设置的观光电梯所用透明玻璃围护结构可以不采用防火玻璃，可以采用普通安全玻璃。

问题 3-24 不同耐火等级民用建筑的外墙应满足相应的燃烧性能和耐火极限要求，建筑的外幕墙是否也要满足该要求？

答：建筑外幕墙一般用作建筑表皮。当建筑外幕墙作为建筑外墙时，其耐火性能应符合相应耐火等级建筑外墙的耐火性能和燃烧性能要求；当不作为建筑外墙时，其耐火性能不作要求，只需按照《建规》第 6.2.6 条和现行国家标准《建筑防火封堵应用技术标准》GB/T 51410—2020，现行团体标准《建筑幕墙防火技术规程》T/CECS 806—2021 的要求进行防火封堵，在建筑外立面上、下层的开口之间设置符合该建筑外墙耐火性能要求的窗间墙或防火挑檐。窗间墙的高度或防火挑檐的出挑深度应分别符合《建规》第 6.2.5 条的规定。

3.3 总平面布局

问题 3-25　民用建筑外墙上的开口，当采用防火窗作为减少防火间距的条件时，该防火窗是否可以用作排烟窗？

答：在建筑外墙上的开口采用甲级或乙级防火门、窗时，可以较好地防止建筑外部的火灾蔓延至建筑物内部，也可以防止建筑内部的火势通过开口向外部蔓延，但这些防火门、窗在火灾时应能联动自动关闭或手动关闭。排烟窗是利用火灾热烟气流的浮力和外部风压作用，通过建筑开口将建筑内的烟气直接排至室外，必须在发生火灾并需要排烟时能联动自动开启或手动开启使之处于开启状态。因此，建筑外墙上用于减小建筑之间防火间距的防火窗不能同时作为排烟窗。

问题 3-26　相邻两座民用建筑，当满足防火间距减少的条件时，其相邻外墙的墙体、装修材料、保温材料和耐火极限等有何要求？

答：国家相关标准对相邻民用建筑的防火间距要求是在不同建筑高度和耐火等级建筑的外墙在满足标准相应规定基础上确定的。这些要求综合考虑了外墙的耐火极限、燃烧性能、保温系统的构造和保温材料的燃烧性能、外墙上的开口面积、消防车通行或消防救援需要等因素。相邻民用建筑的防火间距，当不能满足标准规定的基本要求而必须减少时，相邻建筑之间的最小间距、墙体的高度、墙体的耐火极限和燃烧性能、屋顶的耐火极限和燃烧性能、外墙正对面的开口及开口面积等在《建规》第5.2节的规定中有明确要求。建筑外墙外保温系统的构造和保温材料的燃烧性能应符合《建规》第6.7节等对相应建筑高度和使用功能建筑的要求。

问题 3-27　如何确定回字形、U形、E形等外形的民用建筑中相邻或相对外墙之间的间距？

答：建筑之间的防火间距主要依据相邻建筑中任意一座建筑发生火灾时在

建筑之间产生的热辐射作用来确定，即建筑之间的间距应能使其中任意一座建筑发生火灾后的热辐射作用均不会使对面建筑外墙所接受的辐射热流密度高于引燃其外墙材料的临界热流密度。对于耐火等级较低、建筑构件采用可燃材料或难燃材料的回字形、U 形、E 形等外形的建筑，还需要考虑延烧和飞火的作用。因此，回字形、U 形、E 形等外形的建筑中相邻或相对外墙之间的间距一般可以按照以下原则确定：

（1）当不考虑消防车进入内院或两翼之间进行消防救援作业，且相对两翼处于同一个防火分区时，相对外墙之间的间距一般可以按照不小于 6m 确定。

（2）当不考虑消防车进入内院或两翼之间进行消防救援作业，且相对两翼处于不同防火分区时，相对外墙之间的间距应满足相应耐火等级和建筑高度民用建筑之间的防火间距要求；当间距不足时，应按照标准有关可以减小防火间距的要求，针对建筑外墙及外墙上的开口采取相应的防火措施。

（3）当需要考虑消防车进入内院或两翼之间进行消防救援作业时，该间距还应满足消防车回转与便捷、安全展开消防救援作业的需要，且对于建筑高度大于 100m 的建筑，其间距不应小于 13m。

（4）建筑相邻外墙之间的间距，一般按照相对外墙之间的最小水平净距确定，特别是对于耐火等级较低并采用难燃或可燃材料构筑的外墙；对于耐火等级为一、二级且采用不燃性材料构筑，耐火极限不低于 1.00h 的外墙，可以按照外墙上开口之间的最小水平净距确定，参见图 3-7。

问题 3-28 住宅建筑中同一单元或不同单元的户与户之间的凹槽内相对外墙的间距如何确定？

答：单元式住宅建筑主要以户为单位、以单元为主要的防火区域考虑其被动防火技术要求，原则上住宅建筑中凹槽内相对外墙的间距需要按照不同建筑之间的防火间距考虑。但是考虑到住宅中每套的建筑面积相对其他民用建筑一个防火分区或防火分隔区域的建筑面积要小，且建筑相对面外窗开口面积较小的特点，对于不同情况可以有所区别。因此，可以按照以下原则考虑：

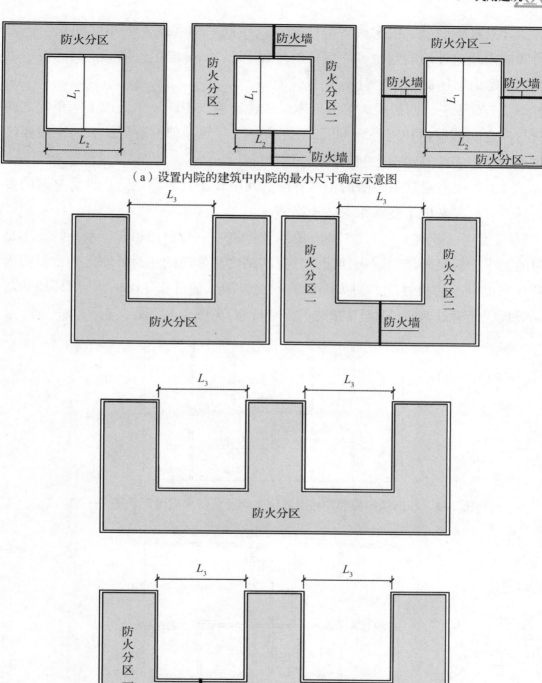

（a）设置内院的建筑中内院的最小尺寸确定示意图

（b）具有两翼的建筑中两翼之间的宽度确定示意图

图 3-7　设置内院的建筑中内院／两翼的最小尺寸确定示意图

注：L_1—内院的长度；L_2—内院的宽度；L_3—两翼的宽度

（1）对于一、二级耐火等级住宅建筑中同一单元或不同单元的户与户之间凹槽内相对外墙的间距，一般可以按照不小于 4m 确定；当凹槽的深度较大时，要考虑增加此间距，且不应小于 6.0m。

（2）对于三、四级耐火等级或木结构住宅建筑中同一单元或不同单元之间户与户之间凹槽内相对外墙的间距，应在（1）的基础上适当加大，一般要按照不小于相邻住宅建筑之间的防火间距确定。

（3）当住宅建筑中凹槽内相对外墙的间距较小且不满足防止火势蔓延的要求时，可以参考以下要求采取防火措施：

1）参考《建规》第 6.2.5 条有关住宅建筑中户与户相邻开口水平间距不足时的要求，提高外墙的耐火性能，并在凹槽内相邻户的相对外墙之间增设防火隔板来提高其防火性能。防火隔板的耐火极限不应低于 1.00h，凸出外墙的防火隔板应能有效遮蔽外墙上的外窗等开口，参见图 3-8、图 3-9。

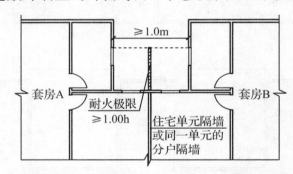

图 3-8 在凹槽内相邻户相对外墙之间设置防火隔板示意图（一）

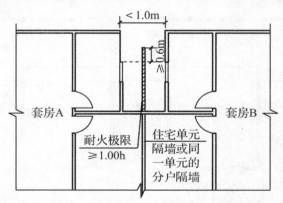

图 3-9 在凹槽内相邻户相对外墙之间设置防火隔板示意图（二）

2）参考《建规》表 5.2.2 的注，提高建筑外墙的耐火性能，并将凹槽内户与户相邻外墙上的外窗改为甲级或乙级防火窗，参见图 3-10。

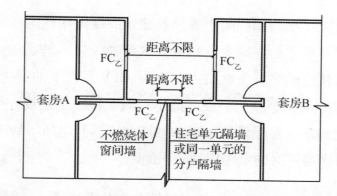

图 3-10　将凹槽内不同户相对的外窗改为乙级防火窗示意图

问题 3-29　在确定建筑的防火间距时，是否需要考虑外挂楼梯、室外疏散楼梯、开敞式外廊、阳台、窗台、雨篷等的影响？

答：关于建筑之间的防火间距计算或测量方法，《建规》附录 B 有明确规定。对于凸出建筑外墙的楼梯、阳台、雨篷等对建筑之间防火间距的影响，可以按照以下原则考虑：

（1）当建筑的外挂楼梯、室外疏散楼梯、开敞式外廊、阳台、窗台、雨篷等采用可燃或难燃材料构筑时，建筑之间的防火间距应从其最外凸出部分外缘测量或算起。

（2）当上述部件或构造采用不燃材料构筑，且这些建筑部件或构造不影响消防车通行和灭火救援要求时，对于设置外挂楼梯、室外疏散楼梯、窗台和雨篷的建筑，建筑之间的防火间距一般可以从建筑外墙测量或算起，不考虑外墙上这些部件或构造的影响。

（3）当上述部件或构造采用不燃材料构筑时，对于开敞式外廊、阳台等，建筑之间的防火间距应从开敞式外廊、阳台等的外缘测量或算起。

（4）当上述部件或构造影响消防车通行或消防救援作业要求时，无论是否采用不燃材料构筑，均应从这些部件或构造的外缘测量或算起。

问题 3-30　如何确定民用建筑与单独建造的室内变电站的防火间距？

答：室内变电站的火灾危险性与丙类厂房的火灾危险性基本相当。民用建筑与单独建造的室内变电站的防火间距，可以按照《建规》第 3.4.1 条有关一、

二级耐火等级丙类厂房与相应耐火等级和建筑高度民用建筑的防火间距确定。但为民用建筑配套服务的终端变电站绝大多数为 35kV 及以下的变电站，因此民用建筑与单独建造的终端变电站（主要为 35kV 及以下的变电站）的防火间距可根据变电站的耐火等级（一般不低于二级）按照《建规》第 5.2.2 条有关民用建筑的规定确定。对于设置可燃油油浸变压器且电压等级高于 35kV 的变电站，仍要按照丙类厂房确定相应的防火间距。

问题 3-31　在同一座民用建筑中，较低部分的屋顶采光、通风口等开口与建筑较高部分的间距有何要求？

答：在同一座民用建筑中，较低部分的屋顶采光、通风口等开口与建筑较高部分的间距应满足防止火势通过开口蔓延的要求，并可以按照以下原则确定相应的间距，参见图 3-11。

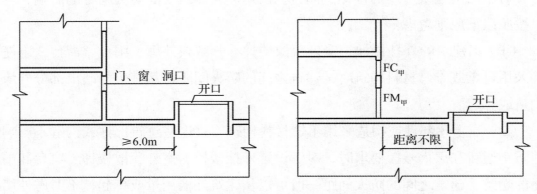

图 3-11　同一座民用建筑中较低部分的屋顶采光、通风口等开口与建筑较高部分的间距示意图

（1）当较低部分的屋顶开口部位所在区域与建筑的较高部分处于不同的防火分隔区域时，应考虑一定的防火间距，并可以参考《建规》第 5.4.12 条第 1 款的规定，按照不小于 6m 确定。

（2）当屋顶开口部位所在区域与建筑的较高部分处于同一个防火分隔区域时，防火间距可以不要求。

（3）当屋顶开口部位或与相邻的建筑外墙上的门、窗洞口部位采取甲级或乙级防火门、窗等防火保护措施时，防火间距可以不限制。

3.4 防火分区和防火分隔

问题 3-32 《建筑工程建筑面积计算规范》GB/T 50353—2013 是否适用于建筑中防火分区的建筑面积计算？

答：现行国家标准《建筑工程建筑面积计算规范》GB/T 50353—2013 适用于工业与民用建筑在工程建设全过程中的建筑面积计算，该规范规定的建筑面积包括附属于建筑物的室外阳台、雨篷、檐廊、室外走廊、室外楼梯等的面积。

建筑中的防火分区是在建筑内部采用防火墙、楼板及其他防火分隔设施分隔而成，能在一定时间内防止火灾向同一建筑的其余部分蔓延的局部空间，是一个为控制建筑内的火灾过火面积而划定的防火区域。防火分区的建筑面积按照建筑的自然楼层外墙结构外围的水平面积之和计算，包括封闭式阳台、封闭式外廊、建筑外墙上的电梯，可以不包括开敞式的室外阳台、雨篷、檐廊、室外走廊或室外楼梯等的面积以及建筑中游泳池的水面、溜冰场的冰面、雪场的雪面、水池等的面积。

因此，《建筑工程建筑面积计算规范》GB/T 50353—2013 不完全适用于计算建筑内防火分区的建筑面积。例如，对于建筑结构层高在 2.20m 以下的区域，根据《建筑工程建筑面积计算规范》GB/T 50353—2013 的规定，可以只计算 1/2 的面积，而在计算防火分区的建筑面积时，应按照全部面积计算；又如，对于敞开式外廊，在计算建筑的建筑面积时，应计算敞开式外廊面积的 1/2，而在计算防火分区的面积时可以不计。

问题 3-33 建筑核心筒、管道井、电缆井等竖井和疏散楼梯间的面积是否计入防火分区的建筑面积？

答：建筑核心筒、管道井、电缆井等竖井和疏散楼梯间不单独划分防火分区，其建筑面积均应计入各自楼层所在防火分区的建筑面积。当相邻两个防火分区共用同一座疏散楼梯间时，可将该疏散楼梯间的建筑面积的一半分别计入各自防火分区的建筑面积。

问题 3-34　外廊的面积是否计入防火分区的建筑面积？

答：建筑的外廊分封闭式外廊、半封闭式外廊和开敞式外廊。建筑内防火分区的建筑面积一般按照建筑的自然楼层外墙结构外围的水平面积之和计算。因此，无论哪种形式的外廊，如果其用作封闭的外围护结构不是建筑的外墙，其面积均可以不计入相应楼层防火分区的建筑面积。但是对于人员密集的场所，为保证火灾时相应疏散楼梯和疏散出口的宽度满足安全疏散的要求，在确定疏散人数时仍应将这些外廊的建筑面积并入建筑中按照人员密度计算疏散人数时的总建筑面积。

例如，一座商店建筑某层的室内建筑面积为 2 000m²，敞开式外廊的建筑面积为 200m²。在计算疏散人数时，就需要采用 2 200m² 按照相应的人员密度值来计算该层的总疏散人数，并据此确定相应的疏散走道和疏散楼梯的宽度。

问题 3-35　架空层和坡地建筑物吊脚架空层等的面积是否计入防火分区的建筑面积？

答：建筑的架空层指仅有结构支撑而无外围护结构的开敞空间层。当架空层无任何用途时，不要求划分防火分区，因此不存在防火分区的建筑面积计算问题；当该空间有特定用途（如架空层用于汽车库或自行车库等）时，应根据相应的用途划分防火分区，并按照结构底板的水平投影面积计算其建筑面积。

问题 3-36　建筑之间的天桥、连廊等的面积是否计入防火分区的建筑面积？

答：（1）连接两座不同建筑物的天桥、连廊等，为建筑中的火灾通过天桥或连廊延烧至另一侧的建筑提供了条件，一般应在建筑通向天桥或连廊等的开口处采取设置防火门、防火卷帘等防止火灾在两座建筑间蔓延的措施；对于采用不燃材料构筑且开敞的室外天桥或连廊，当建筑之间的间距符合防火间距要求时，可以不采用防火措施。

（2）天桥或连廊等属于建筑室外的构筑物，一般不要求划分防火分区。在确定相邻建筑中防火分区的建筑面积时，不要求计算天桥或连廊的面积。当为封闭式天桥或连廊、具有一定火灾危险性的使用用途且建筑面积较大时，一般应将该天桥或连廊划分为单独的防火分区，采用天桥或连廊两端的出口作为安全出口或在其中合适部位设置通向地面的疏散楼梯，也可以将其划入相邻任一建筑中相应楼层的防火分区。当需要独立划分防火分区或需划入相连接建筑中的防火分区时，应按照天桥或连廊的外围护结构所围成的面积计算其建筑面积，并计入相应防火分区的建筑面积。

（3）连接同一建筑不同区域的天桥或连廊，当为封闭式天桥或连廊时，应按照有利于防止火灾蔓延和人员安全疏散的原则划入相连接建筑中的任一防火分区。此时，天桥或连廊的建筑面积应计入相应防火分区的建筑面积。当为半封闭式或开敞的露天天桥或连廊时，可以不划分防火分区，也可以不考虑其建筑面积，但在天桥或连廊的两端需要采取防止火灾在不同区域之间蔓延的措施。

问题 3-37　带货架的商店、书库等的防火分区建筑面积是否需要计算货架层板的面积？

答：由于建筑内布置的货架不是永久性的固定设施，建筑内防火分区的建筑面积一般不考虑其中货架层板的面积。但是图书馆建筑中采用积层书架的书库，一般要将积层书架视为永久性的固定设施。根据现行行业标准《图书馆建筑设计规范》JGJ 38—2015 第 6.2.5 条的规定，图书馆中的书库采用积层书架时，应将书架层的面积之和计入其所在防火分区的建筑面积。其他类似具有固定货架层板或夹层的防火分区，也需要按照此原则将货架层板或夹层的面积计入相应防火分区的建筑面积。

问题 3-38　剧场、电影院、礼堂等的观众厅楼座的建筑面积是否计入防火分区的建筑面积？

答：剧场、电影院、礼堂等的观众厅楼座为建筑内与下部池座区域连通的区域，具有明确的用途和功能，属于人员使用的区域，根据《建规》第 5.3.2 条的规定，其建筑面积应计入所在防火分区的建筑面积。

问题 3-39　保龄球馆的保龄球道区域是否计入防火分区的建筑面积？

答：保龄球馆的球道区域用材较复杂，并设置有保龄球后机设备，不仅本身存在一定火灾危险，而且人员需要进入其中进行维修、检修等，故其建筑面积应纳入所在防火分区的建筑面积。

问题 3-40 图书馆的书库是否需要独立划分防火分区？

答：根据《图书馆建筑设计规范》JGJ 38—2015 第 6.2.1 条的要求，图书馆中的基本书库、特藏书库、密集书库应采用防火墙和甲级防火门与相邻其他部位分隔，以阻止火灾向相邻区域蔓延，避免或减少火灾损失。这样的要求与《建规》第 3.8.2 条的要求是一致的，即主要通过限制库房的面积，加强其防火分隔性能来实现控制火灾和减少火灾损失的目的，但安全疏散设施可以共用。因此，图书馆内的每间书库不要求划分独立的防火分区，但多个相邻布置且总建筑面积大于规定建筑面积的书库仍要划分防火分区，该防火分区可以与相邻其他区域（如阅览室、办公室、走道等）合并划分。

问题 3-41 一、二级耐火等级图书馆的阅览室及藏阅合一的开架阅览室均应按照阅览室功能划分其防火分区，应如何确定其最大允许建筑面积及防火分隔要求？

答：根据《图书馆建筑设计规范》JGJ 38—2015 第 6.2.4 条的要求，一、二级耐火等级图书馆的阅览室及藏阅合一的开架阅览室，均应按照阅览室功能划分防火分区，但没有规定具体要求。因此，阅览室的防火分区最大允许建筑面积和防火分区之间的防火分隔要求应根据《建规》对相应建筑高度公共建筑的要求确定，即地下阅览室的防火分区最大允许建筑面积不应大于 $500m^2$；单层或多层地上图书馆中阅览室的防火分区最大允许建筑面积不应大于 $2\,500m^2$；高层地上图书馆中阅览室的防火分区最大允许建筑面积不应大于 $1\,500m^2$。当阅览室设置自动灭火系统时，上述面积可以分别增加 1.0 倍。

问题 3-42 国家标准允许体育馆和剧场的观众厅的防火分区最大允许建筑面积可适当增加，是否仍有最大建筑面积要求？

答：为满足体育馆、剧场、演艺中心等特殊建筑的使用功能需要，往往要求采用高大空间的观众厅，其建筑面积也大多超过常规相应耐火等级公共建筑中一个防火分区的最大允许建筑面积。因此，《建规》允许适当增加这些建筑中观众厅一个防火分区的建筑面积。此适当增加的要求并不是没有限制，也不是一定要限制一个最大值，而是要根据建筑功能的实际需要，在采取针对性的防火技术措施和满足标准规定的消防安全性能要求的基础上，结合保证人员疏散安全、减小火灾损失等消防安全目标综合考虑后合理确定观众厅的大小和相应的防火分隔与平面布置。一般需要对此防火设计所采取技术措施的可行性、有效性、可靠性和合理性等开展专项的研究和评估。这些建筑一般应为独立的建筑，并具有独立的疏散条件，不宜与其他建筑合建。

问题 3-43　剧场的舞台是否可以与观众厅划分为同一个防火分区？

答：根据《剧场建筑设计规范》JGJ 57—2016 第 8.1 节的规定，舞台区通向舞台区外各处的洞口均应设置甲级防火门或防火分隔水幕，运景洞口应设置特级防火卷帘或防火幕。根据《建规》第 6.2.1 条和第 8.3.6 条的规定，剧场等建筑的舞台口与观众厅之间的隔墙应采用耐火极限不低于 3.00h 的防火隔墙，舞台口宜设置防火分隔水幕或防火幕等。从这些规定看，剧场的舞台与观众厅可以划分为同一个防火分区，但所采取的防火措施可以使舞台区和观众厅达到两个独立防火分区的防火效果。舞台与观众厅不能完全按照不同防火分区划分的原因，主要考虑到舞台和观众厅有时难以完全独立设置符合要求的安全出口等人员疏散设施，但火灾危险性差异较大，又确实需要进行防火分隔。

问题 3-44　根据《人民防空工程设计防火规范》GB 50098—2009 的规定，水泵房、污水泵房、水池、厕所、盥洗间等无可燃物的房间，其面积可不计入所在防火分区的建筑面积内。对于其他非人防工程的地下建筑，上述这些房间的建筑面积是否也可以不计入相应的防火分区？

答：设置在平战结合的人防工程内的水泵房、污水泵房、水池、厕所、盥洗间等无可燃物的房间，在确定防火分区的最大允许建筑面积时，可以根据 GB 50098—2009 的规定不计算这些房间或部位的建筑面积。但是设置在其他非人防工程的地下建筑或建筑地下室内的上述房间或部位，除水池外，其建筑面积均应计入所在防火分区的建筑面积。

问题 3-45 根据《综合医院建筑设计规范》GB 51039—2014 的规定，高层建筑内的门诊大厅，设置火灾自动报警系统和自动灭火系统并采用不燃或难燃材料装修时，地上部分防火分区的允许最大建筑面积应为 4 000m²。医院建筑内的手术部，当设有火灾自动报警系统并采用不燃烧或难燃烧材料装修时，地上部分防火分区的允许最大建筑面积应为 4 000m²。其他医疗建筑的类似场所是否可以按照此要求确定其防火分区的建筑面积？

答：（1）现行国家标准《综合医院建筑设计规范》GB 51039—2014 有关高层建筑内门诊大厅和手术部中一个防火分区最大允许建筑面积的规定与《建规》的要求存在一定差异，这可能是该标准的修订时间与《建规》的修订时间不同步所致。

（2）GB 51039—2014 有关高层建筑内门诊大厅的防火分区最大允许建筑面积的规定与其火灾危险性基本相当。因此，有关防火分区的最大允许建筑面积要尽量符合《建规》的要求，可以按照 GB 51039—2014 的规定确定。

（3）GB 51039—2014 对位于医院建筑内手术部的防火分区最大允许建筑面积的规定不明确，且规定的条件不充分，该规定没有明确相关要求是只适用于高层医院建筑中的手术部，还是适用于单、多层医院建筑中的手术部，或者各类建筑均适用。此外，该规定与手术部的使用用途及火灾危险性也不完全匹配，可能是依据现行国家标准《医院洁净手术部建筑技术规范》GB 50333—2013 第 12.0.3 条的规定确定的，即当洁净手术部内每层或一个防火分区的建筑面积大于 2 000m² 时，宜采用耐火极限不低于 2.00h 的防火隔墙分隔成不同的单元，相邻单元连通处应设置常开式甲级防火门，不得设置卷帘。手术部应设置自动灭火设施，只是允许洁净手术室内可以不设置洒水喷头。

实际上，此规定并不是说手术部内的防火分区最大允许建筑面积可以为 2 000m²，而是要依据《建规》的相关要求来确定，当一个防火分区的建筑面积大于 2 000m² 时，还需要划分成更小的防火区域。例如，在设置自动灭火系统的情况下，按照《建规》的规定，高层建筑内洁净手术部中一个防火分区的建筑面积最大可以到 3 000m²，多层建筑内洁净手术部中一个防火分区的建筑面积最大可以到 5 000m²。但是根据 GB 51039—2014 的规定，如未设置火灾自动报警系统和自动灭火系统，位于高层医院建筑内的手术部就存在一个防火分区的建筑面积大于 1 500m² 的情形，而设置自动灭火系统和火灾自动报警系统时，又存在一个防火分区的建筑面积大于 3 000m² 的情形，这是不合理的。对于多层建筑，GB 51039—2014 对手术部内防火分区的最大允许建筑面积要求又存在偏严格的问题。

因此，对于单、多层医院建筑（耐火等级要求不低于二级）内的手术部应按照 GB 50333—2013 的规定，无论手术部是否设置自动灭火设施，均应将一个防火分区的建筑面积控制在 2 000m² 内。对于高层医院建筑内手术部的防火分区最大允许建筑面积，应按照《建规》有关高层公共建筑防火分区的相关要求确定，即在同样条件下防火分区的最大允许建筑面积不应大于 1 500m²；当设置自动灭火系统时，不应大于 3 000m²，而不是根据 GB 51039—2014 的要求按照不大于 4 000m² 进行控制。

问题 3-46　设置在地下或半地下的设备用房，其防火分区的最大允许建筑面积不应大于 1 000m²，当建筑内设置自动灭火系统时，该面积是否可以增加 1.0 倍？

答：设置在地下或半地下的设备用房，或设置在建筑地下或半地下室内的设备用房，其防火分区的最大允许建筑面积不应大于 1 000m²，当设置自动灭火系统时，可以增加 1.0 倍；当局部设置自动灭火系统时，在确定防火分区的最大允许建筑面积时，可以按照未设置自动灭火系统区域的建筑面积加上设置自动灭火系统区域的面积的一半计算。但是未设置自动灭火系统的区域应采取防火分隔措施与设置自动灭火系统的区域分隔。

例如，一个地下设备区的建筑面积为 1 500m²，其中有 1 000m² 的区域设置了自动灭火系统，则该防火分区的实际建筑面积为 1 500m²，而防火分区的允许建筑面积计算值应为（1 500-1 000）+1 000/2=1 000（m²），不大于地下建筑内一个防火分区最大允许建筑面积的要求。因此，该区域可以划分为一个防火分区。

问题 3-47　民用建筑内设备用房是否需要划分火灾危险性类别，并根据其

建筑防火设计常见问题释疑

火灾危险性类别确定相应的防火设计要求?

答:民用建筑内的设备用房不需要划分火灾危险性类别,这些用房是为满足民用建筑使用功能必需的配套用房,相关防火技术要求在《建规》等标准中均有明确规定,只要符合这些要求即可。但是为便于理解,并与工业建筑中相应设备用房的设防标准协调,在有关条文的编制说明中,将这些用房的火灾危险性与类似火灾危险性的生产性场所的火灾危险性类别进行了比较,而并不是要一一对应。另外,为确保民用建筑的消防安全,有关标准严格限制了具有易燃、易爆火灾危险性的物质在民用建筑内使用和存放。

问题 3-48 应如何确定民用建筑中附属库房的防火分区建筑面积?

答:民用建筑内只允许设置为保证该建筑正常使用功能的附属库房。因此,为便于使用和设置安全出口,民用建筑中附属库房的防火分区最大允许建筑面积,可以按照标准对相应建筑高度和使用功能的民用建筑的要求确定。例如,民用建筑的地下或半地下附属库房的防火分区最大允许建筑面积,可以按照标准对民用建筑地下室的防火分区要求确定,即一个防火分区的最大允许建筑面积不应大于 500m²,当设置自动灭火系统时,可以增加 1.0 倍至 1 000m²。当然,当附属库房的总建筑面积较大时,参照标准对丙类库房或其他类别火灾危险性库房中一个防火分区的最大允许建筑面积的要求,应采用防火隔墙和甲级或乙级防火门将其尽量分隔成更小的储存房间。

问题 3-49 用于保护防火卷帘或防火玻璃墙的自动喷水灭火系统,能否与建筑内其他区域设置的自动喷水灭火系统共用一个系统?

答:自动喷水灭火系统根据系统的用途和配置情况,可分为湿式系统、干式系统、预作用系统、雨淋系统、水幕系统等,可用于灭火、控火、防护冷却和防火分隔。

建筑内采用非隔热性防火玻璃墙、防火窗和仅符合耐火完整性判定条件的防火卷帘进行防火分隔时,一般需要设置自动喷水灭火系统进行防护冷却保护,该防护冷却系统属于闭式系统,是由闭式洒水喷头、湿式报警阀组等组

84

成。防护冷却水幕属于开式系统，是由水幕喷头、雨淋报警阀组或感温雨淋报警阀等组成。在建筑内非防火分隔部位（如商店营业厅、办公室等）设置的自动喷水灭火系统属于灭火系统，通常采用湿式自动喷水灭火系统，用于灭火和控火。

与用于灭火、控火的自动喷水灭火系统相比，自动喷水防护冷却系统或防护冷却水幕系统的火灾延续时间不尽相同，作用强度、工作压力和用水量也不同，通常不能共用同一个系统。根据现行国家标准《自动喷水灭火系统设计规范》GB 50084—2017 第 5.0.15 条的规定，用于保护防火卷帘或防火玻璃墙的防护冷却系统应独立设置。防护冷却水幕属于开式系统，因此也需要独立设置。

问题 3-50　裙房是否适用于民用建筑与汽车库合建的高层建筑？

答：根据《建规》的规定，裙房为在高层建筑主体投影范围外与建筑主体相连且建筑高度不大于 24m 的附属建筑。因此，裙房是相对高层建筑而言的单层或多层建筑，包括民用建筑和工业建筑。对于民用建筑与汽车库合建的高层建筑，只要符合上述定义的附属建筑，均可以按照裙房考虑。当汽车库与高层民用建筑水平贴邻时，汽车库应采用防火墙与高层建筑主体完全分隔，在分隔后也可以按照裙房考虑。

问题 3-51　在高层住宅建筑的下部设置多层公共建筑时，该公共建筑部分是否可视为住宅建筑的裙房？

答：在高层住宅建筑下部设置的多层公共建筑，可以视为高层住宅建筑的裙房，但根据《建规》第 5.4.10 条的规定，需要采取相应的防火分隔措施（如在建筑的竖向应采用耐火极限不低于 2.00h 的楼板与住宅部分分隔，在建筑的水平方向应采用防火墙与住宅部分分隔等）。在防火分隔后，公共建筑部分和住宅部分可以分别按照各自的建筑高度确定其内部的防火设计技术要求。这与其他高层建筑裙房的防火设计设防原则是一致的。

问题 3-52　高层建筑主体上部具有凸出下部主体投影的楼层时，是否影响裙房与高层主体的分界？

答：高层建筑主体上部具有凸出下部主体投影的楼层时，该凸出部分的水平投影尽管位于裙房范围内，但并不影响裙房与高层主体之间的防火分隔或分界线的确定，参见图3-12。但是要根据凸出部分的楼层与下部裙房屋顶的距离以及裙房屋顶的开口情况，采取防止下部裙房火灾通过屋顶开口作用于上部凸出楼层的防火措施。

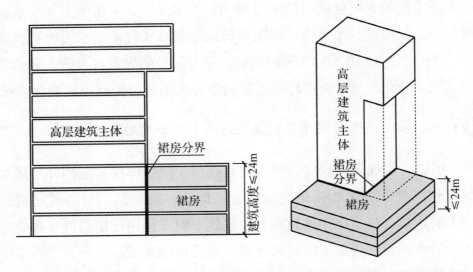

图3-12 高层主体上部楼层突出部分的投影线位于裙房范围内示意图

问题 3-53 高层建筑主体与裙房之间是否必须采取防火分隔措施？

答：高层建筑主体与裙房之间不要求必须采取防火分隔措施，高层建筑主体与裙房在同一楼层可以划分为同一防火分区。高层建筑主体与裙房之间是否采取防火分隔措施不影响裙房的定性，两者间是否需要进行防火分隔应根据建筑内部功能需要和建筑防火的合理设防要求等确定。

问题 3-54 确定裙房与其他建筑之间的防火间距时，能否将裙房视同单、多层公共建筑？

答：裙房可以是居住建筑，也可以是公共建筑，在确定裙房与相邻其他建筑之间的防火间距时，可以将裙房视同单、多层民用建筑，裙房是否为单、多层公共建筑，应视裙房的实际使用功能确定。但裙房与其他建筑之间的防火间距应满足单、多层民用建筑与相邻其他建筑的防火间距要求，并应同时满足高层建筑主体与其他建筑的防火间距要求，参见图3-13。

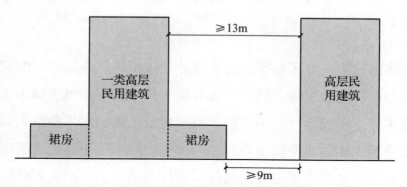

图3-13　高层民用建筑的裙房与相邻建筑的防火间距确定示意图

问题 3-55　如何确定同一裙房上部的多栋建筑之间的防火间距？

答：建筑之间的防火间距，在满足消防车通行和（或）消防救援的同时，主要用于防止相邻建筑火灾的热辐射作用引燃对面的建筑。对位于同一裙房上部的多栋建筑，相邻两栋建筑之间的防火间距可以根据其位于裙房屋面以上部分的建筑高度，按照两座不同建筑之间的防火间距确定。

问题 3-56　在裙房与高层建筑主体之间设置防火墙时，对裙房的防火设计标准有何影响？

答：在裙房与高层建筑主体之间设置防火墙时，如防火墙上设置开口且这些开口不是采用甲级防火门、窗分隔，裙房的防火分区应符合高层建筑的要求；如防火墙上的开口采用甲级防火门、窗分隔，裙房的防火分区可以按照单、多层建筑的要求确定。但是无论在裙房与高层建筑主体之间是否设置防火墙，或者防火墙上是否开口，也不管这些开口的分隔方式如何，裙房的防火间距、疏散楼梯形式、疏散出口（包括安全出口和房间疏散门）的总疏散净宽度、疏散距离、疏散走道和疏散楼梯的最小净宽度、消防电梯的设置，均可以按照单、多层建筑的相关要求确定，裙房的耐火等级不应低于高层建筑主体的耐火等级，室内消防设施的设置应与高层建筑的主体部分相同。内部装修材料的防火设计要求参见问题3-58的释疑。

问题 3-57 当裙房的防火分区和安全疏散设计等按照单、多层建筑的相关要求确定时，裙房与高层建筑主体之间的防火分隔必须位于主体水平投影与裙房相交处吗？

答：当裙房的防火分区和安全疏散设计等按照单、多层建筑的相关要求确定时，裙房与高层建筑主体之间的防火分隔应位于高层建筑主体水平投影与裙房相交处或主体水平投影外，不应位于高层建筑主体的水平投影内。当防火分隔位于高层建筑主体的水平投影内时，裙房应按照不低于高层建筑主体的设防标准确定其防火设计技术要求。高层建筑主体与裙房的不同防火分隔位置示意参见图 3-14。

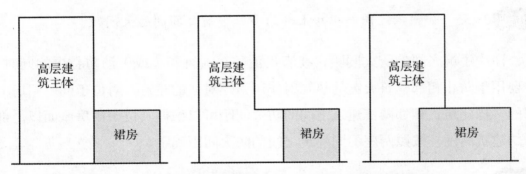

图 3-14 高层建筑主体与裙房的不同防火分隔位置示意图

问题 3-58 现行国家标准《建筑内部装修设计防火规范》GB 50222—2017 第 5.2.2 条中规定的"防火隔墙"是什么部位的防火隔墙？

答：根据现行国家标准《建筑内部装修设计防火规范》GB 50222—2017 第 5.2.2 条的规定，除该标准第 4 章规定的场所和该标准表 5.2.1 中序号为 10～12 规定的部位外，高层民用建筑的裙房内建筑面积小于 $500m^2$ 的房间，当设置自动灭火系统，并采用耐火极限不低于 2.00h 的防火隔墙和甲级防火门、窗与其他部位分隔时，顶棚、墙面、地面装修材料的燃烧性能等级可在该标准表 5.2.1 规定的基础上降低一级。在这条规定中的"防火隔墙"，是需要降低内部装修材料燃烧性能的房间与相邻区域或房间之间的防火隔墙。由于 GB 50222—2017 第 5.2.2 条的规定主要针对裙房，而裙房是位于建筑高层主体投影外且建筑高度不大于 24m 的附属用房。因此，该防火隔墙应位于裙房内或位于裙房与高层建筑主体投影相交处，不应位于高层建筑主体的投影范围内。

当裙房采用防火墙和甲级防火门与高层民用建筑的主体严格分隔后，其内部装修材料的燃烧性能可以按照 GB 50222—2017 有关单、多层民用建筑的要求确定，否则应符合高层建筑的相关要求。

问题 3-59 要求设置消防电梯的高层公共建筑，其裙房是否需要设置消防电梯？

答：建筑设置消防电梯主要为节省消防员体力，为消防员快速接近火场、快速运送灭火救援装备、实施现场人员应急救助提供便利。要求设置消防电梯的公共建筑，除建筑高度低于 32m 的一类高层公共建筑外，主要为建筑高度大于 32m 的高层公共建筑。标准不要求裙房设置消防电梯，但裙房用作老年人照料设施或设置老年人照料设施时，裙房应按照标准要求设置消防电梯，如设置在裙房的五层及以上且老年人照料部分的总建筑面积大于 3 000m² 的老年人照料设施应设置消防电梯。

问题 3-60 设置在裙房内的儿童活动场所，是否需要设置独立的安全出口和疏散楼梯？

答：设置在裙房内的儿童活动场所，当裙房与高层建筑主体之间采用防火墙和甲级防火门分隔时，可以按照标准有关单、多层建筑的要求尽量设置独立的疏散楼梯；当裙房与高层建筑主体之间的防火分隔不符合上述要求时，应按照在高层建筑内设置儿童活动场所的要求设置独立的疏散楼梯。

问题 3-61 当裙房与高层建筑主体处于同一防火分区时，主体部分的疏散楼梯为防烟楼梯间，同一防火分区内的裙房部分可否仍为封闭楼梯间？

答：裙房部分的疏散楼梯可以采用封闭楼梯间。即使裙房与高层建筑主体之间没有采取防火分隔措施，与高层建筑主体处于同一防火分区内的裙房部分的疏散楼梯也仍然可以采用封闭楼梯间。相关设计原则可参见问题 3-56 的释疑。

问题 3-62 在裙房与高层建筑主体之间采用防火墙分隔后，裙房可否采用三、四级耐火等级建筑？

答：裙房是高层建筑的一部分，与高层建筑的主体是一个整体。因此，裙房的耐火等级应与高层建筑主体的耐火等级一致或高于高层建筑主体的耐火等级，不应因裙房与高层建筑主体之间采取的防火分隔方式不同而改变。例如，高层建筑的耐火等级不应低于二级，裙房的耐火等级也不应低于二级，不应为三、四级耐火等级；当高层建筑的耐火等级为一级时，裙房的耐火等级也应为一级。

问题 3-63 在裙房与高层建筑主体之间设置防火墙和甲级防火门时，裙房的外墙保温和外墙装饰等可否按照单、多层建筑的要求确定？

答：裙房是高层建筑的一部分，裙房的外墙保温系统和外墙装饰等的防火要求可以按照下述原则确定：

（1）当裙房与高层建筑主体采用防火墙和甲级防火门分隔时，裙房可以按照单、多层建筑的相应要求确定。

（2）当裙房与高层建筑主体未进行防火分隔，或防火分隔不符合上述要求时，应按照与高层建筑主体相同的要求确定，不能按照单、多层建筑的相应要求确定。

问题 3-64 在裙房与高层建筑主体之间设置防火墙时，防火墙上的开口可否采用防火卷帘、防火分隔水幕、防火门窗分隔？

答：在裙房与高层建筑主体之间设置防火墙时，在该防火墙上不宜开口，但不限制开设洞口，这些洞口要求采用哪种防火分隔方式，要根据设计的设防目标和裙房及高层建筑主体的功能需要确定。当该防火墙仅用于防火分区之间的分隔时，防火墙上的开口可以设置防火卷帘和防火分隔水幕等；当裙房在此条件下需要按照单、多层建筑的相关防火要求进行设计时，在高层建筑主体与裙房之间设置的防火墙上不宜开口，必须的开口应设置甲级防火门、甲级防火窗，不允许采用防火卷帘、防火分隔水幕等替代。

问题 3-65 在裙房与高层建筑主体之间设置防火墙时，裙房与高层建筑主体之间是否可以彼此借用安全出口？

答：在裙房与高层建筑主体之间设置防火墙和甲级防火门时，可以认为裙房和高层建筑主体分别位于不同的防火分区。根据《建规》第 5.5.9 条的规定，裙房可以利用通向高层建筑主体的甲级防火门作为安全出口，高层建筑主体也可以利用通向裙房的甲级防火门作为安全出口。但是两者不宜同时相互借用安全出口。

需要注意的是，在裙房与高层建筑主体之间虽然采用防火墙分隔，如防火墙上的开口分隔方式不符合要求，不允许相互或单向借用安全出口。另外，无论裙房与高层建筑主体之间是否同时相互借用安全出口，在建筑同层的总疏散宽度均不应小于标准规定的计算值。

问题 3-66 裙房内的消防设施如与高层建筑主体相对独立，应如何实施？

答：无论裙房是否按照单、多层建筑的防火要求进行设计，裙房的消防设施均应与高层建筑主体一致。裙房内的消防设施如与高层建筑主体内消防设施相对独立，也只是其中的自动灭火系统、防烟与排烟系统、消防疏散指示和应急照明系统、室内消火栓系统等消防设施是相对独立的，因为这些设施本身就是按照不同的防火分区进行设置的。但是裙房和高层建筑主体的消防给水系统管网、火灾报警系统和应急广播系统、联动控制和接处警等尽管可以相互独立设置，但作为同一座建筑，要按照一个系统进行设计，相互应保持联系。消防给水系统相互联系时的设计示意参见图 3-15。

问题 3-67 裙房是否需要设置消防车道？

答：裙房与高层建筑主体属于同一建筑，应按照国家标准要求设置消防车道，参见图 3-16。

问题 3-68 裙房是否需要设置消防车登高操作场地？

答：裙房属于单层或多层建筑，国家标准不要求设置消防车登高操作场地，其灭火救援可以直接利用消防车道。因此，在裙房一侧可以不设置消防车登高操作场地，高层建筑主体的消防车登高操作场地可相对独立设置，参见图3-16。

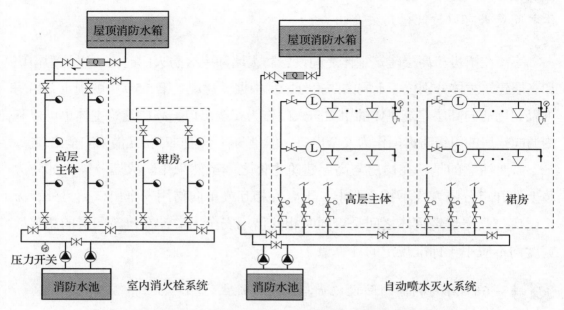

图 3-15　高层建筑主体和裙房的消防给水系统设置示意图

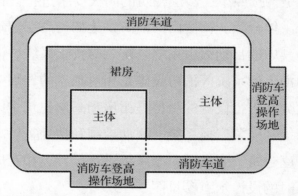

图 3-16　高层建筑主体和裙房设置消防车道和消防车登高操作场地示意图

问题 3-69　设置在一、二级耐火等级高层民用建筑内的商店营业厅、展览厅，当设置自动灭火系统和火灾自动报警系统并采用不燃或难燃装修材料时，每个防火分区的最大允许建筑面积不应大于 4 000m²。在实际工程中，其内部装修材料的燃烧性能是否还可以根据现行国家标准《建筑内部装修设计防火规范》GB 50222—2017 的要求降低？

答：根据《建规》第5.3.4条的规定，设置在高层民用建筑内的营业厅、展览厅，允许其防火分区建筑面积扩大的条件是要求设置自动灭火系统、火灾自动报警系统和采用不燃或难燃装修材料。这些营业厅和展览厅中不同部位内部装修材料的燃烧性能在符合现行国家标准《建筑内部装修设计防火规范》GB 50222—2017 基本规定的基础上，可以按照设置自动灭火系统、火灾自动报警系统时的调整要求对材料的燃烧性能进行调整，但要再按照《建规》第5.3.4 条的规定复核，确保其内部装修材料的燃烧性能在调整后仍不低于 A 级或 B_1 级。

问题 3-70　一座设置自动喷水灭火系统和火灾自动报警系统的二级耐火等级多层建筑，仅在首层设置营业厅或展览厅，其他楼层设置歌舞娱乐放映游艺场所，则首层营业厅或展览厅的防火分区最大允许建筑面积是否可以按照不大于 10 000m² 确定？

答：一座设置自动喷水灭火系统和火灾自动报警系统的二级耐火等级多层建筑，当仅在建筑的首层设置展览厅或商店营业厅，其他楼层用于其他用途时，从位于首层的展览厅或商店营业厅具有便于人员疏散、外部救援的条件和方便使用考虑，展览厅或商店营业厅的防火分区最大允许建筑面积可以按照不大于 10 000m² 确定；当在其他楼层也设置展览厅或商店营业厅时，首层展览厅或商店营业厅的防火分区最大允许建筑面积应按照不大于 5 000m² 确定。

本问题中尽管其他楼层设置了歌舞娱乐放映游艺场所，火灾危险性不低于商店营业厅或展览厅，但这些场所同时也是采取了针对性防火措施的，因而不要求考虑其他楼层的火灾危险性高低对建筑首层中商店营业厅或展览厅的防火分区划分标准的影响。

问题 3-71　一座设置自动喷水灭火系统和火灾自动报警系统的二级耐火等级多层建筑，地上仅在首层设置营业厅或展览厅，其他楼层设置歌舞娱乐放映游艺场所，但地下一层也设置商店营业厅。此时，首层营业厅或展览厅的防火分区最大允许建筑面积是否可以按照不大于 10 000m² 确定？

答：参见问题 1-9 的释疑，当建筑中地下一层与地上区域之间采用楼板完全分隔时，题中建筑首层展览厅或商店营业厅的防火分区最大允许建筑面积可以按照不大于 10 000m² 确定；当建筑中地下一层与地上区域之间具有中庭等开口连通时，首层展览厅或商店营业厅的防火分区最大允许建筑面积应按照不大于 5 000m² 确定，不应再按照不大于 10 000m² 确定。

问题 3-72 在商店营业厅内设置餐饮场所时，应如何划分餐饮区域内的防火分区？

答：餐饮行业的经营方式多种多样。根据现行行业标准《饮食建筑设计标准》JGJ 64—2017 第 4.1.3 条的规定，附建在商业建筑中的饮食区域，其防火分区划分和疏散人数计算应按照《建规》有关商店建筑的规定执行。这条规定所针对的餐饮场所应为明厨、无明火作业，类似商铺的快餐、特色小吃、饮品店等小型餐饮场所。因此，在商店营业厅内设置的餐饮场所可以按照下述原则划分防火分区：

（1）当为明厨、无明火作业，类似商铺的快餐、特色小吃、饮品店等小型餐饮场所时，可以按照商店业态的一种，按照商铺与营业厅内其他区域共同划分防火分区。

（2）当餐饮场所为相对独立，且有明火作业、就餐区与厨房区分隔的酒楼业态时，防火分区的建筑面积应按照民用建筑中有关其他功能的防火分区要求划分，不应按照有关商店建筑中营业厅的防火分区要求划分，并要与商店营业厅进行防火分隔。

问题 3-73 在商店营业厅内设置卡拉 OK、美容美发、儿童娱乐等场所时，应如何划分其防火分区？

答：在商店营业厅内设置卡拉 OK、美容美发、儿童娱乐等场所时，卡拉 OK、儿童娱乐等场所和商店营业厅内的其他业态经营区一般应分别独立划分防火分区；当卡拉 OK、美容美发、儿童娱乐等场所的面积较小且分散布置时，可以视作商店业态的一种，与商店营业厅其他区域共同划分防火分区，但应与相邻区域进行防火分隔。歌舞娱乐放映游艺场所要尽量独立划分防火分区或应采用耐火极限不低于 2.00h 的防火隔墙和乙级防火门与商店其他区域分隔，不应直接设置在商店营业厅内。

问题 3-74 如何定义中庭和回廊?

答:根据现行国家标准《民用建筑设计术语标准》GB/T 50504—2009 的规定,中庭是建筑中贯通多层的室内大厅,属于室内空间,应区别于属于室外场所的庭院。回廊是在建筑中围绕其内部贯通空间在各楼层上设置的廊道,或围绕建筑外墙设置的走廊。

问题 3-75 具有回廊的中庭与无回廊的中庭在防火上有何区别?

答:中庭的防火分隔应符合《建规》第 5.3.2 条的规定。设置回廊的中庭,由于回廊具有一定的宽度,使回廊起到了与防火挑檐相近的防火作用,能较好地防止下一楼层的火势通过中庭蔓延至上部楼层。当中庭的防火分隔不是设置在上下楼层的中庭开口部位时,可以设置在其他区域与回廊连接处,且可以采用耐火极限不低于 1.00h 的防火隔墙等措施。

无回廊的中庭,上下贯通的空间直接面临各楼层的连通区域,一旦某楼层发生火灾,火势很容易蔓延至其他楼层。因此,尽管其防火分隔仍可以按照《建规》第 5.3.2 条的要求确定,但如果仅在中庭的开口部位全部采用防火卷帘与各层的相连通区域分隔,难以保证建筑的消防安全。此时,应在面临中庭一侧按照不低于建筑外墙耐火和防火性能的要求采取相应的防火措施,如在上下层开口之间设置足够高度的窗间墙,外墙上的开口设置防火门、窗等,即相当于通过在中庭周围分隔后使中庭在建筑内形成类似设置了屋盖的内天井。

问题 3-76 如何理解《建规》中有关中庭的防火分隔?

答:目前,各地在建设商业综合体过程中,受《关于加强超大城市综合体消防安全工作的指导意见》(公消〔2016〕第 113 号)的限制(如首层地面不允许设置开口与地下室连通、不允许使用复合卷帘等),大多数将原来采用有顶棚的商业步行街的方式改为采用中庭的方式进行设计和建设。但在实际工程中,绝大部分既利用标准中有关中庭的有利要求,又应用标准中有关有顶棚的商业步行街的要求,并未严格执行《建规》第 5.3.2 条的强制性要求,为建筑的消防安全带来较大的火灾隐患。

根据《建规》第 5.3.2 条的规定，当建筑内采用中庭连通多个楼层时，不同楼层通过中庭连通的区域的建筑面积应叠加计算，且当叠加计算后的建筑面积大于一个防火分区的最大允许建筑面积时，应按照标准要求分隔。标准中针对中庭火灾与烟气蔓延的特性和防火分隔的目的，规定了多种防火分隔方式及相应的技术要求。主要有：

（1）采用耐火极限不低于 1.00h 的防火隔墙和甲级防火门、窗分隔。此要求主要针对中庭周围无回廊的情形，也适用于设置回廊的中庭。对于设置回廊的中庭，可以在商铺与回廊连接处采用防火隔墙和甲级防火门、窗分隔，参见图 3-17。

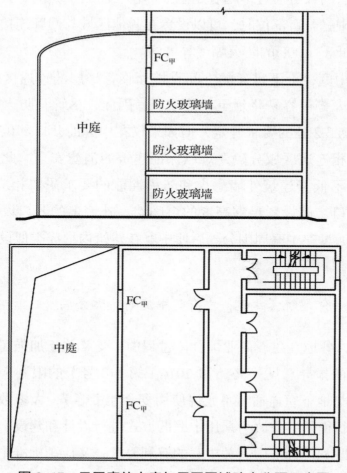

图 3-17　无回廊的中庭与周围区域防火分隔示意图

（2）采用耐火极限不低于 1.00h 的防火玻璃隔墙和甲级防火门、窗分隔。此要求是考虑建筑使用的需要，允许部分分隔部位采用防火玻璃隔墙替代实体防火隔墙。当采用只满足耐火隔热性要求的防火玻璃隔墙（即 C 类防火玻璃墙）时，应设置自动喷水灭火系统保护。

（3）采用耐火极限不低于 3.00h 的防火卷帘和甲级防火门、窗分隔。此要求主要为最大限度地满足建筑使用需要允许使用防火卷帘替代实体防火隔墙。根据《建规》第 6.5.3 条第 1 款的规定，当防火卷帘设置在中庭洞口边缘时，其设置宽度或长度可以不限制，以最大限度地体现中庭的建筑效果。当防火卷帘设置在商铺与中庭回廊连通处时，设置在同一个防火分区内面向中庭一侧防火分隔部位的防火卷帘总长度不应大于该部位总长度的 1/3，且不应大于 20m；当此防火分隔部位的长度不大于 30m 时，防火卷帘的总长度不应大于 10m。

无论是采用实体防火隔墙还是防火玻璃隔墙分隔，均允许在适当位置设置部分防火卷帘，但应符合上述要求。对于上述分隔方式以外的其他等效防火分隔措施，标准并没有限制，但需要满足能有效防止火势和烟气通过中庭蔓延至与中庭相连通区域的要求。

问题 3-77 无回廊的中庭，当在各层中庭开口部位周围设置通道时，可否采用开敞式商铺或在面临中庭一侧设置普通玻璃隔墙？

答：无回廊的中庭可以按照《建规》第 5.3.2 条的规定在中庭开口周围采用问题 3-76 释疑中（1）所述方式分隔。在分隔后，各层可以采用开敞式商铺。

当在各楼层的中庭开口部位四周设置通道时，实际上就是设置回廊的中庭，故应按照问题 3-76 释疑中（2）的方式采取防火分隔措施。由于此时中庭开口周围的通道实际上起到疏散走道的作用，因而不能采用开敞式店面，也不能采用普通玻璃隔墙分隔。否则应严格控制其疏散距离，且不应将这些通道并入中庭所在防火区域。

有关分隔要求和释疑，还可参见问题 3-75 的释疑。

问题 3-78 在中庭内设置观光电梯，当其电梯井与中庭之间采用玻璃分隔时，应满足哪些防火分隔要求？

答：设置在中庭内的观光电梯，通常采用通透性玻璃围护结构。由于电梯井是上下贯通的井道，可能成为火势和烟气蔓延的通道。因此，当在中庭与各楼层相连通的开口处进行防火分隔时，如将观光电梯包含在中庭内，则对此电梯井及其围护结构无防火要求，即电梯井可以采用无耐火性能的结构，围护玻璃可以采用普通安全玻璃，而不要求采用防火玻璃等；如将观光电梯分隔在中庭外，电梯井和电梯属于楼层上防火分区内的一部分，应按照普通电梯井及其围护结构的防火要求采取防火措施，围护结构应具有相应的耐火性能。例如，对于一、二级耐火等级的建筑，电梯井围护结构的耐火极限不应低于 2.00h，电梯层门的耐火极限不应低于 1.00h。

在实际工程中，通常应将观光电梯作为中庭内的一部分包含在中庭内，不宜分隔到各楼层的防火区域内。

问题 3-79 中庭及其回廊在首层的防火分隔，可否采用两步降落的防火卷帘？

答：分步降落的防火卷帘尽管可以在下降过程中为人员疏散提供一定时间以通过防火卷帘的分隔部位，但人员在应急疏散时的心理和行为受到多种因素影响，当人们看到防火卷帘正在下降时会不由自主地折返寻找其他疏散路径和出口，导致防火卷帘分步降落的功能难以发挥实际作用。目前，我国基本上已经不允许采用这种降落方式的防火卷帘。因此，中庭及其回廊在首层的防火分隔，不应在防火分隔处设置具有分步降落功能的防火卷帘来满足人员疏散的需要，疏散出口应采用手开疏散门。

问题 3-80 中庭可否贯通至地下楼层？

答：中庭是建筑中贯通多层的室内大厅，标准没有限制在建筑的地下楼层与地上楼层之间设置中庭。考虑到建筑地下区域与地上区域的防火设防标准不同、地下楼层的消防安全条件较差等因素，要尽量避免在地下楼层之间、地下楼层与地上楼层之间设置中庭。

问题 3-81 中庭可以作为卖场或举办活动吗？

答：根据《建规》第 5.3.2 条的规定，中庭不仅在与其连通的区域之间采取的防火分隔措施低于建筑内不同防火分区之间的防火分隔要求，而且在采取相应的防火分隔措施后，中庭内不再划分防火分区，即中庭的面积可以不限制。在确定有关中庭的防火技术要求时，是将中庭本身作为一个火灾危险性很低的贯通空间，属于除人员交通外无任何其他实际使用功能的空间。因此，中庭不仅不能作为卖场布置多种经营点摆摊设位，举办商业等展览、游乐等活动，而且不应布置任何可燃物。

问题 3-82 如何确定中庭在首层区域的安全疏散？

答：中庭在首层的区域，一般应与中庭在首层相连通的其他区域进行防火分隔。实际工程中，当中庭的地面面积与首层其他相连通的区域的总建筑面积不大于一个防火分区的最大允许建筑面积时，可以不将中庭与相邻区域分隔开来，但其上部各楼层应在中庭洞口处采取防火分隔措施。此时，中庭在首层区域的安全疏散应与同一防火分区的其他区域一并考虑。

当中庭在首层与相邻连通区域分隔后，中庭区域的疏散可以通过设置疏散出口来保证，这些疏散出口应直通室外的走道和安全出口或通向相邻区域，参见图 3-18。

问题 3-83 如何确定中庭和回廊内的疏散人数？

答：中庭及其回廊内的疏散人数，应根据中庭贯通的楼层及其回廊所在楼层的使用功能，按照国家相关标准有关疏散人数计算方法确定。例如，商店建筑内贯通各层营业厅的中庭及其回廊的疏散人数应根据中庭和回廊的建筑面积，按照《建规》第 5.5.21 条有关商店建筑不同楼层营业厅内的人员密度计算。

问题 3-84 如何确定中庭或回廊的疏散门、疏散走道及安全出口的净宽度？

答：正常情况下，中庭及其回廊的疏散方向是明确的。为提高人员的疏

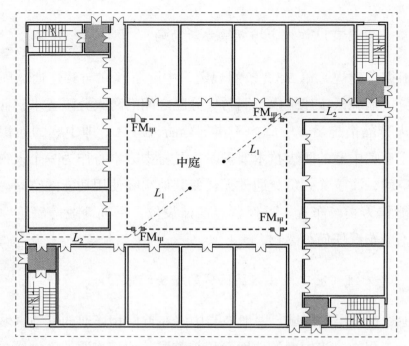

图 3-18　中庭在首层的疏散方法示意图

散效率，疏散门的净宽度应根据相应疏散区域的疏散人数确定，参见图 3-19。不同区域的疏散人数，不能简单归入某个防火分区的总疏散人数，而应依具体疏散路径与对应的疏散走道和安全出口或疏散门统筹考虑。在大多数情况下，中庭及其回廊需要通过疏散门进入相邻区域的疏散走道，再通至楼层上的安全出口。因此，在确定与中庭及其回廊连通的其他区域中的疏散走道和安全出口的宽度时，应考虑来自中庭及其回廊的疏散人数。

问题 3-85　中庭和回廊是否需要设置自动灭火系统？

答：中庭和回廊属于供人员通行的区域，不应存在可燃物，理论上可以不设置自动灭火系统。但在实际使用过程中，因各种原因总是难免存在一定的火灾危险性。因此，当建筑设置自动喷水灭火系统和（或）火灾自动报警系统时，中庭和回廊属于该建筑内的一部分，也应设置自动喷水灭火系统和（或）火灾自动报警系统。对于未设置自动喷水灭火系统和（或）火灾自动报警系统的建筑，中庭和回廊可以不单独设置相应的消防系统。对于空间高度超过闭式自动喷水灭火系统有效作用高度的中庭，当需要设置自动灭火系统时，可以采用自动跟踪定位射流灭火系统等适用的自动灭火系统。

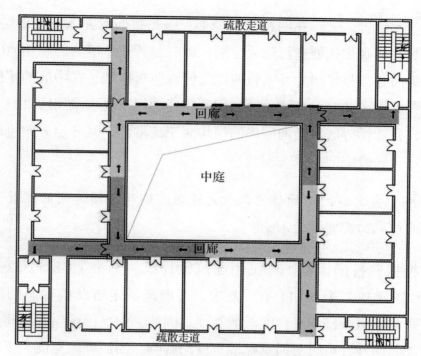

图 3-19　中庭和回廊的人员疏散路径示意图

问题 3-86　设置自动喷水灭火系统的回廊，是否需要设置独立的水流指示器？

答：当回廊与同层相邻其他区域划分为同一个防火分区时，回廊可以与相邻所属防火分区共用一个自动喷水灭火系统，不要求设置独立的水流指示器；当回廊单独划分防火区域时，回廊上的自动喷水灭火系统属于独立的系统，应设置独立的水流指示器。

问题 3-87　在中庭的回廊周围设置房间时，这些房间与回廊连通的门应满足什么要求？

答：在中庭的回廊周围设置房间的情形主要有两种，一是设置办公室、教室、客房等分隔较小的房间，二是设置营业厅、展览厅、餐厅等较大面积的开敞空间。

（1）对于前者，一般是在回廊与周围房间相交处进行防火分隔，房间与回廊相通的门属于疏散门，应采用甲级防火门；房间门的开启方向可以根据疏散人数确定，当一樘门的疏散人数小于 30 人时，其开启方向不限。

（2）对于后者，又存在两种主要情形：一是将回廊并入中庭的防火区域，在营业厅等与回廊相接处进行防火分隔。此时，营业厅等与回廊相通的门应采用甲级防火门。二是将回廊并入营业厅等所在防火区域，在中庭的楼层开口部位进行防火分隔。此时，营业厅等与回廊相通的门不要求采用防火门。在这两种情况下，营业厅等区域通向回廊的门均属于疏散门，其开启方向可以根据疏散人数确定，一般应向疏散方向开启。

问题 3-88 当中庭的回廊作为疏散走道时，回廊周围房间的疏散门是否要考虑其开启时对回廊宽度的影响？

答：根据现行国家标准《民用建筑设计统一标准》GB 50352—2019 第6.11.9 条和《建规》第6.4.11 条的要求，开向疏散走道及楼梯间的门扇开足后，不应影响走道及楼梯平台的疏散宽度。因此，中庭回廊周围房间开向回廊的门应考虑其向外开启时对回廊疏散宽度的影响。当回廊的宽度大于实际疏散走道所需宽度时，疏散门侵入回廊内的宽度可以减小回廊中冗余部分的宽度。

问题 3-89 中庭回廊的宽度有无限制？

答：中庭的回廊无论是与中庭划分为一个防火区域，还是与相邻区域划分为一个防火分区，都具有疏散人员的功能，起到疏散走道的作用。因此，中庭回廊的宽度不应小于相应建筑高度公共建筑（住宅建筑设置中庭的情形比较罕见，公寓等居住建筑的疏散要求应与公共建筑相同）中疏散走道的最小净宽度，并应根据所在区域的疏散人数校核。

问题 3-90 图书馆内单独划分防火分区的书库可否共用疏散楼梯间？

答：现行行业标准《图书馆建筑设计规范》JGJ 38—2015 第6.2 节规定了每个书库防火分区的最大允许建筑面积，第6.4 节规定了每个防火分区的安全出口设置要求。但是相关要求还是不甚明确，只在条文说明中提到这些要求是依据《建规》的规定确定的，而《建规》对图书馆内书库的要求也不明确。因此，JGJ 38—2015 第6.4 节对疏散门和安全出口的规定不清晰。实际上，如将该标准对书库安全出口的规定理解为书库的疏散门更合理，参见图 3-20。

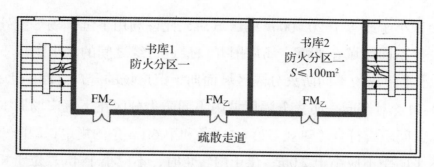

图 3-20 多个独立分区的书库通过疏散走道共用疏散楼梯间示意图

图书馆虽属于公共建筑，其中的书库多单独设置，书库区域的安全出口设置可以参照《建规》有关丙类仓库的要求确定。书库内实际使用人数少，每个书库均采用防火墙和甲级防火门做了严格的防火分隔，其中一个书库发生火灾，对其他书库和疏散走道的影响在火灾初期是可以控制的。同层多个书库的安全出口，可以参照《建规》第 3.8.2 条和第 3.8.3 条的规定，采用共用疏散楼梯间的方式设置。

问题 3-91 总建筑面积大于 20 000m^2 的地下或半地下商店在划分不同防火分隔区域时，该总建筑面积是否包括地上部分的建筑面积？

答：根据《建规》第 6.4.12 条的规定，总建筑面积大于 20 000m^2 的地下或半地下商店，应采用无任何开口的防火墙和耐火极限不低于 2.00h 的楼板分隔为多个建筑面积不大于 20 000m^2 的区域。相邻防火分隔区域确需局部连通时，应采用下沉广场等室外开敞空间、防火隔间、避难走道、防烟楼梯间等方式连通。不同防火分隔区域的总建筑面积为地下或半地下商店的建筑面积，包括商店营业厅、附属用房等的建筑面积，不包括地上部分楼层中商店的建筑面积，但当中庭贯通地下和地上的楼层时，应包括地上楼层中连通部分的建筑面积。

问题 3-92 总建筑面积大于 20 000m^2 的地下或半地下商店，在不同分隔区域之间通向下沉式广场等室外开敞空间连通时，如何确定不同区域开口最近边缘之间的水平距离？当该距离不满足要求时，可否通过设置防火门、防火窗来满足防火的要求？

答：（1）总建筑面积大于 20 000m^2 的地下或半地下商店，在分隔成多个总建筑面积小于或等于 20 000m² 的区域后，允许利用下沉广场等室外开敞空间连通，但不同区域在下沉广场周围开口最近边缘之间的水平距离不应小于 13m。该水平距离为不同防火分隔区域面向下沉广场的开口之间的水平距离，参见图 3-21。对于同一防火分隔区域内不同防火分区在下沉广场周围外墙上的开口，其间距应符合《建规》第 6.1.3 条和第 6.1.4 条的规定，即防火墙两侧的开口水平间距不应小于 2.0m；位于内转角时，不应小于 4m；位于相对位置时，不应小于 13m。

（2）无论上述何种情形，当不同分隔区域的开口之间的水平间距不符合标准要求时，均可以参照建筑之间减小防火间距的方法，通过在这些开口上设置甲级防火门或甲级防火窗（两侧的开口均应设置）等技术措施来减小此水平距离不足带来的火灾危险性，以实现防止火灾蔓延的目标。当采取上述措施后，门窗洞口之间的水平距离可参照《建规》表 5.2.2 注 5 的要求减少至不小于 4.0m。

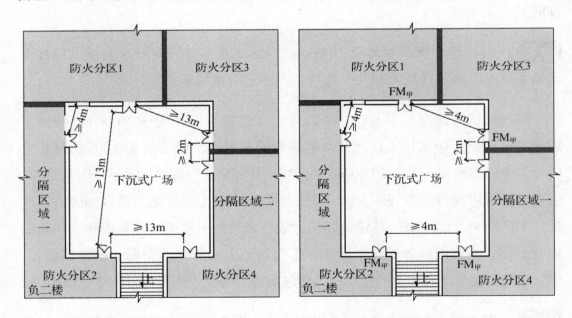

图 3-21　下沉广场内不同防火分隔区域开口之间的水平距离确定示意图

问题 3-93　总建筑面积大于 20 000m² 的地下或半地下商店，不同防火分隔区域面向下沉广场的墙体有何防火要求？

答：总建筑面积大于 20 000m² 的地下或半地下商店划分为多个总建筑面

积小于或等于 20 000m² 的不同分隔区域后，各区域面向下沉广场的隔墙均可以按照建筑外墙的相关防火要求确定：

（1）当为非承重墙时，应为不燃性结构，耐火极限不应低于 1.00h。

（2）当在隔墙上部分采用玻璃隔墙时，应采用耐火极限不低于 1.00h 的 A 类或 C 类防火玻璃墙。其中，C 类防火玻璃墙一般应设置自动喷水灭火系统保护。当相对外墙的水平距离大于 13m 时，C 类防火玻璃墙可以不设置自动喷水灭火系统保护。

（3）当为承重墙体时，应符合《建规》第 5.1.2 条有关一级耐火等级建筑中承重墙体耐火性能的要求。

问题 3-94　当下沉广场贯通地下多个楼层时，如何控制地下一层通过下沉广场周围外廊疏散时的疏散距离？

答：当下沉广场贯通地下多个楼层，地下一层通过下沉广场周围的外廊疏散时，外廊至疏散楼梯的距离可以根据房间位于两个安全出口或袋形走道两侧或尽端的距离，按照《建规》表 5.5.17 有关外廊的疏散距离要求确定。

问题 3-95　总建筑面积大于 20 000m² 的地下或半地下商店内通向防火分隔用的下沉广场的出口，能否作为安全出口？

答：总建筑面积大于 20 000m² 的地下或半地下商店内通向用于防火分隔与连通用的下沉广场的出口，可以作为这些区域中相应防火分区的安全出口。但应满足以下要求：

（1）下沉广场及其大小应满足防火分隔和兼作安全疏散用途时的相关要求，即用于人员疏散的净面积不应小于 169m²。

（2）安全出口上的门应为向下沉广场开启的平开门。当为面向下沉广场的小型商铺的疏散门时，其疏散方向可以根据实际疏散人数确定。

（3）门的耐火性能应根据所处位置、与相邻区域的开口间距情况确定。

（4）下沉广场应具有满足人员安全疏散要求的疏散楼梯通至地上室外地坪。

问题 3-96　地下同一个防火分区通向下沉广场的两个疏散出口，当两个疏散门之间最近边缘的水平距离不小于 5m 时，能否作用两个不同的安全出口？

答：根据《建规》第 5.5.2 条的规定，安全出口的布置要使人员在着火后能有多个不同方向的疏散路线可供选择和疏散，要尽量将疏散出口均匀分散布置在平面上的不同方位。同一个区域计作两个不同安全出口的门，相互之间应相距不小于 5m。

因此，地下同一个防火分区通向下沉广场的两个疏散出口，相互间最近边缘之间的水平距离不小于 5m 是基本要求。同时，还要根据该分区的大小和形状等来确定。当该防火分区内任意一点至这两个最近安全出口的疏散夹角不小于 30°（最好不小于 45°）时，可以将其用作两个不同的安全出口。否则只能将这两个出口的疏散宽度叠加作为一个安全出口考虑。

问题 3-97　地下二层或地下三层通向地下一层下沉广场的楼梯间是否可以采用封闭楼梯间？

答：当下沉广场符合室外疏散安全区的要求，并且只连通地下一层时，自地下二层或地下三层通往下沉广场的疏散楼梯间可以根据地下二层或地下三层与地下一层下沉广场地面的高差（即相对埋深）确定。当该高差大于 10m 时，应采用防烟楼梯间；当该高差小于或等于 10m 时，可以采用封闭楼梯间。实际上，疏散楼梯或安全出口的宽度也可以根据此原则按照相应的百人疏散最小净宽度和疏散人数经计算确定。

问题 3-98　连通地下多层的下沉广场，当设置在地下一层的外廊通过疏散楼梯通至下沉广场时，对该外廊和疏散楼梯有何要求？

答：当下沉广场贯通地下 2 层，并在地下一层设置外廊和疏散楼梯时，地下一层通向该外廊的出口可以视为安全出口。外廊应视为地下一层楼板的一部分，外廊的耐火极限和燃烧性能应与地下一层的楼地面相同，外廊的出挑深度不宜大于地下一层的层高。

自外廊至下沉广场的楼梯可以采用开敞楼梯，楼梯的宽度可以根据外廊通至下沉广场的楼梯数量和布置间距确定，一般不小于外廊的宽度，且不应小于疏散走道的最小净宽度；疏散楼梯可以按照建筑室外楼梯的防火性能要求确定。地下楼层通过下沉广场上的外廊疏散示意参见图 3-22。

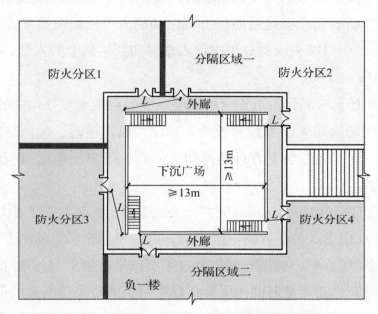

图 3-22　地下楼层通过下沉广场上的外廊疏散示意图
注：L 是指安全出口至下沉广场中疏散楼梯的距离。

问题 3-99　总建筑面积大于 20 000m² 的地下或半地下商店内不同区域之间用于防火分隔与连通，并兼作人员疏散的下沉广场，如何确定其中用于人员疏散的净面积？

答：根据《建规》第 6.4.12 条的规定，总建筑面积大于 20 000m² 的地下或半地下商店内不同区域之间可以采用下沉广场连通。该下沉广场主要用于防火分隔，当兼作人员疏散用途时，要求下沉广场内用于疏散的净面积不小于 13m×13m。显然，该净面积是从确保防火分隔的可靠性和有效性考虑的，应为下沉广场内没有任何物体的净空区域；当在下沉广场内设置楼梯、扶梯等设施时，应扣除这些设施所占面积。而疏散人员在下沉广场内实际所需净面积，还应根据问题 3-100 释疑中给出的计算方法校核，当计算后所需净面积小于 169m² 时，仍应按照 13m×13m 确定。

问题 3-100 下沉广场是否可以视为室外安全区域，如何确定下沉广场内人员疏散所需净面积？

答：（1）当下沉广场符合下列要求时，可以视为人员疏散的室外安全区域：

1）下沉广场的面积满足通向该下沉广场的人员停留需要。在确定人员所需停留面积时，可以减去疏散过程中进入楼梯和到达地上的人数，按照不大于 2.5 人 $/m^2$ 计算；

2）下沉广场具有满足人员安全疏散要求并通至地上室外地坪的疏散楼梯；

3）下沉广场为露天或半露天场所；当设置风雨篷时，风雨篷应高出檐口不小于 1.0m，且下沉广场上方自然排烟口的面积不小于地面面积的 25%，排烟口均匀分布。

（2）当下沉广场还用作防火分隔或灭火救援时，其面积需要考虑相关要求。

（3）对于仅用于人员疏散的下沉广场，可以根据相邻空间向下沉式广场疏散的总人数和能够在同一疏散时间内经过下沉广场疏散至室外地坪的人数，按照式（3-1）计算出在疏散时间内下沉广场中可供人员停留所需的最小净面积；下沉广场通向室外地坪所需最小疏散净宽度，可以根据下沉广场的设计净面积和相邻空间通向下沉广场的疏散总宽度，按照式（3-1）～式（3-5）计算确定。

$$S=nF\,(N-N_1) \tag{3-1}$$

$$N_1=M_2 \cdot P_2 \cdot t \tag{3-2}$$

$$M_2=\text{INT}\left(\frac{W_2}{0.55}\right) \tag{3-3}$$

$$t=\frac{N}{M_1 \times P_1} \tag{3-4}$$

$$M_1=\text{INT}\left(\frac{W_1}{0.55}\right) \tag{3-5}$$

式中：S——在 t 时间内下沉广场中供人员停留所需最小净面积（m^2）；

n——下沉广场内的人均面积值，取值不应小于 0.4 ～ 0.5m^2/ 人；

F——人员在疏散过程中经过不同出口时的不均匀分布系数，可取 1.0 ～ 1.2；

M_1——下沉广场周边相邻空间至下沉广场的疏散人流总股数（股）；

M_2——在 t 时间内下沉广场至室外地坪的疏散人流总股数（股）；

N——下沉广场周边相邻空间至下沉广场的设计总疏散人数（人）；

N_1——在 t 时间内可从下沉广场疏散至室外地坪的总人数（人）；

P_1——每股人流在水平地面上疏散时的流量［人／（s·股）］，一般取 0.60 人／（s·股）；

P_2——每股人流经楼梯向上疏散时的流量［人／（s·股）］，一般取 0.42 人／（s·股）；

W_1——下沉广场周边相邻空间通向下沉广场的疏散出口总净宽度（m）；

W_2——下沉广场至室外地坪的疏散总净宽度（m）；

t——下沉广场周边相邻空间内至下沉广场的设计总疏散人数全部疏散完毕所需时间（s）。

问题 3-101　仅用于地下层人员疏散的下沉广场，其中可供人员停留的最小净面积是否仍需满足 13m×13m 的要求？

答：《建规》第 6.4.12 条和《人民防空工程设计防火规范》GB 50098—2009 第 3.1.7 条对下沉广场中 13m×13m 最小净面积的规定，是针对防止火势蔓延的要求，不是针对仅用于疏散的下沉广场的要求。因此，仅用于地下楼层人员疏散的下沉广场，其中可供人员停留的最小净面积只要满足疏散过程中必须滞留的人员安全停留需要即可，不要求满足 13m×13m 的要求，但要按照问题 3-100 释疑提供的方法经计算确定。

问题 3-102　下沉广场通向地面的自动扶梯净宽度可否计入直通地面的疏散楼梯总净宽度？

答：自动扶梯一般不应计作安全疏散设施。考虑到下沉广场的自动扶梯处于室外安全区域，当自动扶梯的提升高度小于 10m 时，可以将顺疏散方向向上运行的自动扶梯按照其净宽度的 90% 计入直通室外地坪的疏散楼梯总净宽度。该折算系数主要考虑自动扶梯的踏步较疏散楼梯的踏步高而可能因此对人员行走速度的影响。

问题 3-103　当有顶棚的商业步行街两侧设置建筑面积大于 300m² 的主力店时，主力店与相邻其他建筑面积不大于 300m² 的商铺之间应符合什么防火分隔要求？

答：当有顶棚的商业步行街（以下简称步行街）两侧设置建筑面积大于 300m² 的主力店时，这些主力店不属于步行街两侧直接开向步行街的商铺，而是步行街两侧建筑中的其他区域，需要独立划分防火分区并设置独立的安全出口。主力店可以自身单独划分防火分区，也可以与除直接面向步行街且建筑面积不大于 300m² 的商铺外的其他区域合并划分，主力店与相邻其他区域（包括直接面向步行街且建筑面积不大于 300m² 的商铺）之间均应采用防火墙分隔，不能像直接面向步行街的商铺一样采用耐火极限不低于 2.00h 的防火隔墙分隔。

问题 3-104　当步行街用于人员疏散安全区时，《建规》要求其长度不宜大于 300m。在具体工程中，应如何确定该长度？

答：根据《建规》第 5.3.6 条的规定，符合该条规定的步行街可以在建筑发生火灾时，用于步行街两侧建筑的人员疏散安全区。步行街的长度应为其中相邻任意两个直通室外的端部出口之间的最近长度，按照步行街的中心线测量。对于回字形步行街，其中的各段长度可以不累加计算，参见图 3-23。

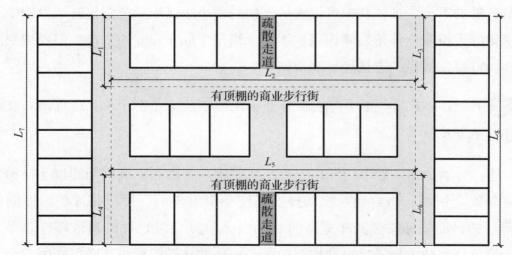

图 3-23　有顶棚的商业步行街的长度计算方法示意图

注：步行街的长度不宜大于 300m，本图中，$L_1 + L_2 + L_3 \leqslant 300m$，$L_4 + L_5 + L_6 \leqslant 300m$，$L_7 \leqslant 300m$，$L_8 \leqslant 300m$。

问题 3-105　用于人员疏散安全区的步行街是否需要划分防火分区？其两侧的建筑是否需要划分防火分区？

答：（1）用于人员疏散安全区的步行街是一个火灾危险性较低、满足较高安全条件的独立空间，不属于其两侧建筑中任何一座建筑，本身不要求再划分防火分区。

（2）步行街两侧的建筑均为独立的建筑，与步行街和相邻建筑是通过顶棚和天桥连接。除直接面向步行街一侧的商铺可以按照《建规》第5.3.6条的规定控制其建筑面积，并采取相应的防火措施外，步行街两侧建筑的其他区域均应根据其使用功能、建筑高度和耐火等级单独划分防火分区，包括面向步行街的主力店。这些区域的防火分区与面向步行街的商铺、步行街或步行街上部各层的回廊之间均应采用防火墙进行分隔。

问题 3-106　用于人员疏散安全区的步行街，对其两侧建筑的高度是否有限制？

答：当步行街用于人员疏散安全区时，从标准的要求本身并没有限制步行街两侧建筑的高度。步行街两侧建筑相对面的最近水平距离不应小于相应高度建筑的防火间距要求，且不应小于9m。但是如步行街两侧的建筑过高，会对步行街的自然排烟效果产生不利影响。因此，步行街两侧的建筑高度需要根据步行街能否有效自然排烟来确定，实际上还是有限制的。

问题 3-107　用于人员疏散安全区的步行街，对其两侧建筑面积大于300m^{2}的商铺有何特殊要求？

答：位于步行街两侧的商铺，当建筑面积大于300m^{2}时，通常要符合步行街两侧主力店的防火要求：

（1）应设置独立的疏散设施，安全出口不应通向步行街；通向步行街的开口不应计作安全出口，且宽度不应大于9m。

（2）主力店内任一点至安全出口的直线距离不应大于30m（设置自动喷水

灭火系统时，不应大于 37.5m ）。

（3）主力店一般应单独划分防火分区，与步行街的连通应通过防火隔间连通，不应直接连通。在连通步行街的开口部位宜采用防火门分隔，不宜采用防火卷帘、防火分隔水幕等分隔；采用防火卷帘时，其耐火极限不应低于 3.00h，并应符合《建规》第 6.5.3 条的规定。

（4）应采用防火墙与步行街及其两侧的商铺分隔。

（5）其他要求应符合商店建筑的相关防火要求。

问题 3-108 用于人员疏散安全区的步行街，对其中直接面向室外的商铺外墙等有何防火要求？

答：当步行街用于人员疏散安全区时，其两侧建筑的耐火等级不应低于二级。其中直接面向室外的商铺，当不向步行街内设置疏散门时，本质上不属于步行街两侧的商铺，而是步行街两侧建筑的一部分；当向步行街开设疏散门时，应视为步行街两侧的商铺。无论是否属于步行街两侧的商铺，其外墙均应符合下列防火要求：

（1）外墙的耐火性能不应低于其所在建筑相应耐火等级民用建筑外墙的耐火性能要求。即为非承重外墙时，其耐火极限不应低于 1.00h，燃烧性能应为不燃性。

（2）为防止火灾在相邻商铺之间蔓延，不同商铺外墙上相邻开口之间的水平距离不应小于 1.0m，参见图 3-24。

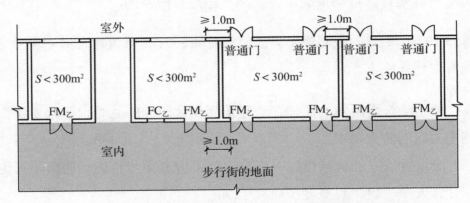

图 3-24 步行街中直接面向室外的商铺外墙的防火要求示意图

（3）上下层不同商铺在外墙上的开口之间应设置高度不小于 1.2m 的窗间墙或挑出深度不小于 1.0m 的防火挑檐。商铺外宽度大于 1.2m 的走廊可以视作防火挑檐。

问题 3-109　当步行街两侧建筑相对面的外围护结构满足可以减小防火间距的条件时，步行街两侧建筑之间的间距可否减少？

答：用于人员疏散安全区的步行街，其两侧建筑相对面的最近距离不应小于 9m。当两侧建筑相对面外围护结构的开口情况和耐火性能等满足《建规》有关允许减小防火间距的条件时，该距离也不应减小，且不应小于 9m；当两侧均为高层民用建筑时，不应小于 13m。

问题 3-110　用于人员疏散安全区的步行街，当两侧的建筑设置外廊时，如何确定两侧建筑相对面的间距？

答：用于人员疏散安全区的步行街，其两侧建筑相对面的水平间距应按照商铺的外围护结构之间的最近水平距离（L）计算，可以不考虑建筑外廊的影响。步行街两侧建筑的间距计算起止点示意参见图 3-25。

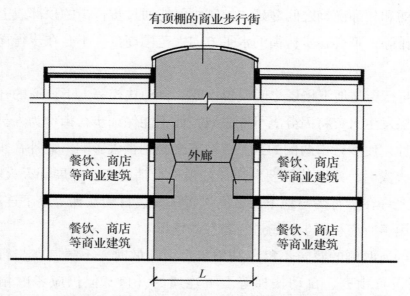

图 3-25　有顶棚的商业步行街两侧建筑的间距计算起止点示意图
注：两侧建筑相对面的防火间距，当采用敞开式外廊时，可从商铺外墙起算（L）。

问题 3-111 用于人员疏散安全区的步行街，两侧面向步行街的商铺可否上下两层连通？

答：用于人员疏散安全区的步行街两侧面向步行街的商铺，可以上下两层贯通，但上下两层的总建筑面积不应大于 $300m^2$。

问题 3-112 用于人员疏散安全区的步行街是否可以设置地下室？

答：用于人员疏散安全区的步行街可以设置地下室，但在步行街与地下楼层之间不应设置中庭、自动扶梯等上下连通的开口；地下区域的疏散楼梯间可以通至步行街并通过步行街疏散，但要尽量直通室外而不经过步行街疏散。

问题 3-113 当步行街用于人员的疏散安全区时，为什么不允许在其与地下室之间设置中庭、自动扶梯等上下连通的开口？

答：步行街是位于该步行街两侧建筑之间的首层地面。当步行街用于其两侧建筑的人员疏散安全区时，要确保该步行街在火灾时的安全，控制火势不会在相对商铺和相邻商铺之间蔓延，控制烟气能通过步行街的顶部或上部两侧的开口快速排除，不会在步行街的水平方向大范围蔓延，不会在步行街内积聚与沉降。

当在步行街与地下楼层之间设置中庭、自动扶梯等上下连通的开口时，一旦地下楼层发生火灾将因分隔可能失效，而不能保证步行街作为人员疏散安全区的安全性，使步行街两侧的人员疏散安全受到很大影响。此外，步行街两侧建筑发生火灾时，还可能需要利用该街道通行消防车，并展开灭火救援行动。因此，不允许在步行街与地下层之间设置中庭、自动扶梯等上下连通的开口。该要求适用于所有利用步行街进行疏散的情形。

当步行街两侧的建筑不需要利用步行街疏散时，不限制在步行街与地下楼层之间设置中庭、自动扶梯等上下连通的开口，但仍应考虑相应的防火措施。

问题 3-114 在公共建筑内设置的客、货电梯候梯厅，是否需采取防火分隔措施与其他区域分隔？

答：为防止火灾及其烟气通过电梯井道蔓延至其他楼层，公共建筑内的客、货电梯要尽可能设置电梯候梯厅，避免直接设置受火势和烟气蔓延影响大的区域。在不影响客梯和货梯正常使用的情况下，要尽可能采用防火隔墙和乙级或甲级防火门将候梯厅与其他区域分隔，对于较大的开口部位也可以采用防火卷帘分隔，但卷帘旁应设置应急逃生门。对于高层建筑，特别是建筑高度大于100m的建筑，应考虑在出入候梯厅处或其附近采取必要的防火分隔措施。

问题 3-115 老年人照料设施内的非消防电梯应采取何种防烟措施？

答：老年人照料设施是为老年人提供集中照料服务的设施，是老年人全日照料设施和老年人日间照料设施的统称，属于公共建筑。此类设施中使用人员的行为能力大多较弱，不少老人在火灾时还需在他人的帮助下疏散，疏散所需时间也较其他建筑长，而火灾中的烟气又是火灾致人伤亡的主要因素。因此，要尽量延迟火灾烟气蔓延至其他非着火区域或楼层，而在非消防电梯的入口部位采用防烟措施是一种较有效的措施。通常可以采取以下措施（参见图3-26）：

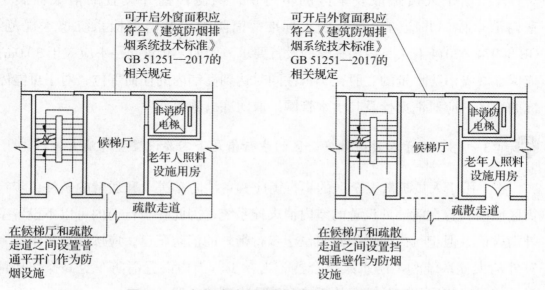

图 3-26 在非消防电梯前设置防烟设施示意图

（1）参照消防电梯的设置要求，在非消防电梯前设置防烟前室；

（2）在非消防电梯前设置候梯厅，并采用防火隔墙和防火门或烟密闭门等与其他区域分隔；

（3）在非消防电梯前一定范围内设置挡烟气幕，形成一个独立的防烟空间；

（4）在非消防电梯的入口周围采用下垂高度不小于层高 20% 的挡烟垂壁分隔为独立的防烟区域；

（5）在非消防电梯前设置开敞式阳台、凹廊或对流通风窗等。

问题 3-116 用于人员疏散安全区的步行街，各层连廊可否设置通向地面的自动扶梯？

答：用于人员疏散安全区的步行街是一个相对安全的空间，如无顶棚就是室外的街道。因此，步行街两侧的建筑设置的连廊可以设置通向地面（即步行街）的自动扶梯，但自动扶梯的设置不得影响步行街内的人员疏散，不得影响消防车通行和灭火救援，也不应增大火灾在步行街相对面蔓延的危险性。

问题 3-117 用于人员疏散安全区的步行街，两侧商铺外设置的消火栓是室内消火栓还是室外消火栓？应符合什么要求？

答：用于人员疏散安全区的步行街，两侧商铺外设置的消火栓属于室内消火栓，并应符合现行国家标准《消防给水及消火栓系统技术规范》GB 50974—2014 有关室内消火栓的设置要求。例如，布置间距不应大于 30.0m；应保证 2 支消防水枪的 2 股充实水柱同时达到商铺内的任何部位；对于可能冰冻的地区，应对消火栓及其供水管网采取防冻措施等。

问题 3-118 用于人员疏散安全区的步行街是否需要设置室外消火栓？

答：用于人员疏散安全区的步行街应具备消防车进入和通行的条件，步行街区域内具有在商铺外设置的室内消火栓系统，因此在步行街内可以不设置室外消火栓，但步行街两侧的建筑位于步行街外的消防车道，应按标准要求设置室外消火栓系统和消防水泵接合器。当在步行街内设置消防车登高操作场地时，应设置相应的室外消火栓系统和消防水泵接合器。

3.5 平面布置

问题 3-119 如何确定儿童活动场所的范围?

答:《建规》所规定的儿童活动场所,是指用于 12 周岁及以下婴幼儿保育,儿童或少儿游艺、休息、非学制教育和培训等活动的场所,包括幼儿园和托儿所内的婴幼儿活动、游艺和休息的场所,不包括小学学校的教室、活动室等场所。

问题 3-120 亲子园、儿童特长培训等场所,是否属于儿童活动场所?

答:亲子园和举办儿童特长培训的场所均属于儿童活动场所,应符合《建规》和现行行业标准《托儿所、幼儿园建筑设计规范》JGJ 39—2016(2019 年版)有关儿童活动场所的防火要求。专门建设的供中小学适龄少儿活动或特长培训的场所,如少年宫的教室、小学学校的教室,应符合现行国家标准《中小学校设计规范》GB 50099—2011 和《建规》有关教学建筑的规定。

问题 3-121 托儿所、幼儿园的儿童用房和儿童游乐厅等儿童活动场所,当设置在高层建筑内时,其安全出口和疏散楼梯是否应全部独立设置?

答:位于高层建筑内的儿童活动场所,其安全出口和疏散楼梯应全部独立设置;位于单、多层建筑内的儿童活动场所,其安全出口和疏散楼梯也要尽量独立设置,且至少应有 1 个安全出口或 1 部疏散楼梯是可供儿童活动场所独立使用的。此外,根据现行行业标准《托儿所、幼儿园建筑设计规范》JGJ 39—2016(2019 年版)的规定,4 个班及以上的托儿所、幼儿园建筑应独立设置;3 个班及以下的托儿所、幼儿园建筑,可与居住、养老、教育、办公建筑合建,但应设置独立的疏散楼梯和安全出口。因此,对于幼儿园和托儿所,其安全出口和疏散楼梯设置以及与其他功能建筑合建的要求比其他儿童活动场所要高。

问 题 3-122 设置在其他建筑中的儿童活动场所，是否需要采取防火分隔措施与其他区域分隔，与其他区域连通的疏散走道是否需要设置防火门分隔？

答：设置在其他建筑中的儿童活动场所与其他区域分隔之间应采用耐火极限分别不低于 2.00h 的防火隔墙和 1.00h 的不燃性楼板分隔，与其他区域相连通的门应为甲级或乙级防火门。

问 题 3-123 儿童活动场所与其他区域之间的开口可否设置防火卷帘？

答：建筑内的儿童活动场所与其他区域之间的防火分隔，现行相关标准没有明确限制采用防火卷帘等分隔。当采用防火卷帘时，防火卷帘的耐火完整性、耐火隔热性均不应低于 3.00h，在防火卷帘旁边尚应设置平开疏散门。幼儿园和托儿所中的儿童活动场所与其他区域之间的防火分隔，除防火隔墙和防火门外，不应采用防火卷帘或防火分隔水幕等其他方式。

问 题 3-124 哪些场所属于老年人活动场所？

答：老年人活动场所，主要指供老年人健身、休闲、娱乐、学习、生活的场所和专供老年人治疗、休养的场所，包括公共活动场所、公共就餐场所、供老年人就寝的房间和区域以及老年人公寓、老年人住宅、老年人照料设施等。老年人活动场所应区别于老年人照料设施，两者的范围不同。

问 题 3-125 老年人大学、老年人活动中心、社区居家养老服务用房等是否属于老年人照料设施？

答：《建规》规定的"老年人照料设施"，与现行行业标准《老年人照料设施建筑设计标准》JGJ 450—2018 规定的老年人照料设施定义一致，即为老年人提供集中照料服务的设施，是老年人全日照料设施和老年人日间照料设施的统称。但是《建规》的规定只适用于床位总数（可容纳老年人总数）大于或等于 20 床（人）为老年人提供集中照料服务的公共建筑，包括老年人全日照料设施和老年人日间照料设施。

老年人大学、老年人活动中心等除老年人照料设施外专供老年人使用的场所，属于行为能力基本正常、不需要他人照料的老年人集中学习、活动的场所，不要求按照老年人照料设施考虑，其防火设计可以按照普通公共建筑的要求确定。《建规》对老年人照料设施的要求，不适用于社区居家养老服务用房。

问题 3-126 老年人照料设施建筑是否属于人员密集场所？

答：根据现行国家标准《人员密集场所消防安全管理》GB/T 40248—2021 的规定，老年人照料设施中的养老院、福利院属于人员密集场所。其他老年人照料设施可以根据其集中照料的老年人的人数确定是否属于人员密集场所。

问题 3-127 住宅建筑能否用作老年人照料设施？

答：老年人照料设施可以利用住宅建筑。当床位总数（可容纳老年人总数）小于 20 床（人）时，可参照《建规》的规定确定其防火要求；当床位总数（可容纳老年人总数）大于或等于 20 床（人）时，其设置应符合《建规》第 5.4.4 条的规定，老年人照料设施部分的其他防火要求应按照公共建筑的相关要求确定。

问题 3-128 老年人照料设施与其他建筑合建时，如何确定其建筑类别？

答：独立建造的老年人照料设施和与其他建筑合建的老年人照料设施，应根据该建筑的主要用途和建筑高度确定其建筑分类。一般按照以下原则确定：

（1）独立建造的老年人照料设施，当建筑高度大于 24m 时，应划分为一类高层公共建筑；当建筑高度小于或等于 24m 时，应划分为单层或多层公共建筑。

（2）与其他使用功能上下组合建造的老年人照料设施，当建筑高度 24m 以上部分任一楼层的建筑面积大于 1 000m² 时，应划分为一类高层公共建筑。

（3）与其他使用功能上下组合建造的老年人照料设施，当老年人照料设施所占建筑面积不小于该建筑总建筑面积的 50% 时，该建筑的相关防火要求应按照老年人照料设施确定。

（4）其他建筑分类，应按照《建规》有关单、多层公共建筑和一、二类高层公共建筑的分类规定确定。

问题 3-129　老年人公寓等非住宅类老年人居住建筑，是否应符合老年人照料设施的防火设计要求？

答：老年人公寓等非住宅类老年人居住建筑不属于老年人照料设施，可以不按照《建规》有关老年人照料设施考虑，而按照其他公共建筑确定其防火设计要求。

问题 3-130　与其他建筑上下组合建造或设置在其他建筑内的老年人照料设施，当没有条件设置独立的安全出口时，应如何设计？

答：根据《建规》第 5.5.4 条、第 5.5.13 条和第 6.2.2 条的规定，与其他建筑上下组合建造或设置在其他建筑内的老年人照料设施，应采用耐火极限分别不低于 2.00h 的防火隔墙和 1.00h 的楼板及乙级防火门、窗与其他区域分隔，独立成区，并宜设置独立的疏散楼梯和安全出口，不宜与其他区域共用。因此，考虑到老年人疏散的特殊行为能力，老年人照料设施的安全出口要尽量独立设置，受条件限制时，仍可以与其他区域共用安全出口。但是在设计中还是要尽量调整老年人照料设施的设置位置，使老年人照料设施的安全出口至少独立于同一楼层其他区域的安全出口。

问题 3-131　《建规》规定的老年人照料设施与《汽车库、修车库、停车场设计防火规范》GB 50067—2014 规定的老年人建筑是否为同一概念？

答：由于 2018 年版《建规》在修订时未同步修订《汽车库、修车库、停车场设计防火规范》GB 50067—2014，使得这两项标准对此类建筑的规定不一致。实际上，《汽车库、修车库、停车场设计防火规范》GB 50067—2014 对老年人建筑的要求也只适用于老年人照料设施，其他老年人建筑的防火要求可以按照普通公共建筑考虑。

问题 3-132　设置在其他建筑内的影剧院，当需要划分多个防火分区时，是否每个防火分区均应设置 1 个独立的疏散楼梯？

答：剧场、电影院宜设置在独立的建筑内。当影剧院设置在其他民用建筑内时，应设置至少 1 个独立的安全出口或疏散楼梯。当影剧院区域需要划分多个防火分区时，火灾时需要同时疏散的人数多，防火分区之间均有严格的防火分隔措施，因此需要每个防火分区均设置至少 1 部独立的疏散楼梯或安全出口。独立设置并仅供影剧院使用的疏散楼梯，不能与其他场所或其他楼层的非影剧院功能的区域共用，参见图 3-27。

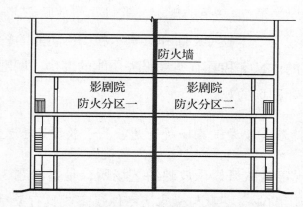

图 3-27　位于其他功能建筑内的影剧院设置独立疏散楼梯间示意图

问题 3-133　设置在其他民用建筑内的剧场、电影院应采用耐火极限不低于 2.00h 的防火隔墙和甲级防火门与其他区域分隔。该防火隔墙上的开口可否采用防火卷帘分隔？

答：根据《建规》第 5.4.7 条的规定，设置在其他民用建筑内的剧场、电影院应采用耐火极限不低于 2.00h 的防火隔墙和甲级防火门与其他区域分隔。根据现行行业标准《电影院建筑设计规范》JGJ 58—2008 第 6.1.2 条的规定，当电影院建在综合建筑内时，应形成独立的防火分区。根据 JGJ 57—2016 第 8.1.14 条的规定，当剧场建筑与其他建筑合建或毗连时，应形成独立的防火分区，并应采用防火墙隔开，且防火墙不得开窗洞；当在防火墙上设置门时，应采用甲级防火门。防火分区上下层楼板的耐火极限均不应低于 1.50h。因此，设置在其他民用建筑内的剧场和电影院均应单独划分防火分区，并采用防火墙和甲级防火门与其他区域分隔。

上述标准均未限制在电影院与建筑内其他区域分隔的防火隔墙或防火墙上使用防火卷帘分隔。因此，防火隔墙或防火墙上为方便使用所开设的较大开口，允许采用耐火极限不低于 3.00h 的防火卷帘分隔，但不允许采用防火卷帘替代防火隔墙或防火墙。防火卷帘的相关设置要求尚应符合《建规》第 6.5.3 条的规定。剧场与其他区域之间的防火分隔不应采用防火卷帘。

问题 3-134 歌舞娱乐放映游艺场所主要指哪些场所？

答：根据《建规》第 5.4.9 条的规定，歌舞娱乐放映游艺场所主要指歌厅、舞厅、录像厅、夜总会、卡拉 OK 厅和具有卡拉 OK 功能的餐厅或包房、各类游艺厅、桑拿浴室的休息室和具有桑拿服务功能的客房、网吧等类似用途的场所，不包括电影院和剧场的观众厅。

问题 3-135 足疗店、按摩服务场所等是否属于歌舞娱乐放映游艺场所？

答：《建规》规定的歌舞娱乐放映游艺场所，是指问题 3-134 释疑中所列场所。考虑到足疗店的业态特点与桑拿浴室休息室或具有桑拿服务功能的客房基本相同，其防火设计宜按照歌舞娱乐放映游艺场所考虑。

问题 3-136 保龄球、台球、棒球、飞镖、真人 CS、密室逃生等场所是否要求按照歌舞娱乐放映游艺场所设防？

答：保龄球、台球、棒球、飞镖、真人 CS（cosplay of counter strike，是一种集运动与游戏于一体并紧张刺激的高科技娱乐活动，各种喜欢军事及户外运动的人聚集在一起进行的一种军事模拟类真人户外竞技运动）、密室逃生等场所属于公共娱乐场所，其火灾危险性相差较大，需要分类考虑。一般保龄球、台球、棒球、飞镖、真人 CS 可以不按歌舞娱乐放映游艺场所考虑，但在与其他功能用房之间应采取防火分隔措施。对于密室逃脱类场所需要认真研究，慎重对待。根据《密室逃脱类场所火灾风险指南（试行）》（应急消〔2021〕170 号），密室逃脱类场所是指在特定受限空间场景内进行真人逃脱、剧本杀、情景剧类活动的场所。这类场所由于功能需要布置了大量可燃、易燃材料，且内部平面复杂，疏散路线不畅，具有高度的火灾危险性，并应严格控制。现行国家相关标准对这类场所的针对性不强，难以满足此类场所消防安全的需要，需要进行专门研究，确定相应的平面布置、防火分隔和逃生与疏散设计，但至少不应低于歌舞娱乐放映游艺场所的相关防火要求。

问题 3-137　歌舞娱乐放映游艺场所确需布置在地下或地上四层及以上楼层时，一个厅、室的建筑面积不应大于200m²，是否需要限制该类场所的总建筑面积？

答：歌舞娱乐放映游艺场所宜布置在地上三层及以下的地上楼层，确需布置在地下或地上四层及以上楼层时，每个房间的建筑面积不应大于200m²，但不限制该类场所的总建筑面积。在建筑设计上，该类场所的消防安全主要通过控制每一个房间的大小，提高房间之间防火分隔的可靠性，严格其疏散距离，设置相应的自动喷水灭火系统、火灾自动报警系统以及语音和视频提示系统等来保障。

问题 3-138　歌舞娱乐放映游艺场所中厅、室的具体含义是什么？

答：《建规》对歌舞娱乐放映游艺场所中"厅、室"的规定，是指根据实际使用需要分隔而成的房间，如独立的KTV房间、舞厅、更衣室、化妆间、配套办公室、储藏室等。因此，不应将本来需要采用耐火极限不低于2.00h的防火隔墙和甲级或乙级防火门分隔的房间（即厅、室），采用不符合耐火性能要求的隔墙和门组合在一起而形成多个总建筑面积小于200m²的分隔区域（也可看作大房间）。这种做法看似符合《建规》要求，但实际上是违背了在歌舞娱乐放映游艺场所内通过防火分隔来将火灾控制在着火房间以降低火灾危险，减少人员伤亡的本意，在实际工程中应予禁止，参见图3-28。尽管图3-28中房间A、B、C和走道D的总建筑面积小于200m²，但这种防火分隔方法不符合《建规》的规定。

问题 3-139　歌舞娱乐放映游艺场所内的厅、室之间可否设置连通门？

答：歌舞娱乐放映游艺场所内的厅、室之间要求采用耐火极限不低于2.00h的防火隔墙相互分隔，就是为了提高防止火灾在厅、室之间蔓延的可靠性，尽可能地减小一个厅、室的火灾对其他厅、室的危害。因此，歌舞娱乐放映游艺场所内的厅、室之间不应设置相互连通的门，即使将多个相互连通房间的总建筑面积控制在200m²以内，也不允许，参见问题3-138释疑。

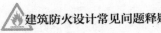

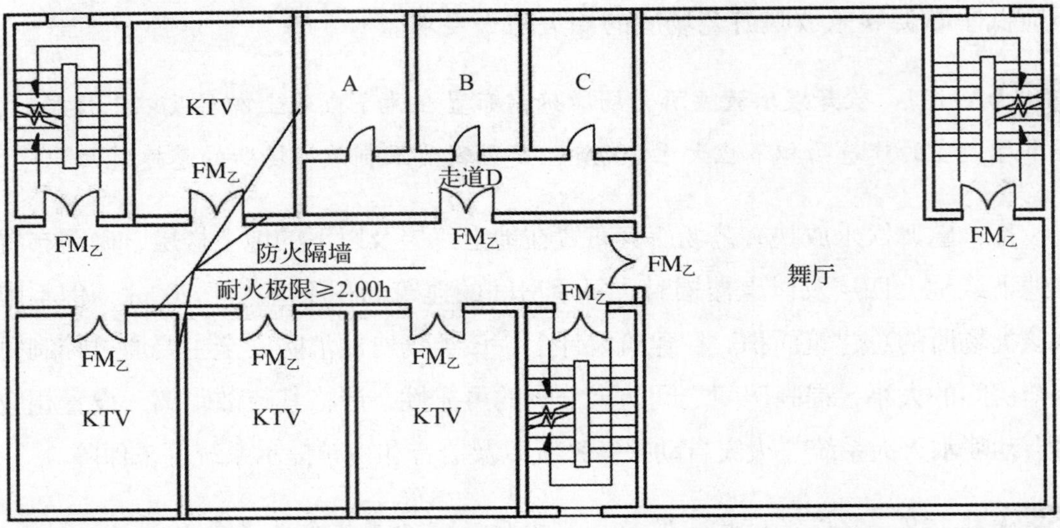

图 **3-28** 歌舞娱乐放映游艺场所中错误的防火分隔方式示意图

问题 3-140 歌舞娱乐放映游艺场所中面向开敞式外廊的房间，是否需要采用耐火极限不低于 2.00h 的防火隔墙和乙级防火门与外廊进行分隔？

答：开敞式外廊具备较好的自然通风排烟条件。歌舞娱乐放映游艺场所中面向开敞式外廊的房间之间仍应采用耐火极限不低于 2.00h 的防火隔墙分隔，但面向外廊一侧的墙体属于建筑的外围护结构，可以按照建筑外墙考虑。因此，该墙体可以为耐火极限不低于 1.00h 的不燃性墙体，门可以不采用防火门。

问题 3-141 当歌舞娱乐放映游艺场所与建筑的其他功能区域共用疏散楼梯间时，建筑内的其他功能区域可否经过歌舞娱乐放映游艺场所疏散？

答：相对其他使用功能的场所，歌舞娱乐放映游艺场所的火灾危险性更大，其消防安全性能还容易受二次装修所用材料与构造、日常消防安全管理好与差的影响。当歌舞娱乐放映游艺场所与其他使用功能的场所在同一楼层共用疏散楼梯间时，疏散楼梯应设置在火灾危险性较低的功能区域内，与歌舞娱乐放映游艺场所连通的疏散门应向疏散方向（即火灾危险性低的使用功能区域一侧）开启。因此，除歌舞娱乐放映游艺场所自身的附属办公等辅助用房外，其他使用功能的场所应与歌舞娱乐游艺放映场所分隔，且不应经过歌舞娱乐放映游艺场所疏散。歌舞娱乐放映游艺场所与其他功能场所共用疏散楼梯间示意，参见图3-29。

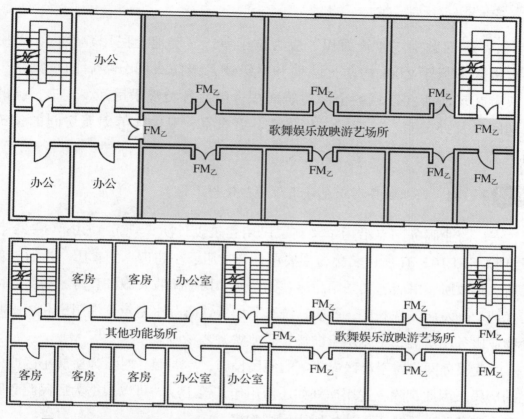

图 3-29　歌舞娱乐放映游艺场所与其他功能场所共用疏散楼梯间示意图

问题 3-142　在歌舞娱乐放映游艺场所内设置的接待大堂、办公室、更衣室、化妆间等辅助用房，如何确定其安全疏散距离？

答：在歌舞娱乐放映游艺场所内设置的接待大堂、办公室、更衣室、化妆间等辅助用房，属于歌舞娱乐放映游艺场所的一部分，这些房间的疏散距离应符合歌舞娱乐放映游艺场所中一个厅、室的疏散距离，即室内任一点至房间疏散门的直线距离不应大于9m；室内任一点至安全出口的直线距离，当有2个及以上的安全出口时，不应大于18m；当只有1个安全出口时，不应大于9m。详见问题3-220的释疑。

125

问题 3-143 设置在单、多层民用建筑中三层及以下，且任一层建筑面积大于 300m² 的地上歌舞娱乐放映游艺场所应设置自动灭火系统，应如何确定这个面积？

答：本问题中"建筑面积"应为位于单、多层地上民用建筑内，采用耐火极限不低于 2.00h 的防火隔墙和甲级或乙级防火门分隔后的歌舞娱乐放映游艺场所所在区域的全部建筑面积，包括各类娱乐房间、走道、疏散楼梯间以及办公室、接待室、化妆室、更衣室、卫生间等附属房间的建筑面积。

问题 3-144 商业服务网点允许用于哪些使用用途？

答：商业服务网点沿用了《高层民用建筑设计防火规范》GBJ 45—82 和《建规》GBJ 16—87 所用名称，主要用作杂货店、小超市、副食店、米面与食品店、邮政所、书店、文具用品店、储蓄所、快递接收发服务、房屋买卖咨询与代理、理发店、洗衣店、药店、洗车店、餐饮店等小型营业性用房和居民配套物业服务用房等，不应用于歌舞娱乐放映游艺场所。

商业服务网点属于小区或住宅的便民设施，主要服务对象为所属小区或住宅的居民。因此，除上述用途外如还需用作其他用途，可以根据为居民配套服务和火灾危险性不高于上述场所为原则确定。

问题 3-145 住宅下部延伸出住宅建筑主体投影外的小型商业设施，可否视为商业服务网点？

答：商业服务网点设置在住宅建筑下部，通常位于住宅建筑主体投影范围以内。延伸至住宅建筑主体投影外的小型商业设施，当符合商业服务网点的定义和相关防火分隔要求与用途，每间商铺的火灾危险性不高于其他商业服务网点的火灾危险性时，仍可以按照商业服务网点考虑。

问题 3-146 1 层或 2 层独立建造的小型商店建筑，当其防火分隔符合服务网点的要求时，可否按照商业服务网点的要求进行防火设计？

答：1 层或 2 层独立建造的小型商店建筑，即使商店之间采用耐火极限不低于 2.00h 且无开口的防火隔墙相互分隔，且每个商店的总建筑面积不大于 300m²，也不能按照商业服务网点考虑。这类小型商店的业态多样、复杂，与商业服务网点的用途存在一定差别，但每个这类小型商店均可以根据其建筑面积按照《建规》有关独立的小型公共建筑确定其防火要求，并满足防止火灾在商店相互之间通过内部和外部蔓延的要求，商店内的消防设施可以不根据所有这些小型商店的总建筑面积大小来确定。

问题 3-147　商业服务网点的每个分隔单元之间、商业服务网点与住宅建筑部分之间（如与住宅的疏散楼梯间或首层门厅等）是否可以通过甲级防火门或防火卷帘连通？

答：商业服务网点中每个防火分隔单元之间、商业服务网点与住宅建筑部分之间（包括与住宅的疏散楼梯间或首层门厅等），均应采用耐火极限不低于 2.00h 且无开口的防火隔墙和 1.50h 的不燃性楼板完全分隔，不允许通过甲级防火门或耐火极限不低于 3.00h 的防火卷帘连通。

问题 3-148　商业服务网点的内部装修是按照住宅建筑还是公共建筑确定？

答：设置商业服务网点的建筑仍可以按照住宅建筑确定其防火设计要求。但是商业服务网点本身是公共活动场所，其内部装修应符合现行国家标准《建筑内部装修设计防火规范》GB 50222—2017 有关单层或多层相应类别用途公共建筑的要求。

问题 3-149　商业服务网点是否需要划分防火分区？

答：商业服务网点是设置在住宅建筑下部首层或一层和二层的小型配套商业服务设施。这些设施主要用于方便居民生活的配套服务，每间商铺的建筑面积不大于 300m²，相互之间需要采用耐火极限不低于 2.00h 且无开口的防火隔墙完全分隔，除商铺外的连接廊道外，商铺之间互不相通。因此，商业服务网点有别于商店建筑或其他商业设施，本质上仍属于住宅建筑的一部分，不要求再划分防火分区。

问题 3-150　商业服务网点的两个相邻分隔单元是否可以合并？

答：商业服务网点是《建规》严格定义的一种特殊的商业活动场所，通过这种定义限定了其总体的火灾危险性，因此原则上不允许相邻几个商业服务网点合并。如果因经营原因确实需要合并，在合并后仍应符合《建规》对商业服务网点的定义及相关要求；否则不应按照商业服务网点考虑，而且建筑的整体定性也将发生变化，即该建筑不应再定性为住宅建筑，而应按照住宅与非住宅功能合建的建筑进行设防。

问题 3-151　相邻商业服务网点之间的门窗洞口是否需要防火分隔？

答：商业服务网点的设防标准是根据每个商业服务网点为一个独立的防火单元确定的。因此，相邻商业服务网点外墙上的开口之间在横向和竖向均应采取防火措施。相应的防火分隔要求可以按照《建规》第 6.2.5 条的规定确定，即商业服务网点建筑外墙上相邻开口之间的墙体宽度不应小于 1.0m。当上、下层为同一个商业服务网点时，上、下层之间的开口可以不采用严格的防火分隔措施；当上、下层为不同的商业服务网点时，上、下层的开口之间应设置高度不小于 1.2m 的窗间墙或出挑宽度不小于 1.0m 的防火挑檐，参见图 3-30 和图 3-31。

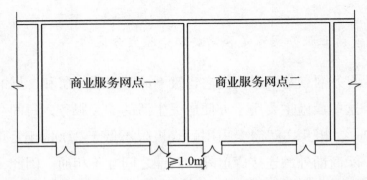

图 3-30　相邻商业服务网点外墙上开口之间的水平防火分隔示意图

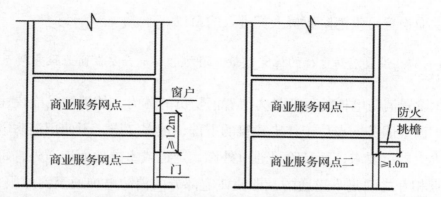

图 3-31　上、下层相邻商业服务网点外墙上开口之间的竖向防火分隔示意图

问题 3-152　每个商业服务网点内的疏散距离应符合什么要求？

答：每个商业服务网点内的疏散距离应为室内任一点至最近直通室外地面、外廊、屋面的疏散门的直线距离，且不应大于 22m（一、二级耐火等级建筑）或 20m（三级耐火等级建筑）；当商业服务网点内设置自动喷水灭火系统时，可以分别增加 25%。当商业服务网点在一个楼层的建筑面积大于 $200m^2$ 时，该层应设置至少 2 个疏散门。在计算商业服务网点内的疏散距离时，室内楼梯的距离应按照其水平投影长度的 1.50 倍计算，参见图 3-32。

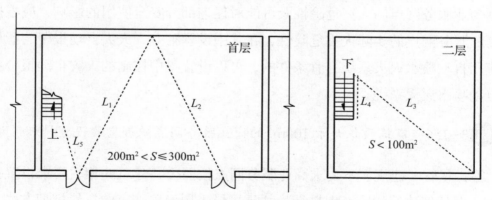

图 3-32　商业服务网点内疏散距离计算示意图

注：L_1、L_2、$L_3+1.5L_4+L_5$ 均表示室内最远点至疏散门的直线距离。

问题 3-153　商业服务网点是否应设置可供消防救援人员进入的窗口？

答：商业服务网点需要设置可供消防救援人员进入的窗口，但可以利用商业服务网点在各层的疏散门。当 2 层的商业服务网点只在首层设置疏散门时，在其二层应设置可供消防救援人员进入的窗口。

问题 3-154 设置消防电梯的住宅建筑,消防电梯是否要在商业服务网点停靠?

答:设置消防电梯的目的是为节省消防员的体力,使消防员能快速接近着火区域。商业服务网点位于住宅建筑的下部,最多2层,不使用消防电梯也可以满足灭火救援要求,而且除可通过外廊、走道或室外地面连通外,每个商业服务网点相互之间是不连通的,即使住宅部分的消防电梯通至商业服务网点,其作用也不大,反而可能破坏商业服务网点与住宅部分之间防火分隔的完整性,降低防火分隔的有效性。因此,设置消防电梯的住宅建筑,不要求消防电梯在商业服务网点内开门和停靠。

问题 3-155 住宅建筑下部总建筑面积超过 3 000m² 的商业服务网点是否要设置自动喷水灭火系统和火灾自动报警系统?

答:商业服务网点的消防安全主要通过强化每间商业服务网点的防火标准来实现。设置在住宅建筑下部的商业服务网点,无论所有商业服务网点的总建筑面积多大,其内部消防设施均不需要按照商店建筑的相关要求设置。但是考虑到商业服务网点的火灾危险性及可能对住宅部分安全使用的影响,应根据不同商业服务网点的实际火灾危险性,在其中设置独立式火灾自动报警装置和局部应用自动喷水灭火系统;有条件的,可以设置集中控制的火灾自动报警系统和自动喷水灭火系统。

问题 3-156 建筑面积大于 100m² 的商业服务网点是否需要设置排烟设施?

答:尽管《建规》不要求商业服务网点按照公共建筑的相关要求设置排烟设施,但任何建筑均应考虑排烟,并且尽量采用设置外窗的自然排烟方式。考虑到商业服务网点的规模均较小,相互之间具有严格防火分隔的特点,可以利用外窗自然排烟,不严格要求单独设置自然排烟或机械排烟设施。火灾后期的应急排烟和排热,主要通过疏散门和外窗实现。对于无外窗的商业服务网点,当其每层建筑面积大于 100m² 时,应按照《建规》第 8.5.3 条第 3 款的要求设置机械排烟设施。

问题 3-157 商业服务网点的室内消火栓应如何布置？

答：室内消火栓在实际使用时需要一定的空间，以便展开水带和灭火操作。商业服务网点内的面积小、空间通常比较局促，难以满足室内消火栓的操作需要，可以不设置室内消火栓系统或在室外设置几个商业服务网点共同的消火栓系统；但是对于一个楼层建筑面积或总建筑面积大于 $200m^2$ 的一间商业服务网点，应设置消防软管卷盘或轻便消防水龙。

问题 3-158 当住宅建筑与其他使用功能建筑上下组合建造时，如何确定各自的建筑高度和总建筑高度？

答：住宅建筑与其他非住宅功能建筑上下组合建造时，住宅建筑和非住宅功能建筑的各自建筑高度和总建筑高度的确定原则如下：

（1）组合建筑的总建筑高度应为住宅部分与其他使用功能部分上下组合后的最大建筑高度。

（2）住宅建筑与其他非住宅功能部分的建筑高度均应为自各自部分可以停靠消防车或设置消防车登高操作场地的室外地面至建筑的檐口或屋面面层的高度；对于位于建筑下部的功能区部分，其建筑高度可以计算至该部分建筑最上一层的顶板表面，参见图 3-33（a）。

（3）当其他功能建筑位于住宅下部，且其屋面可用作住宅部分的消防车道和（或）消防车登高操作场地时，住宅部分的建筑高度可以从该屋面算至住宅建筑的檐口或屋面面层，参见图 3-33（b）。

在图 3-33（a）中，建筑总高度为 H，住宅部分的建筑高度与建筑总高度相同，公共功能部分的建筑高度为 H_1。在图 3-33（b）中，建筑总高度为 H；住宅部分的安全出口位于公共建筑的屋顶，且屋顶满足设置消防车道或消防车登高操作场地的要求，住宅部分的室外设计地面可从公共功能部分的建筑屋顶起算，住宅建筑的建筑高度为 H_2；公共功能部分的建筑高度为 H_1。

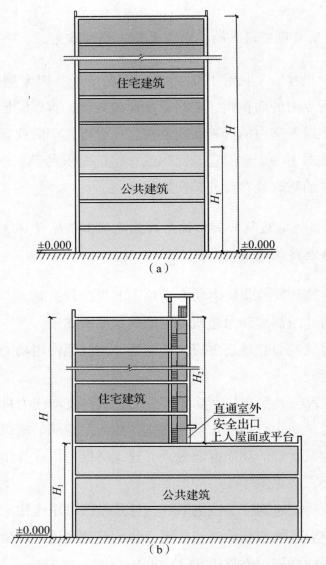

图 3-33 住宅建筑与其他使用功能建筑合建时的建筑高度确定方法示意图

问题 3-159 当住宅建筑与非住宅功能建筑合建时，住宅部分和非住宅功能部分如何根据各自的建筑高度确定其防火设计要求？

答：住宅建筑与非住宅功能的建筑合建，有上下竖向组合和水平横向组合建造两种方式。无论何种组合建造方式，住宅部分和非住宅功能部分均可以根据各自的建筑高度，分别按照住宅建筑和公共建筑的相关要求确定其防火设计要求：

（1）住宅部分的疏散楼梯或安全出口和疏散门的布置与设置，室内消火栓系统、自动灭火系统、火灾自动报警系统等的设置，可以根据住宅部分的建筑高度按照《建规》有关住宅建筑的要求确定。

（2）当住宅部分位于非住宅功能上部时（常见情况），住宅部分疏散楼梯间内防烟系统的设置和建筑的外保温系统应根据总建筑高度确定。上部住宅建筑之间的防火间距可以根据其自身的建筑高度确定。

其他非住宅功能部分的安全疏散楼梯或安全出口和疏散门的布置与设置，防火分区划分，室内消火栓系统、自动灭火系统、火灾自动报警系统和防排烟系统等的设置，建筑的外保温系统，可以根据该部分的建筑高度按照《建规》或相关专业标准有关公共建筑的要求确定。

（3）该组合建筑与相邻建筑的防火间距、消防车道和消防车登高操作场地的设置、室外消防给水系统和室外消火栓系统的设置、室外消防用水量计算、消防电源的负荷等级等均应根据总建筑高度和建筑规模，按照《建规》或相关专业标准有关公共建筑的要求确定。对于符合问题 3-158 释疑（3）所列情形，可根据各自的建筑高度确定。

问题 3-160 当住宅建筑与非住宅功能建筑合建时，住宅部分与非住宅部分在何种情况下应采用无开口的防火墙和耐火极限不低于 2.00h 的不燃性楼板完全分隔？

答：根据《建规》第 5.4.10 条的规定，当住宅建筑与非住宅功能建筑水平组合建造时，无论住宅部分还是非住宅功能部分是高层建筑，两者之间宜采用防火墙分隔，当符合问题 3-161 释疑情形时，应采用防火墙分隔；当住宅建筑与非住宅功能建筑竖向组合建造，并符合下列情况之一时，应在住宅部分与非住宅功能部分之间采用耐火极限不低于 2.00h 的楼板分隔，参见图 3-34：

（1）组合后的建筑总高度大于 33m。

（2）位于下部的非住宅功能部分的建筑高度大于 24m。

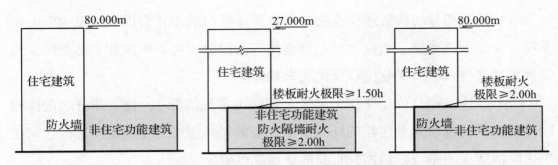

图 3-34　住宅建筑与非住宅功能建筑组合建造后的相互防火分隔示意图

问题 3-161　住宅建筑与非住宅功能建筑合建时，当采用耐火极限不低于 2.00h 且无门、窗、洞口的防火隔墙和 1.50h 的不燃性楼板完全分隔时，非住宅部分的防火分区面积是否考虑住宅部分？

答：住宅建筑与非住宅功能建筑水平组合建造时，住宅部分应采用耐火极限不低于 2.00h 的防火隔墙与非住宅功能部分分隔，这主要针对小型的非住宅功能建筑。当非住宅功能部分的建筑面积较大时，应独立划分防火分区，此时住宅部分应采用防火墙与非住宅功能部分分隔。住宅部分在采取题中防火分隔措施后，在划分非住宅功能部分的防火分区时，可以计算住宅部分的建筑面积。

问题 3-162　人员密集场所主要包括哪些场所？

答："人员密集场所"是《中华人民共和国消防法》和现行国家标准《人员密集场所消防安全管理》GB/T 40248—2021 规定的人员聚集的室内场所，包括公众聚集场所，医院的门诊楼、病房楼，学校的教学楼、图书馆、食堂和集体宿舍，养老院，福利院，托儿所，幼儿园，公共图书馆的阅览室，公共展览馆、博物馆的展示厅，劳动密集型企业的生产加工车间和员工集体宿舍，旅游、宗教活动场所等。

其中，公众聚集场所是指面对公众开放，具有商业经营性质的室内场所，包括宾馆、饭店、商场、集贸市场、客运车站候车室、客运码头候船厅、民用机场航站楼、体育场馆、会堂以及公共娱乐场所等。公共娱乐场所是指具有文化娱乐、健身休闲功能并向公众开放的室内场所，包括影剧院、录像厅、礼堂等演出、放映场所，舞厅、卡拉 OK 厅等歌舞娱乐场所，具有娱乐功能的夜总会、音乐茶座、酒吧和餐饮场所，游艺、游乐场所和保龄球馆、旱冰场、桑拿等娱乐、健身、休闲场所和互联网上网服务营业场所。

问题 3-163 人员密集场所是包括整栋建筑还是其中的部分区域？

答：人员密集场所的概念范围比较宽泛，可以是一座建筑，也可以是建筑内某个区域或楼层，还可以是特定的室外场所，但总体上是以一座建筑为主来确定。一座属于人员密集场所的建筑，并不表示这座建筑内的所有区域均属于"人员密集的场所"，只是在划分重要公共建筑和一类高层民用建筑，确定建筑的疏散设施设计、建筑外保温系统以及建筑使用时的防火要求时等需要按照人员密集场所考虑，建筑内部不同区域的防火设计要求仍可以根据各区域的具体情况确定。例如，酒店属于人员密集场所，但酒店的客房、办公区域、管理用房和设备用房间等并不属于人员密集的场所，而会议厅、多功能厅、餐厅等则属于人员密集的场所。

问题 3-164 《建规》中规定的"人员密集的场所"主要包括哪些？

答：《建规》中规定的"人员密集的场所"包括商店营业厅，礼堂、电影院、剧院和体育场馆的观众厅，公共娱乐场所中出入大厅、舞厅，候机（车、船）厅，医院的门诊大厅，建筑内的多功能厅，食堂的职工或师生餐厅等面积较大、同一时间聚集人数较多的场所，以及服装加工、电子组装、制鞋车间等同一时间工作人员多的生产车间，但不包括办公、旅馆等建筑的小型会议室、小型多功能厅等场所，一般以同一时间聚集人数大于 50 人为标准来考虑是否为人员密集的场所。

这些场所应注意区别于"人员密集场所"。人员密集的场所可能是人员密集场所中一个同一时间使用人数多的房间或区域，也可能是非人员密集场所中的一个同一时间使用人数多的房间或区域。

问题 3-165 酒店、商场、航站楼等均属于人员密集场所，在这些建筑内如何布置燃油或燃气锅炉、油浸变压器、充有可燃油的高压电容器和多油开关、柴油发电机房等设备用房？

答：根据《建规》第 5.4.12 条、第 5.4.13 条的规定，燃油或燃气锅炉、油浸变压器、充有可燃油的高压电容器和多油开关不应与人员密集的场所贴邻建造，而不是不能与酒店、商场等人员密集场所贴邻建造，也不是不允许设置在属于人员密集场所的建筑内；燃油或燃气锅炉、油浸变压器、充有可燃油的高压电容器和多油开关、柴油发电机房设置在酒店、商场、航站楼等建筑内时，不应布置在人员密集的场所（如迎客厅、候机厅、营业厅、会议室、餐厅等）的上一层、下一层或贴邻。关于这条规定的正确理解应为：

（1）当燃油或燃气锅炉、油浸变压器、充有可燃油的高压电容器和多油开关等设备房独立建造时，不应与人员密集的场所贴邻。当一座建筑属于人员密集场所时，不应贴邻该建筑中人员聚集的房间或区域（如营业厅等），而不是不允许贴邻该建筑的其他非人员聚集的部位。

（2）当这些设备房设置在其他建筑内时，应理解为不应布置在人员密集的场所的上一层、下一层或贴邻。这些场所是建筑内同一时间人员聚集度高的场所，如会议室、多功能厅、营业厅、展览厅、观众厅、教室或培训室等。

（3）当上述设备房的布置难以避开人员密集的场所时，应根据该规定的设防目标采取相应的防火防爆措施，特别是结构抗爆或防爆减压措施，以使这类设备房在一旦发生燃烧或爆炸时，仍不会对这些场所的安全产生危害性作用。

问题 3-166 常（负）压燃气锅炉设置在地下二层时，是否需要靠外墙设置？

答：常（负）压燃气锅炉尽管运行压力低，允许设置在地下二层，但仍存在燃气泄漏所产生的危险，应设置在靠外墙的部位。

问题 3-167 常（负）压燃气锅炉设置在屋顶时，应满足什么要求？

答：常（负）压燃气锅炉设置在屋顶时，至少应符合下列防火要求：

（1）一般需要设置在专用锅炉房内，也可以露天设置。

（2）常（负）压燃气锅炉房或露天设置的锅炉，水平距离建筑内通向屋面的安全出口不应小于 6m。

（3）锅炉房正下方的下一层不应设置会议室、多功能厅等人员密集的场所，在屋顶上也不应与人员密集的场所贴邻。

（4）锅炉房的楼板及其下部承重结构的耐火极限不应低于1.50h，锅炉房直接开向室外屋顶的门宜为乙级防火门，允许采用非防火门。

（5）应根据所在建筑消防设施的设置情况设置相应的消防设施，如灭火器、火灾自动报警系统、自动灭火系统等。

问题 3-168 设置在地下建筑中的燃气锅炉房，如何设置爆炸泄压设施？

答：设置在建筑内的燃气锅炉房具有一定的燃气爆炸危险性，应设置相应的泄压设施，泄压面积可参照《建规》第3.6.4条的规定计算。当建筑难以按照计算的泄压面积设置泄压设施时，应采取提高结构抗爆强度、在承重结构表面设置减压板等措施保护承重结构，使之在受到爆炸压力作用后仍具有相应的承载能力。地下建筑中的燃气锅炉房所设置的泄压设施，当不能直接对外泄压时，应设置泄压竖井等。

问题 3-169 独立建造或附设在建筑内的干式变压器室，如何确定建筑防火要求？

答：干式或其他不可燃性液体的变压器，火灾危险性小，不存在爆炸危险性，其火灾危险性类别可以划分为丁类，并可以参照有关丁类厂房和一般设备用房的要求确定防火技术要求。

问题 3-170 柴油发电机房是否属于存在燃烧或爆炸危险性蒸气的场所？

答：柴油发电机房所使用的柴油包含闪点低于60℃和不低于60℃两种。当在地上独立设置时，不限制柴油的闪点；当设置在地下或其他建筑内时，不允许采用闪点低于60℃的轻柴油（属于乙类液体，具有较高的火灾和爆炸危险性）。设置柴油发电机组的房间存在可燃蒸气散发的情形，但数量少；存放燃油的房间平时散发的可燃蒸气数量较多。因此，对于前者，房间内的电气设备可以不要求其具备防爆性能；对于后者，则应采用具有防爆性能的电气设备。当在独立建造的柴油发电机房内使用闪点低于60℃的轻柴油时，柴油发电机组房和燃油储存间均应采用防爆电气开关、灯具和通风设备。

问题 3-171　设置在其他建筑内的柴油发电机房，其疏散门是否应直通室外或安全出口？

答：设置在其他建筑内的柴油发电机房，虽然《建规》等国家相关标准没有明确规定其疏散门是否要直通室外或安全出口，但柴油发电机房属于应急使用的设备，其储油间仍具有较大的火灾危险性，因此疏散门应比照建筑内燃油或燃气锅炉房的疏散门设置要求，尽量直通室外或安全出口。

问题 3-172　如何理解设置在民用建筑内的柴油发电机房储油间的总储存量？

答：根据《建规》第 5.4.12 条和第 5.4.13 条的规定，在民用建筑中的燃油锅炉房和柴油发电机房内设置储油间时，总储油量不应大于 $1m^3$。该总储存量是指单个储油间内的总储油量。

考虑到不同储油间之间、储油间与相邻其他区域之间，均要求采用耐火极限不低于 3.00h 的防火隔墙和甲级防火门分隔，每间储油间均具有较高的防止火势蔓延的性能，《建规》未规定建筑内允许设置的储油间数量，实际工程可以根据建筑内设备的布置和使用要求确定储油间的数量，但要尽量分开布置；当建筑内所需燃油量较大时，应采用储罐在建筑外单独集中设置进行保障，参见图 3-35。

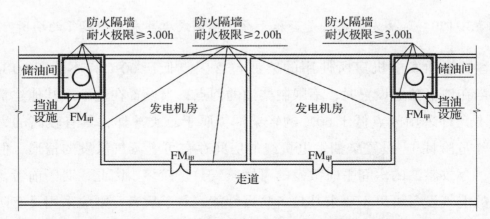

图 3-35　发电机房与储油间的防火分隔及储油间的总储油量的关系示意图

3.6 安全疏散和避难

问题 3-173 住宅建筑疏散楼梯间的前室和合用前室设置需符合什么要求?

答:(1)住宅建筑中的户门尽量不要直接开向疏散楼梯间的前室、剪刀楼梯间的共用前室、疏散楼梯间与消防电梯合用的前室、剪刀楼梯间共用前室与消防电梯合用的前室。

(2)当户门需要直接开向楼梯间的前室时,一个住宅单元内同层开向前室的门不应大于 3 樘,且开向前室的门应采用甲级或乙级防火门,特别要注意提高门在平时关闭状态下的烟密闭性能。

(3)住宅建筑中疏散楼梯间的前室要尽量各自独立设置,不与消防电梯合用前室。疏散楼梯间独立设置的前室,其使用面积不应小于 $4.5m^2$;当疏散楼梯间的前室与消防电梯的前室合用时,要适当增大合用前室的使用面积且不应小于 $6.0m^2$,合用前室的短边(主要为正对消防电梯部位的尺寸)不应小于 $2.4m$。

(4)采用剪刀楼梯间的住宅建筑,其前室要尽量各自独立设置。当剪刀楼梯间中的两部疏散楼梯共用前室时,要适当增大共用前室的使用面积且不应小于 $6.0m^2$。

(5)当剪刀楼梯间的共用前室与消防电梯的前室合用时,要适当增大此三合一前室的使用面积且不应小于 $12.0m^2$,前室的短边(主要为正对消防电梯部位的尺寸)不应小于 $2.4m$。

(6)除剪刀楼梯间的共用前室和两个采用室外敞开式连廊连通的前室外,楼层上的人员不允许穿过一座疏散楼梯间的前室进入另一座疏散楼梯间的前室。

问题 3-174 民用建筑中如部分区域采用防火墙与其他区域完全分隔,且安全疏散设施完全独立时,这部分的安全疏散设施可否根据该部分的建筑高度和层数的相应标准确定?

答:民用建筑中如部分区域采用防火墙和不燃性楼板(楼板的耐火极限

应与建筑的耐火等级一致，且不应低于1.00h）与其他区域完全分隔、安全疏散设施完全独立设置时，该部分区域的安全疏散设施，包括疏散楼梯间的形式、各层区域内的疏散距离、安全出口的疏散总净宽度等，均可以根据该部分区域的建筑高度或层数、使用功能或用途，按照《建规》等标准的相应要求确定即该部分相当于与建筑的其他部分是水平贴邻组合建造的情形，参见图3-36和图3-37。

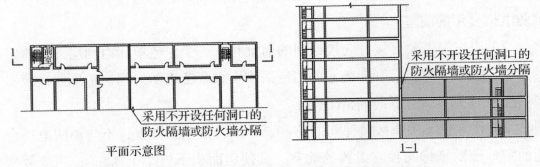

图3-36　建筑中采用防火墙与其他区域完全分隔示意图（一）

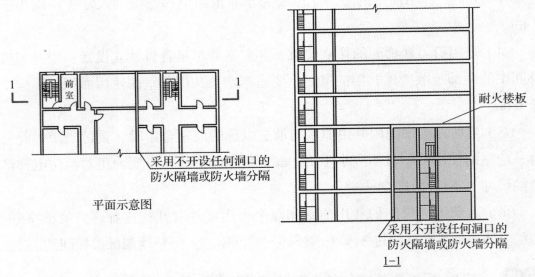

图3-37　建筑中采用防火墙和耐火楼板与其他区域完全分隔示意图（二）

问题3-175　建筑中骑楼下部的人行空间可否视为室外安全区域？

答：骑楼是建筑在首层沿街道一侧的外墙后退一定距离形成的，可用于遮风挡雨并方便人员通行的公共廊道。骑楼的进深一般为 2 ~ 4m，净高为建筑首层的层高或略高，具有良好的自然通风和排烟条件。因此，骑楼下部的空间可以作为建筑的室外安全区域，即建筑首层直接开向骑楼下部空间的门可以作为安全出口。

问题 3-176　当建筑在首层的疏散门通过走道直通室外时，该走道可否视为室外疏散安全区域？

答：建筑在首层的疏散门应直通室外。当疏散门在首层需要通过一段距离的走道通向室外时，该走道不应视为建筑的室外疏散安全区域；但当该走道的长度小于走道的净高时，可以按照类似疏散安全区考虑。

问题 3-177　架空层可否视为室外疏散安全区域？

答：建筑的架空层不属于室外疏散安全区域，但具有一定的对流和自然通风排烟条件。对于进深较小（一般不大于架空层层高的 2 倍）的架空层，可以比较好地防止烟气在其中积聚。对于无可燃物且不作为其他用途的架空层，当层高满足人员正常通行要求时，可以用于人员的疏散安全区，其安全性可以比照建筑首层扩大的封闭楼梯间或扩大的前室考虑，即建筑在首层的疏散门可以通向该架空层且到达室外露天场地的距离可以按照不大于 30m 控制。

问题 3-178　自行车库的建筑防火要求是按照公共建筑还是汽车库？

答：汽车库是用于停放由内燃机驱动且无轨道的客车、货车、工程车等汽车的建筑物。自行车库的建筑防火设计应按照《建规》有关公共建筑的要求确定，疏散距离应符合《建规》表 5.5.17 中"其他建筑"的规定。

问题 3-179　当建筑的较高部分通过较低部分的上人屋面或平台疏散时，可否通过上人屋面的疏散楼梯到达地面？

答：根据《建规》的规定，安全出口是供人员安全疏散用的楼梯间和室外楼梯的出入口或建筑内某一区域直通室内外安全区域的出口。这里的"室外安全区域"包括符合疏散要求，并具有直接通往地面的设施的上人屋面、平台。

因此，当建筑的较高部分通过较低部分的上人屋面或平台疏散时，可以通过上人屋面直通地面的疏散楼梯到达地面，但该疏散楼梯应符合《建规》有关室外疏散楼梯的要求，疏散楼梯的总净宽度应与上人屋面上可供人员停留的时间和面积相匹配。

用作人员疏散的上人屋面也可以通过天桥、连廊等经过其他建筑到达地面，或者利用天桥、坡道、室外台阶等设施直达地面。

问题 3-180 是否所有建筑的一个区域中相邻两个疏散出口与室内最远点连线之间的夹角均不应小于 45°？

答：建筑中的疏散出口，包括一个防火分区或一个楼层的安全出口和一个防火分区内各个房间或区域的疏散门。在建筑设计时，要通过合理的平面布置和路径规划，使建筑内的人员在建筑着火后能有多个不同方向的疏散路线可供选择。这就要求在平面布置上尽量将疏散出口比较均匀地分散布置在不同方位，保证一个区域内相邻两个疏散出口与其最远点连线之间的夹角大于或等于45°，是一种比较好的确定方法。

尽管现行国家相关标准并未严格规定建筑中每个区域相邻两个疏散出口的最小夹角度数，而主要通过限制疏散距离来调整和控制，使疏散出口尽量分散布置。但是对于建筑中需要设置多个疏散出口的区域，还是要尽量使相邻两个疏散出口与其最远点连线之间的夹角大于或等于45°。我国香港地区《建筑消防安全守则》（2011 年版《Code of Practice for Fire Safety in Buildings》）对相邻两个疏散门与室内最远点连线之间的最小夹角要求是不小于 30°，此要求也可供参考。

问题 3-181 如要求一个房间的最近两个疏散门与室内最远点的夹角不小于45°，如何确定该最远点？

答：要求一个房间的最近两个疏散出口与室内最远点连线之间的夹角不应小于45°，能更好地保证一个房间具有多个疏散方向，较《建规》规定的一个房间相邻两个疏散出口最近边缘之间的水平距离不应小于 5m 更科学。此室内最远一点可以分别以这两个疏散出口门的中点为圆心，最大允许疏散距离为半径画圆弧的交点对应于室内墙体的点来确定，如图 3-38、图 3-39 所示。在

图 3-38 中，A 点为距离最近两个疏散出口最远的点；在图 3-39 中，B 点为距离最近两个疏散出口最远的点。

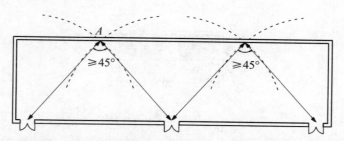

图 3-38 房间内最远点到最近两个疏散门连线之间的夹角示意图（一）

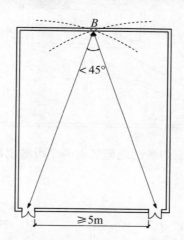

图 3-39 房间内最远点到最近两个疏散门的夹角示意图（二）

问题 3-182 如何确定图 3-40 中开敞大空间区域内最远点与最近两个疏散出口连线之间的夹角？

答：对于图 3-40 中的开敞大空间区域，其最远一点为 A 点，该区域内 A 点与安全出口 A 和 B 之间的夹角应按照连线 AB 与连线 AD 之间的夹角确定。

问题 3-183 如何计算图 3-41 所示房间中相邻两个疏散门最近边缘的水平距离？

答：根据房间内任一点至房间相邻两个疏散门连线之间的夹角确定法则，房间中相邻两个疏散门最近边缘的水平距离应为图 3-41 中 C 段所示距离，不应为图 3-41 中的 A 或 B 段的距离。

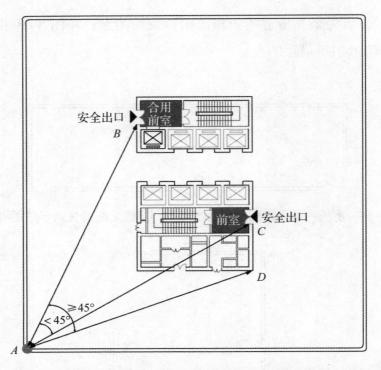

图 3-40　开敞大空间区域内最远点与最近两个疏散出口之间的夹角计算示意图

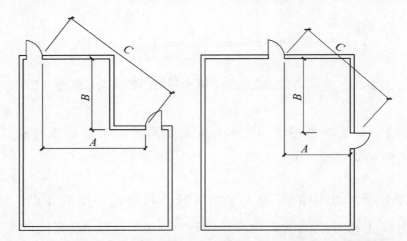

图 3-41　房间中相邻两个疏散门最近边缘的水平距离计算示意图

问题 3-184　房间中相邻两个疏散门最近边缘的水平距离不足 5m 时，可否采用在中间设置隔墙的方式来满足要求？

答：安全出口和疏散门的布置要满足人员具有多个不同方向疏散的要求。根据房间内任一点至房间相邻两个疏散门的夹角计算法则，当房间的相邻两个疏散门最近边缘的水平距离不足 5m 时，在两个疏散门之间增加隔墙后，没有改变房间内最远一点至最近两个疏散门的连线所形成的夹角大小。因此，采用在两个疏散门之间增加隔墙的方法，虽然人员的实际行走距离（图 3-42 中的 $a+b$ 的长度）大于 5m，但不能解决该房间只有一个疏散方向的本质问题，这种做法仍不能满足这两个疏散门作为两个独立疏散门使用的要求，参见图 3-42。

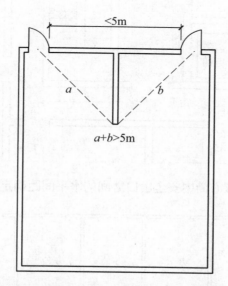

图 3-42　房间疏散门不满足两个独立疏散门设置要求示意图

问题 3-185　如何计算图 3-43 所示核心筒中两个安全出口的最近边缘水平距离？疏散楼梯间之间两个入口门的水平距离是否需要不小于 5m？

答：图 3-43 所示核心筒中两个安全出口最近边缘的水平距离，应为图中 b 所示距离。疏散楼梯间之间两个入口门的水平距离应为图中 e 所示距离。由于该剪刀楼梯间位于同一前室内，因此不严格要求其两个入口门的距离 e 大于或等于 5m。

问题 3-186　疏散走道可否穿越房间疏散至安全出口？

答：疏散走道是连接房间疏散门与安全出口的人员疏散通道，具有一定的防火、防烟性能。因此，疏散走道是较与之相连通的房间更安全的区域，一般不应再穿越其他房间至安全出口，如图 3-44 所示情形，是一种袋形走道的特

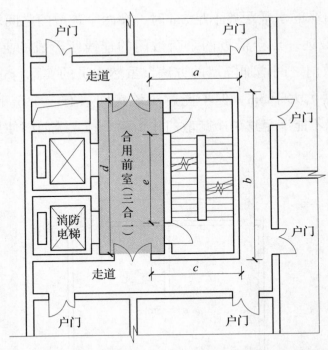

图 3-43　核心筒中安全出口之间的水平间距确定方法示意图

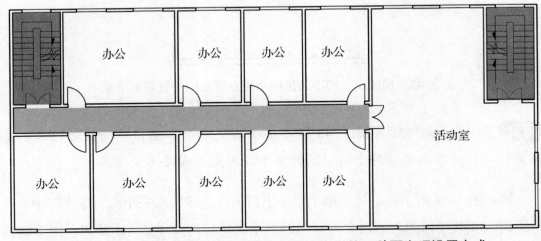

图 3-44　疏散走道连接房间疏散门与安全出口的一种不合理设置方式

例，即活动室为一开敞大空间，独立设置了一个安全出口，并设置了一个与疏散走道连接的疏散门；其他办公室均利用左侧的疏散楼梯疏散。因此，当该走道的长度符合袋形走道的设置要求时，可以不认为该疏散走道是穿过右侧的活动室疏散。显然，这种疏散走道和疏散门及安全出口的设置方式是一种较不安全且不经济的平面布置方式，应尽量避免。

问题 3-187 对于《建规》第 5.5.5 条规定的"建筑面积不大于 500m² 、使用人数不超过 30 人且埋深不大于 10m 的地下或半地下建筑（室）"中的"建筑面积"是指楼层的建筑面积，还是防火分区的建筑面积？

答：根据《建规》第 5.3.1 条的规定，当未设置自动灭火系统时，民用建筑的地下室每个防火分区的最大允许建筑面积不应大于 500m²，设备用房的每个防火分区的最大允许建筑面积不应大于 1 000m²。因此，《建规》第 5.5.5 条规定的"建筑面积不大于 500m²、使用人数不超过 30 人且埋深不大于 10m 的地下或半地下建筑（室）"中的"建筑面积"是指地下或半地下建筑（室）每层的建筑面积。

问题 3-188 设置在地下或半地下建筑中的消防控制室是按照建筑面积不大于 200m² 的地下或半地下设备间设置 1 个疏散门，还是按照建筑面积不大于 50m² 且经常停留人数不超过 15 人的其他地下或半地下房间设置 1 个疏散门？

答：消防控制室为 24h 有人值守的重要设备房间，安全性较高且停留人数较少，可以按照建筑面积不大于 200m² 的地下或半地下设备间设置 1 个疏散门。

问题 3-189 按照标准要求允许设置 1 部疏散楼梯的公共建筑，其首层的建筑面积是否可以不限？

答：根据《建规》第 5.5.8 条的规定，一座一、二级耐火等级的 2 层或 3 层的公共建筑，当二、三层的建筑面积分别不大于 200m²，第二、三层的使用人数之和小于或等于 50 人时，二、三层可以设置 1 部疏散楼梯；当首层的建筑面积不大于 200m² 时，首层可以设置 1 个安全出口。但是每层中房间疏散门的设置应符合《建规》第 5.5.15 条的规定。因此，允许设置 1 部疏散楼梯的公共建筑，其首层的建筑面积可以不限制，但首层的安全出口设置应符合相应的要求。这一要求与《建规》第 5.5.11 条有关建筑顶层局部升高 1 层或 2 层允许设置 1 部疏散楼梯的要求是一致的。对于按照标准要求允许设置 1 部疏散楼梯的三级或四级耐火等级公共建筑，原理同此。

问题 3-190 三、四级耐火等级公共建筑中安全出口全部直通室外确有困难的防火分区，可否利用通向相邻防火分区的甲级防火门作为安全出口？

答：根据《建规》第 5.5.9 条的规定，一、二级耐火等级公共建筑中安全出口全部直通室外确有困难的防火分区，可利用通向相邻防火分区的甲级防火门作为安全出口。对于三、四级耐火等级的建筑，每个防火分区的最大允许建筑面积小，建筑的耐火性能低，建筑发生火灾后可供人员疏散的时间短，因此不允许其中的防火分区借用相邻防火分区疏散，每个防火分区均应设置符合要求的安全出口。

问题 3-191 地下或半地下公共建筑中安全出口全部直通室外确有困难的防火分区，可否利用通向相邻防火分区的甲级防火门作为安全出口？

答：《建规》第 5.5.9 条的规定既适用于地上建筑，也适用于地下或半地下建筑以及建筑的地下或半地下室。因此，地下或半地下公共建筑中安全出口全部直通室外确有困难的防火分区，可以利用通向相邻防火分区的甲级防火门作为安全出口。对于平时使用的人民防空工程，需要借用相邻防火分区疏散时的要求应符合现行国家标准《人民防空工程设计防火规范》GB 50098—2009 的规定。

问题 3-192 一、二级耐火等级的公共建筑中两个相邻的防火分区，可否互相借用安全出口或多个相邻的防火分区连环借用安全出口？

答：根据《建规》第 5.5.9 条的规定，当一、二级耐火等级公共建筑中两个相邻防火分区中任一防火分区需要借用另一个防火分区疏散时，不仅该层直通室外的安全出口的总净宽度仍然不应小于按照标准要求计算所需疏散的总净宽度，而且每个防火分区的安全出口数量及疏散距离均要符合相应的要求，即当一个防火分区借用另一个防火分区疏散时，另一个防火分区的安全出口总净宽度应补足其他防火分区所借用的疏散净宽度。

因此，对于划分 2 个防火分区的楼层，只允许其中一个防火分区借用安全出口，不存在这 2 个防火分区相互借用的情形；否则将会导致安全出口宽度设置不合理的现象，从而降低人员疏散的安全性。对于划分 3 个及 3 个以上防火分区的楼层，理论上存在相邻防火分区连续借用或相互借用的情形，但要保证整层的总疏散宽度不减少，每个建筑面积大于 1 000m² 的防火分区应至少具备 2 个直通室外的安全出口，实际上这种情形基本上不存在，更不可能出现连环借用的情形。即使存在疏散宽度和疏散距离均能满足标准规定的情形，也应该禁止。因为这将导致安全出口布置很不合理，出现某几个出口宽度偏大而担负大部分人员疏散功能的情形。

问题 3-193 建筑中的不同防火分区是否可以共用疏散楼梯间？

答：共用疏散楼梯间是建筑中的人员可以在同层经过同一部疏散楼梯间出入不同防火分区或几个防火分区共用同一部疏散楼梯。共用疏散楼梯间的安全性较只服务一个防火分区的疏散楼梯间要低，会降低防火分区之间防火分隔的可靠性。国家现行相关标准虽然没有明确建筑的疏散是否可以共用疏散楼梯间，没有规定共用疏散楼梯间的要求，对共用疏散楼梯间也未严格禁止，但是不鼓励、不主张采用这种疏散方式，在实际设计中要慎重使用。共用疏散楼梯间一般要符合以下基本要求，重点考虑提高其防火分隔作用能与设置防火墙的作用等效，参见图 3-45：

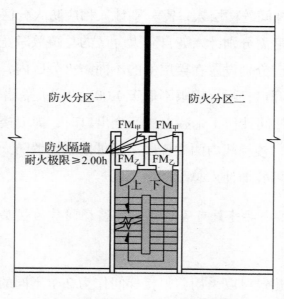

图 3-45 相邻两个防火分区共用疏散楼梯间示意图

（1）应采用防烟楼梯间。

（2）不同防火分区的防烟楼梯间前室不应共用，前室之间应采用耐火极限不低于 2.00h 的防火隔墙分隔，前室的入口门均应采用甲级防火门。

（3）共用疏散楼梯的净宽度（包括楼梯间直通室外的门的净宽度），不应小于相邻两个防火分区进入该楼梯间的设计疏散净宽度之和。

（4）三、四级耐火等级建筑物和甲、乙类厂房或仓库，不应共用疏散楼梯间（参见问题 3-190 释疑）。

（5）共用同一座疏散楼梯间的防火分区数量不应大于 2 个。

（6）通向共用疏散楼梯间的疏散净宽度与其他借用通向相邻防火分区的安全出口净宽度之和，不应大于各自防火分区设计总疏散净宽度的 30%。

问题 3-194　建筑采用剪刀楼梯间作为疏散楼梯应符合什么要求？

答：国家现行相关标准未限制使用剪刀楼梯间用于人员的疏散。当楼层上需要采用剪刀楼梯间作为 2 个不同的独立安全出口时，应符合下列要求：

（1）对于高层公共建筑，其设置条件和要求应符合《建规》第 5.5.10 条的规定；对于高层住宅建筑，其设置条件和要求应符合《建规》第 5.5.28 条的规定。

（2）对于多层民用建筑，其设置条件和要求应视具体情况确定。

（3）当剪刀楼梯间的楼层入口需分别计入相应防火分区的安全出口，楼梯梯段或入口的净宽度需分别计入各自防火分区的总疏散净宽度时，该剪刀楼梯间的 2 个楼层入口应分别设置在楼层上的不同防火分区内，楼梯间内不同梯段之间应采用无任何开口且耐火极限不低于 1.00h 的防火隔墙分隔。

（4）当剪刀楼梯间计作 1 个独立的安全出口时，剪刀楼梯间的形式可根据工程实际情况确定，楼梯间内两个梯段之间可以不设置防火隔墙分隔，楼梯梯段或入口的净宽度可叠加计入总疏散净宽度。

问题 3-195　多层公共建筑可否利用剪刀楼梯间作为楼层上的 2 个不同的独立安全出口？

答：多层公共建筑可以采用剪刀楼梯间作为 2 个不同的独立安全出口，但建筑中每层的房间疏散门至疏散楼梯间入口的距离，应比照《建规》第 5.5.10

条对高层公共建筑允许设置剪刀楼梯间作为 2 个不同安全出口的要求确定，一般不应小于 10m。剪刀楼梯间的设置要求应根据建筑高度及其火灾危险性确定，且至少应采用封闭楼梯间，不应采用敞开楼梯间，楼梯间内不同梯段之间应采用无任何开口且耐火极限不低于 1.00h 的防火隔墙分隔。

问题 3-196 如何确定公共建筑中开敞大空间场所内任意一点至疏散楼梯间的疏散距离？

答：公共建筑中开敞大空间场所内任一点至疏散楼梯间的疏散距离应按照下述方法确定，参见图 3-46：

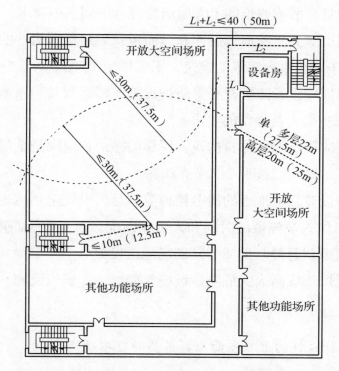

图 3-46 公共建筑中开敞大空间场所内任一点至疏散楼梯间的疏散距离示意图

（1）当该开敞大空间场所的疏散门为安全出口（如疏散楼梯间）或通向连接安全出口且长度不大于 10m 的专用疏散走道时，其疏散距离应按照室内最远一点至最近疏散出口的直线距离确定，且不应大于 30m。测量时可以不考虑其中不遮挡人员视线的座椅、柜台等障碍物的影响，参见图 2-21。

（2）当该开敞大空间场所的疏散门不符合（1）的要求时，其疏散距离应按照室内最远一点至最近疏散出口的直线距离，加上疏散门经疏散走道至最近疏散楼梯间入口或其他安全出口的直线距离之和确定。其中，室内的疏散距离不应大于《建规》表 5.5.17 规定的袋形走道两侧或尽端的疏散门至最近安全出口的直线距离；疏散门至最近安全出口的直线距离不应大于《建规》表 5.5.17 规定的位于两个安全出口之间的疏散门至最近安全出口的直线距离。

（3）当建筑内全部设置自动喷水灭火系统时，上述（1）和（2）的疏散距离可以分别增加 25%。

问题 3-197 用于人员疏散或避难的上人屋面应符合哪些基本要求？

答：用于人员疏散或避难的上人屋面应符合下列基本要求：

（1）上人屋面应为平屋面，屋面和屋面板及屋顶承重构件的耐火极限不应低于 1.00h；对于一级耐火等级的建筑，不应低于 1.50h。

（2）屋顶四周应设置防护栏杆等防护设施，屋面板及屋顶承重构件的承载能力应满足全部疏散人员停留的要求。

（3）屋面板应用不燃性材料构筑，屋面的净面积应满足全部疏散或避难人员的停留需要，一般可以按照 2 人 /m² 核算。

（4）屋顶应设置直通地面的疏散楼梯等满足人员安全到达地面的设施，其宽度应与屋顶可供人员停留的时间和人数相匹配。对于建筑高度大于 100m 的建筑，应具备直升机悬停救助或着陆的场地或设施。

（5）屋顶无爆炸或高火灾危险性设施，如燃油、燃气设施、制氧设备或储油装置等。

问题 3-198 什么样的上人屋面应具备临时避难功能？

答：上人屋面符合下列条件之一时，应具备临时避难功能：

（1）除建筑内的疏散楼梯外，必须在屋顶停留的人员没有其他疏散途径到达地面。

（2）屋顶具有通至地面的疏散设施，但不满足在屋面上停留的全部人员快速疏散至地面的要求。

（3）超高层建筑中用作避难区的屋面。

问题 3-199 对于顶层有局部升高楼层的建筑,其高出部分直通建筑主体上人平屋面的安全出口与该上人平屋面通向地面或建筑首层的疏散楼梯口的水平距离是否要求不小于 5m?

答:在顶层有局部升高楼层的建筑主体上,符合要求的上人屋面可以作为室外疏散安全区,建筑中局部升高楼层开向该上人屋面的疏散出口可以作为安全出口。上人平屋面上通向地面或建筑首层的疏散楼梯也是安全疏散路径。因此,建筑主体上人屋面上通向地面或建筑首层的疏散楼梯入口,实际上是局部升高楼层开向该上人屋面的安全出口的延续,或者是经过一段敞开的疏散通道连接的安全出口,局部升高楼层通向屋面的安全出口与屋面通向地面或建筑首层的疏散楼梯口的距离可以不做要求。

问题 3-200 对于顶层局部升高 1 层的建筑,当需要设置直通建筑主体上人平屋面的安全出口时,对高出部分的楼层面积有何要求?

答:对于顶层局部升高 1 层的建筑,当其局部升高部分本身具有至少 1 部直通首层或室外地面的疏散楼梯时,可以利用开向直通建筑主体上人屋面的疏散门作为安全出口。此时,该升高部分的楼层面积可以不受 200m² 的限制,但楼层的建筑面积应根据该层可以设置的安全出口数量以及疏散距离和疏散宽度的设置要求确定。

问题 3-201 一座二级耐火等级的 3 层商店建筑,当每层的建筑面积小于 1 000m² 且设置自动喷水灭火系统和火灾自动报警系统时,是否可以 3 层作为一个防火分区而不采用封闭楼梯间?

答:根据《建规》第 5.5.13 条的规定,对于多层商店建筑,除直接与外廊连接的疏散楼梯间可以不封闭外,其他疏散楼梯间均应采用封闭楼梯间。疏散楼梯间的形式与建筑的层数、建筑高度和使用功能或用途直接相关,与建筑每层的建筑面积或总建筑面积关系不大。因此,尽管该商店建筑 3 层的总建筑面积小于 3 000m²,可以 3 层划分为同一个防火分区,但每层的疏散楼梯间仍应为封闭楼梯间,不应采用开敞楼梯间。

问题 3-202 具有开敞式外廊的高层公共建筑，是否要求采用封闭楼梯间或防烟楼梯间？

答：开敞式外廊具有良好的自然通风排烟条件，能较有效地防止烟气在外廊积聚，开敞式外廊部位可以用作防烟楼梯间的前室。因此，对于高层公共建筑中需要设置防烟楼梯间的部位，当位于开敞式外廊时，可以采用封闭楼梯间；对于高层公共建筑中需要设置封闭楼梯间的部位，当位于开敞式外廊时，可以采用敞开楼梯间，但要相应减小对应部位的疏散距离。

问题 3-203 多层公共建筑中与开敞式外廊相连通的楼梯间可否不采用封闭楼梯间？

答：任何要求采用封闭楼梯间的多层公共建筑，其中与开敞式外廊直接连通的楼梯间均可以采用敞开楼梯间，但要根据设置敞开疏散楼梯间的要求减小相应部位的疏散距离。

问题 3-204 多层幼儿园建筑是否需要采用封闭楼梯间？

答：婴幼儿的应急反应和行为能力均较成人弱，火灾时需要他人帮助疏散。不仅疏散时间可能较正常成人的疏散时间长，而且开启防火门的力一般需90 ~ 130N，从开启门扇到完全打开位置的力约需 60 ~ 70N，因而在疏散路径上设置防火门不利于婴幼儿的疏散。为此，国家相关标准不要求多层幼儿园建筑的疏散楼梯采用封闭楼梯间，但其设置楼层位置或层数等应符合《建规》和现行行业标准《幼儿园、托儿所建筑设计规范》JGJ 39—2016（2019 年版）的规定。当幼儿园建筑的疏散楼梯采用封闭楼梯间时，要采取方便幼儿在疏散时容易开启楼梯间门的保障措施。

问题 3-205 6 层以下或位于六层以下楼层的餐饮建筑是否需要设置封闭楼梯间？

答：（1）当 6 层以下的餐饮建筑单独建造且为多层建筑时，其疏散楼梯一般可以按照《建规》第 5.5.13 条有关"其他建筑"的规定采用敞开楼梯间；

当6层以下的餐饮建筑单独建造且为高层建筑时，应根据其建筑高度按照《建规》第5.5.12条的规定采用封闭楼梯间或防烟楼梯间。

（2）在商店建筑、会议中心或展览建筑和旅馆建筑中六层及以下楼层设置的餐饮场所，其疏散楼梯间的形式应符合相应建筑高度商店建筑的疏散楼梯设置要求。即当为高层建筑时，应为封闭楼梯间或防烟楼梯间；当为多层建筑时，应为封闭楼梯间。

（3）除上述（2）的建筑外，在其他建筑中六层及以下楼层设置的餐饮场所应根据所设置建筑的使用功能和建筑高度或层数，按照《建规》第5.5.12条和第5.5.13条及相关标准的要求确定其疏散楼梯间的形式。

（4）上述疏散楼梯间与开敞式外廊直接连通时，均可以按照问题3-202和问题3-203释疑所述方法确定。

问题 3-206 多层的剧场、电影院、礼堂、体育馆等建筑是否需要采用封闭楼梯间？

答：剧场、电影院、礼堂、体育馆属于人员密集场所，在火灾时需要同时疏散的人数多，进入楼梯间的人流量大，且使用者大都不熟悉内部环境，但大多独立建造，其人员聚集的观众厅多设置在首层或二、三层，观众厅的疏散出口可以直通室外或室内相对安全的区域。因此，这些建筑一般为多层建筑，其疏散楼梯可以采用敞开楼梯间；当为高层建筑时，应采用封闭楼梯间或防烟楼梯间。

当剧场等场所与其他功能组合建造时，其疏散楼梯间的形式应按照该建筑中要求最高者确定，或按照该建筑的主要功能确定。例如，电影院设置在多层商店建筑内，其疏散楼梯间应按照多层商店建筑的要求采用封闭楼梯间。

问题 3-207 当建筑中的外廊为部分开敞、部分封闭时，分别位于开敞区域和封闭区域的楼梯间应如何确定其形式？

答：建筑中位于开敞式外廊区域的疏散楼梯间的形式可以按照问题3-202和问题3-203释疑的方式确定；位于封闭外廊区域的疏散楼梯间的形式应按照国家相关标准对该建筑所要求的疏散楼梯间形式确定，参见图3-47。

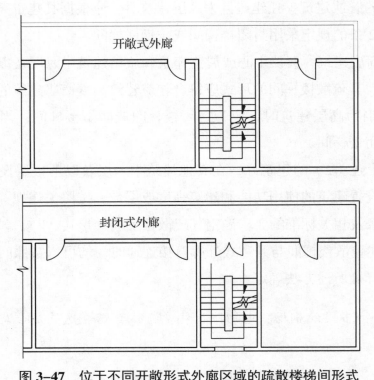

图 3-47 位于不同开敞形式外廊区域的疏散楼梯间形式

问题 3-208 在计算楼层的疏散人数时，是否需要考虑开敞式外廊的面积？

答：开敞式外廊为建筑外墙外的区域，其建筑面积一般不计入相应防火分区的建筑面积。但对于如商店或商业综合体等经营性的人员密集场所，在计算楼层中相应区域的疏散人数时，应考虑对应部位开敞式外廊上的人数。该外廊区域的疏散人数可以根据对应防火分区内的人员密度值确定一个合理的数值后，乘以该外廊的建筑面积计算得到，也可以直接采用该楼层相应功能的人员密度值计算。

问题 3-209 在公共建筑内设置的客、货电梯候梯厅，是否需采取防火分隔措施与其他区域分隔？

答：为防止火灾及其烟气通过电梯井道蔓延至其他楼层，公共建筑内的客、货电梯要尽可能设置电梯候梯厅，避免直接设置受火势和烟气蔓延影响大的区域。在不影响客梯和货梯正常使用的情况下，要尽可能采用防火隔墙和乙级或甲级防火门将候梯厅与其他区域分隔，对于较大的开口部位也可以采用防火卷帘分隔，但卷帘旁应设置应急逃生门。对于高层建筑，特别是建筑高度大于100m的建筑，应考虑在出入候梯厅处或其附近采取必要的防火分隔措施。

问题 3-210 公共建筑中位于两个安全出口之间或袋形走道两侧的房间，当房间内任一点至疏散门的直线距离不大于15m、建筑面积不大于200m² 且疏散门的净宽度不小于1.40m时，可否设置1个疏散门？

答：公共建筑中位于两个安全出口之间或袋形走道两侧的房间，尽管相对走道尽端的房间具备更有利的疏散条件，但也具备设置多个疏散门的条件。因此，当此类房间内任一点至疏散门的直线距离不大于15m、建筑面积不大于200m² 且疏散门的净宽度不小于1.40m时，应至少设置2个疏散门，不允许设置1个疏散门。

问题 3-211 位于首层且疏散门直接向外开启的商铺，当商铺内任一点至疏散门的直线距离不大于15m、建筑面积不大于200m² 且疏散门的净宽度不小于1.40m时，可否设置1个疏散门？

答：位于建筑首层且疏散门直接向外开启的商铺，首层的疏散门就是安全出口。因此，此类商铺可以参照《建规》第5.4.11条有关商业服务网点设置疏散门的要求，以及《建规》第5.5.8条建筑允许设置1个安全出口的条件，设置1个直通室外的疏散门。

问题 3-212 建筑平面布置中可否采用套房和多级房间嵌套的布置方式？

答：房间的疏散门是房间直通疏散走道或安全出口的门，不同房间可以设置连通门，但疏散门必须直通疏散走道或安全出口。国家现行相关标准未限制采用套房和多级房间嵌套的布置方式，但这种方式一旦外面的房间发生火情，里面房间内的人员将不得不穿过着火区进行疏散，因而会降低里面房间内人员疏散的安全性，在实际设计中要尽量避免。当设计不可避免时，要将这几个房间视为一个房间，并根据该房间的建筑面积确定其疏散门的位置和数量，使室内任一点至最近疏散门的疏散距离均符合《建规》第5.5.17条第3款的规定。在计算疏散距离时，不应将里面房间通往外间的门作为疏散门。

问题 3-213 托儿所、幼儿园、老年人照料设施中非幼儿和老年人使用的办公室等房间,当房间位于两个安全出口之间或袋形走道两侧时,什么条件下允许设置 1 个疏散门?

答:根据《建规》第 5.5.15 条的规定,对于托儿所、幼儿园、老年人照料设施,无论建筑中的房间是用于儿童、老年人或学生活动,还是用于辅助办公或其他公共用途(不包括独立建造的办公或其他辅助用途建筑),房间均不应布置在疏散走道的尽端。位于两个安全出口之间或袋形走道两侧的房间,当建筑面积小于或等于 50m² 时,允许设置 1 个疏散门。

问题 3-214 如何计算电影院、礼堂、剧场、体育馆等场所观众厅的疏散门数量及净宽度?

答:电影院、礼堂、剧场、体育馆等场所中观众厅的疏散门数量应按照《建规》第 5.5.17 条第 4 款规定的安全疏散距离和《建规》第 5.5.16 条规定的每个疏散门的最大疏散人数分配要求确定,疏散门的总净宽度应按照《建规》第 5.5.16 条和第 5.5.20 条的规定经计算确定。

问题 3-215 如何确定电影院、礼堂、剧场、体育馆等场所观众厅每樘疏散门的净宽度?

答:电影院、礼堂、剧场、体育馆等场所中观众厅每樘疏散门的净宽度应按照《建规》第 5.5.20 条规定的每 100 人的最小疏散净宽度和观众厅内的总人数,经计算确定观众厅疏散门所需总净宽度;再根据《建规》第 5.5.16 条规定的每道门的疏散人数要求核定每道疏散门的疏散净宽度。

以一座疏散人数为 1 600 人的剧场观众厅为例,查《建规》表 5.5.20-1 可知,当观众厅为阶梯地面时,每 100 人所需最小疏散净宽度为 0.75m,故该剧场观众厅所需疏散门的总净宽度为 12.0m。根据每道疏散门的疏散人数不大于 250 人的要求,计算出所需疏散门数量为 7 道。因此,每道疏散门的净宽度不应小于 1.72m,如按照每股人流 0.55m 计,则每道疏散门的人流股数为 3.1 股,取整为 4 股,每道门的净宽度为 4×0.55=2.2(m)。根据上述计算结果可知,该剧场观众厅应设置 7 道疏散门，每道疏散门的净宽度应为 2.2m。

问题 3-216 如何理解《建规》关于剧场、电影院、礼堂中观众厅每道疏散门的平均疏散人数不应超过 250 人的要求？

答：《建规》对剧场、电影院、礼堂中观众厅每道疏散门的平均疏散人数不应超过 250 人的要求，主要为使疏散门的布置更加均匀，保证人员能在可用的疏散时间内更快地全部疏散出观众厅。这条规定是针对容纳人数不大于 2 000 人的观众厅。当观众厅内的容纳人数大于 2 000 人时，可以将超出 2 000 人的人数平均分配至各道疏散门，但要保证每道疏散门的平均疏散人数不大于 400 人。

有人认为，即使观众厅的容纳人数小于 2 000 人，如所设计的疏散门的宽度较宽，在同样时间内这些门实际可疏散的人数可能会超过 250 人，因此就可以不按照每道疏散门的疏散人数不大于 250 人控制。这种认识是不太正确的。因为疏散门在实际疏散过程中可疏散的人数与设计要控制的疏散人数不是一回事。疏散的过程是一个比较复杂的动态过程，哪道疏散门在疏散时实际疏散了多少人是随机的，很难在设计时准确预测和控制，但设计可以通过合理分配疏散人数来使疏散门的宽度设置和门的布置位置更加合理，并以此保证人员疏散的安全。因此，无论观众厅的疏散门实际设计宽度是多大，在校核每个疏散门可以疏散的人数时，均应按照不大于 250 人控制，以保证疏散门的设置位置和宽度能比较均匀地分布。《建规》的规定是基于耐火等级为一、二级的剧场、电影院、礼堂中观众厅的疏散时间不大于 2min，耐火等级为三级的剧场、电影院、礼堂中观众厅的疏散时间不大于 1.5min。有关观众厅疏散门的设计可以参考此疏散时间校核。

问题 3-217 对于层数不超过 4 层的多层公共建筑，当将疏散楼梯间在首层的出口设置在距离直通室外的门不大于 15m 处时，在首层的该区域应为疏散走道还是门厅？

答：对于层数不超过 4 层的多层公共建筑，《建规》允许将其疏散楼梯间在首层的出口设置在距离直通室外的门口不大于 15m 处。疏散楼梯间到达首层后，可以通过长度不大于 15m 的疏散走道，也可以经过同样疏散距离的门厅通至室外。实际上，这种情形相当于扩大的疏散楼梯间，只是因建筑的竖向疏散距离较短，没有严格按照扩大的封闭楼梯间要求门厅与周围区域进行防火分隔，但在首层与疏散楼梯间相通且火灾危险性较高的房间，建议采用乙级防火门和耐火极限不低于 1.00h 的防火隔墙与人员疏散需经过的走道或门厅分隔。

问题 3-218　对于层数不超过 4 层且全部设置自动灭火系统的多层公共建筑，当将疏散楼梯间在首层设置在距离直通室外的门口不大于 15m 处时，该距离可否增加 25%？

答：对于层数不超过 4 层的多层公共建筑，允许将疏散楼梯间在首层的出口设置在距离直通室外的门不大于 15m 处，该要求已经考虑了建筑的火灾危险性相对较低的情形。如果建筑的火灾危险性较高，国家相关标准要求建筑内的疏散楼梯间采用封闭楼梯间，在首层不能直通室外的疏散楼梯间需要采用扩大的封闭楼梯间。因此，对于层数不超过 4 层且全部设置自动灭火系统的多层公共建筑，当将疏散楼梯间在首层的出口设置在距离直通室外的门不大于 15m 处时，该距离不能再增加，仍不应大于 15m。该楼梯间包括敞开楼梯间、在首层未采用扩大的封闭楼梯间或扩大前室的防烟楼梯间；该距离可以按照疏散楼梯间在首层的出口（或封闭楼梯间的门、防烟楼梯间前室的门）处计算至建筑首层直通室外地面的出口处。

问题 3-219　电影院、礼堂、剧场、体育馆等场所的观众厅及其他设置阶梯的场所，其安全疏散距离计算是否要考虑阶梯坡度的影响？

答：电影院、礼堂、剧场、体育馆中的观众厅及其他设置阶梯的场所，其安全疏散距离应按照《建规》第 5.5.17 条第 4 款的规定确定。这些场所不仅开敞、人员视线良好，容易及时识别火情及其火源位置，而且靠近疏散门的人员可较先离开，人员在观众厅等场所内的实际行走时间大概率小于人员通过观众厅等场所疏散门的时间，绝大多数情况下需要在疏散门口等待疏散。因此，在计算疏散距离时，可以不考虑观众厅等场所内座椅和台阶对疏散时间的影响。

问题 3-220 歌舞娱乐放映游艺场所中采用开敞大空间的房间，如何确定其疏散距离？

答：根据《建规》第 5.5.17 条的规定，歌舞娱乐放映游艺场所中每个房间内任一点至房间直通疏散走道的疏散门的直线距离不应大于 9m，但未明确歌舞娱乐放映游艺场所中房间疏散门为安全出口时房间内任一点至安全出口的疏散距离。根据疏散门和安全出口的设置原则，参考《建规》对其他类似火灾危险性场所疏散距离的要求，歌舞娱乐放映游艺场所中采用开敞大空间的房间的疏散距离可以依据以下原则确定：

（1）当这些房间的门为疏散门时，房间内任一点至疏散门的直线距离不应大于 9m；

（2）当这些房间的门为安全出口且只有 1 个疏散方向时，房间内任一点至安全出口的直线距离不应大于 9m；

（3）当这些房间的门为安全出口且室内任一点均有 2 个疏散方向时，房间内任一点至安全出口的直线距离不应大于 18m；

（4）当该场所全部设置自动喷水灭火系统时，上述疏散距离均可分别增加 25%。

问题 3-221 图书馆中采用开敞大空间的阅览室，如何确定其疏散距离？

答：图书馆中采用开敞大空间的阅览室，其疏散距离可以按照下述方法确定：

（1）当阅览室的疏散门为安全出口且具有 2 个及以上不同方向的出口时，室内任一点的疏散距离可以按照《建规》第 5.5.17 条第 4 款的规定确定，即阅览室内任一点至最近安全出口的直线距离不应大于 30m。

（2）当阅览室的疏散门为经过长度不大于 10m 的专用疏散走道通至安全出口，且具有 2 个及以上不同方向的出口时，室内任一点的疏散距离也可以按照《建规》第 5.5.17 条第 4 款的规定确定，即阅览室内任一点至最近安全出口的直线距离不应大于 30m。

（3）当阅览室的疏散门直通非专用疏散走道而不是专用疏散走道或安全出

口时，阅览室内任一点至最近疏散门的直线距离应按照《建规》第 5.5.17 条第 3 款的规定确定，参见问题 3–196 释疑。

（4）当设置自动喷水灭火系统时，上述距离均可以分别增加 25%。

问题 3–222　建筑物内全部设置自动喷水灭火系统时，其安全疏散距离可以按照规定增加 25%。当建筑仅地下部分或地上部分设置自动喷水灭火系统时，设置自动灭火系统部分区域的安全疏散距离可否增加 25%？

答：自动喷水灭火系统具有很高的有效灭火和控火成功率，自动喷水灭火系统能够有效降低所设置场所的火灾危险性。因此，无论建筑是仅地下区域还是仅地上区域设置自动喷水灭火系统，设置自动喷水灭火系统的区域内的疏散距离均可以按照相应规定值增加 25%，而未设置自动喷水灭火系统区域内的疏散距离不应增加。

问题 3–223　当建筑内设置气体灭火系统、泡沫灭火系统或自动消防炮等其他系统时，其安全疏散距离可否按照《建规》表 5.5.17 的规定增加 25%？

答：建筑内所设置自动灭火系统的类型是根据所需设置场所的火灾类型和灭火剂的使用性能确定的，无论建筑内设置哪种自动灭火系统，均对建筑内的初起火灾具有良好的灭火和控火作用，能够降低该场所的火灾危险性。因此，设置气体灭火系统、泡沫灭火系统的场所，其疏散距离理论上均可以增加，但由于气体灭火系统和泡沫灭火系统的灭火方式以全淹没为主，在系统动作前需要人员尽快疏散至室外。因此，这些场所内的疏散距离不宜增加。

自动消防炮灭火系统在建筑室内主要用于需要设置自动喷水灭火系统，但空间高度不满足相应设置要求的场所。因此，在确定建筑内的疏散距离时，可以将自动消防炮灭火系统视作自动喷水灭火系统，疏散距离可以按照规定增加 25%。

问题 3–224　全部设置自动喷水灭火系统的建筑，未设置自动喷水灭火系统的开敞式外廊内的疏散距离可否增加 25%？

答：全部设置自动喷水灭火系统的建筑，其中未设置自动喷水灭火系统的开敞式外廊内的疏散距离不应按照设置自动喷水灭火系统的场所增加 25%。

问题 3-225 当建筑内设置自动喷水灭火系统时，如何确定建筑内开向敞开式外廊的房间疏散门至最近安全出口的疏散距离？

答：对于设置自动喷水灭火系统的建筑，其中开向敞开式外廊的房间疏散门至最近安全出口的疏散距离可以按照下述步骤确定：

（1）先确定该房间疏散门是位于两个安全出口之间，还是位于袋形走道两侧或尽端；

（2）再根据建筑的高度、耐火等级和使用功能，按照《建规》表 5.5.17 确定相应的允许最大疏散距离；

（3）在按照上述方法确定的疏散距离基础上，再分别增加 25%；

（4）按照《建规》表 5.5.17 注 1 的规定，再增加 5m。

例如，一座二级耐火等级且设置开敞式外廊的多层办公楼，当未设置自动喷水灭火系统时，建筑中位于两个安全出口之间的房间疏散门至最近安全出口的直线距离为 40+5=45（m）；当设置自动喷水灭火系统时，该疏散距离可为 40+40×25%=50（m），50+5=55（m）。其中，开敞式外廊部分的疏散距离不能按照设置自动灭火系统的场所增加 25%。如果按照（40+5）×（1+25%）= 56.25（m），则是错误的。

问题 3-226 公共建筑中未独立划分防火分区并需经过其他楼层进行疏散的夹层，如何确定其疏散距离？

答：公共建筑中未独立划分防火分区并需经过其他楼层进行疏散的夹层，其疏散距离应按照下述方法确定：

（1）夹层内任一点至直通疏散走道的疏散门的直线距离应符合《建规》第 5.5.17 条第 3 款的规定。

（2）夹层内任一点至安全出口的直线距离应根据夹层所在建筑的耐火等级、夹层内的分隔情况及其所在楼层的用途，按照《建规》第 5.5.17 条的规定确定。

（3）楼层上疏散门至安全出口的疏散距离应按照《建规》第 5.5.17 条的规

定确定。

（4）夹层至下一层的楼梯距离，应按照该楼梯梯段水平投影长度的 1.5 倍计算。

问题 3-227 敞开楼梯间设置在开敞式外廊内时，是否可以减小房间疏散门至安全出口的疏散距离？

答：开敞式外廊能使从房间门窗开口处进入外廊的烟气通过自然通风扩散至室外，难以在外廊内积聚，烟气对设置在开敞式外廊内的敞开楼梯间的影响较小。因此，房间疏散门至最近安全出口的直线距离可以按照规定增加 5m。

另外，敞开楼梯间本身不具备防止烟气进入的性能，直通疏散走道（包括用于人员疏散的封闭式外廊、开敞式外廊、内走道或内廊）的房间疏散门至最近敞开楼梯间的直线距离，当房间位于两个楼梯间之间时，应按照规定减少 5m；当房间位于袋形走道两侧或尽端时，应按照规定减少 2m。因此，设置在开敞式外廊内的敞开楼梯间，其疏散距离既可以根据位于开敞式外廊内的疏散门的疏散距离要求增加，又要根据采用敞开楼梯间时的疏散距离要求减小，最后再综合确定。

问题 3-228 用于人员疏散安全区的步行街，两侧建筑的疏散楼梯间是否可以直接通向步行街？

答：用于人员疏散安全区的步行街，其两侧建筑中的疏散楼梯要尽量靠外墙部位设置，使人员不必经过步行街就可以直接疏散至室外。当步行街两侧建筑内的疏散楼梯靠外墙设置并直通室外确有困难时，可以在首层直接通至步行街，但应符合下列基本要求：

（1）要尽量在这些楼梯间通至步行街的就近位置设置直通室外的疏散走道。

（2）疏散楼梯间连接步行街的疏散走道和步行街通至室外的疏散走道，应采用耐火极限不低于 2.00h 且无任何开口的防火隔墙与其他区域分隔。

（3）疏散走道的宽度应按照多个疏散方向汇入的总疏散人数经计算确定。

（4）楼梯间在首层的出口至步行街直通室外出口的步行距离不应大于 60m。

问题 3-229 用于人员疏散安全区的步行街，如何确定其两侧建筑的疏散楼梯间形式？

答：用于人员疏散安全区的步行街两侧建筑的疏散楼梯间形式，应根据建筑的实际使用功能和建筑高度或层数，按照《建规》第 5.5.12 条和第 5.5.13 条及国家其他相关标准的规定确定。对于直接面向步行街的商铺，其内部疏散楼梯可以根据商铺内的疏散距离和商铺在各层的疏散门设置情况确定。

问题 3-230 用于人员疏散安全区的步行街，一侧的商铺疏散可否通过天桥利用另一侧的疏散楼梯？

答：用于人员疏散安全区的步行街两侧的商铺在火灾时首先应利用自身的条件疏散，并满足相应的疏散距离要求，参见问题 3-231 的释疑。在满足疏散距离要求的前提下，步行街任意一侧的商铺均可以通过天桥到达另一侧，并利用另一侧的疏散楼梯疏散，但疏散距离应自商铺的疏散门计算至另一侧的疏散楼梯入口，通过天桥时，应按照折线距离计算。

问题 3-231 用于人员疏散安全区的步行街，如何确定两侧建筑的安全疏散距离？

答：用于人员疏散安全区的步行街两侧建筑内的疏散距离应根据其实际使用功能、建筑高度或层数、耐火等级，按照《建规》第 5.5.17 条及国家其他相关标准的规定确定。对于各层直接面向步行街的商铺，其内部任意一点至商铺疏散门的直线距离应符合《建规》第 5.5.17 条第 3 款的规定；首层面向步行街的商铺疏散门至最近直通室外出口的步行距离不应大于 60m，其他各层至安全出口（一般为疏散楼梯间的楼层入口）的直线距离不应大于 37.5m。

问题 3-232 用于人员疏散安全区的步行街，如何设置两侧面向步行街商铺的疏散门？

答：用于人员疏散安全区的步行街两侧面向步行街的商铺，当建筑面积小于或等于 120m² 时，可以设置 1 个疏散门；当建筑面积大于 120m² 时，应至少设置 2 个疏散门。同一个商铺内相邻两个疏散门的位置视商铺的形状而定，一般应位于相对的两个不同方位；当只能在一个方向设置时，相邻两个疏散门最近边缘之间的水平距离不应小于 5m，且商铺内任一点至两个疏散门中心连线间的夹角需大于 30°。

问题 3-233 用于人员疏散安全区的步行街，如何确定两侧商铺疏散门的开启方向和最小净宽度？

答：用于人员疏散安全区的步行街两侧商铺的疏散门应为平开门，不宜设置门槛，并应向疏散方向开启，其净宽度不宜小于 1.40m。疏散门的数量应符合《建规》第 5.5.15 条的规定。当商铺的建筑面积较小，疏散人数少于 30 人时，疏散门的开启方向不限，门的净宽度不应小于 0.8m。

问题 3-234 用于人员疏散安全区的步行街，在计算其直通室外疏散走道的最小净宽度时，如何确定其疏散人数？

答：用于人员疏散安全区的步行街是人员聚集的区域，在确定经过步行街及其直通室外的疏散走道的疏散人数时，要将步行街两侧建筑上部各层通至步行街的疏散人数和步行街本身的疏散人数叠加计算。上部各层的疏散人数可以根据《建规》第 5.5.21 条关于商店营业厅（包括外廊的面积）的人员密度计算；步行街上的疏散人数可以根据步行街的地面面积和步行街的人员密度计算。根据有关调研数据，步行街内的人员密度可以按照不小于 0.3（人 /m²）考虑，也可以根据商店建筑中首层营业厅的人员密度确定，即 0.43 ~ 0.60（人 /m²）。

问题 3-235 如何确定地下或半地下民用建筑（室）的安全疏散距离？

答：《建规》第 5.5.17 条规定的疏散距离既适用于地上民用建筑，也适用于民用建筑的地下、半地下室以及独立建造的地下、半地下民用建筑。因此，地下或半地下民用建筑（室）的安全疏散距离也应按照《建规》第 5.5.17 条的规定确定。除平时使用的人民防空工程外，地下或半地下民用建筑（室）中各楼层上直通疏散走道的房间疏散门至最近安全出口的疏散距离，可以按照下述原则确定：

（1）当埋深大于 10m，或者地下部分的层数为 3 层及以上时，应比照《建规》表 5.5.17 中相应使用功能高层建筑的规定值确定；

（2）当埋深小于或等于 10m，或者地下部分的层数只有 1 层或 2 层且埋深不大于 10m 时，可以按照《建规》表 5.5.17 对相应使用功能单、多层建筑的规定值确定；

（3）当为商店营业厅及其他开敞大空间场所时，应符合《建规》第 5.5.17 条第 4 款的规定；

（4）当设置自动喷水灭火系统时，上述疏散距离可以分别增加 25%。

问题3-236　位于 T 形疏散走道内房间的疏散门，如何确定其疏散距离？

答：T 形疏散走道当只设置 1 个或 2 个安全出口时，可能存在袋形疏散走道的情形，应考虑人员在疏散过程中需要折返的距离，参见图 3-48 所示。因此，位于 T 形疏散走道两侧的房间，其疏散门至安全出口的疏散距离，应按

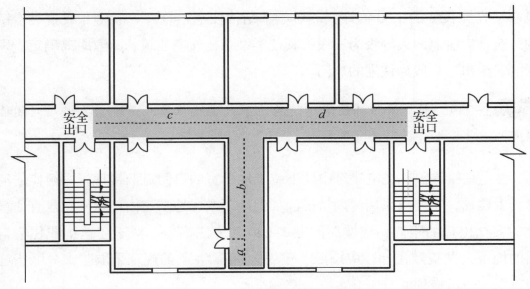

图 3-48　T 形疏散走道示意图

照疏散门至最近一个安全出口的直线距离与其中可能经过的袋形走道的长度的2.0倍之和确定。

对于位于图3-48中阴影区域外两个疏散楼梯间之间的房间疏散门，至最近疏散楼梯间的疏散距离应为$b+2a+c$与$b+2a+d$的较小值。其中，房间尽端的距离应按照其长度的2.0倍计入总疏散距离。

问题 3-237 如何确定房间疏散门至敞开楼梯间的疏散距离？

答：安全出口包括自楼层进入疏散楼梯间的入口。房间疏散门至敞开楼梯间的安全疏散距离应按照房间疏散门至敞开楼梯间入口处的直线距离计算，可以计算至进入楼梯间与疏散走道交界处，而不必计算至楼梯的踏步处。

问题 3-238 别墅等独栋或连体住宅建筑，如何确定其疏散距离？

答：别墅等建筑属于低层独立式或连体住宅建筑，其疏散距离应按照住宅建筑的相关要求确定。即别墅内的疏散距离应按照室内任一点至直通室外的安全出口的直线距离计算，并且不应大于《建规》表5.5.29规定的袋形走道两侧或尽端的疏散门至最近安全出口的最大直线距离。户内楼梯的距离应按照其梯段水平投影长度的1.50倍计算。对于木结构住宅建筑，一般为Ⅱ或Ⅲ类木结构建筑，应按照耐火等级为三级的其他类型结构住宅建筑的疏散距离确定。别墅的安全出口一般为住宅的户门。

问题 3-239 别墅等独栋住宅建筑的地下或半地下室，是否需要采用封闭楼梯间？

答：别墅等独栋住宅建筑中地下或半地下室的自用疏散楼梯，可视作住宅的套内楼梯，不要求采用封闭楼梯间，但地下或半地下室内任意一点至直通室外的安全出口的距离，应按照问题3-240的方法确定。对于建筑中非住宅自用的地下公共疏散楼梯，应按照《建规》第6.4.4条的规定采取防火分隔措施与首层的疏散楼梯间分隔。

问题 3-240 袋形走道的确切定义及其疏散距离如何控制？如山形中间段的距离如何确定？

答：袋形走道是只在一端设置出口，只有一个疏散方向的走道。这种走道的尽端没有出口，人员行走到走道的尽端后必须原路返回，类似于一个袋子，因而得名袋形走道。如图 3-49 所示，位于两座疏散楼梯间之间深色区域的走道为双向疏散走道，左右两侧浅色区域的走道为袋形疏散走道。在确定人员的疏散距离时，袋形走道的疏散距离应按照其实际长度的 2.0 倍计算，即图 3-49 中的 $2L_1$ 或 $2L_2$。

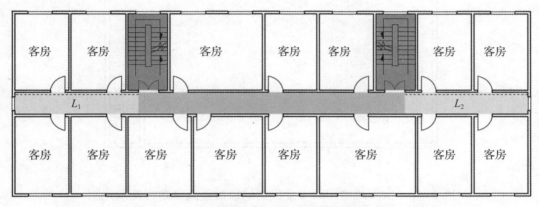

图 3-49　双向疏散走道与袋形疏散走道示意图

问题 3-241 《建规》表 5.5.17 中规定的"高层旅馆、展览建筑"是指高层旅馆和高层展览建筑，还是指展览建筑和高层旅馆？

答：《建规》表 5.5.17 中规定的"高层旅馆、展览建筑"是指高层旅馆和单层、多层及高层展览建筑，不是仅指高层旅馆和高层展览建筑。

问题 3-242 对于歌舞娱乐放映游艺场所，当房间疏散门是安全出口，而不需经疏散走道再到安全出口时，房间内任意一点至安全出口的疏散距离如何确定？

答：《建规》第 5.5.17 条规定，歌舞娱乐放映游艺场所中每个房间内任一点至房间直通疏散走道的疏散门的直线距离不应大于 9m，但未明确歌舞娱乐放映游艺场所中房间疏散门为安全出口的房间内任一点至安全出口的疏散距离。对于歌舞娱乐放映游艺场所中房间疏散门为安全出口的情形，房间内任一点至安全出口的直线距离要求见问题3-220的释疑。房间疏散门即安全出口的疏散距离确定方法示意图参见图3-50。

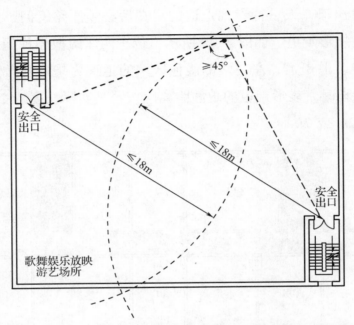

图 3-50　房间疏散门即安全出口的疏散距离确定方法示意图

问题 3-243　2层的商业服务网点在确定其疏散距离时，如何计算疏散楼梯的疏散距离？

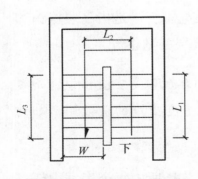

图 3-51　疏散楼梯的疏散
距离计算示意图

答：2层商业服务网点内的疏散距离，应按照其中任一点至最近疏散门的直线距离计算，其中的疏散楼梯可以按照楼梯梯段中心线水平投影长度的1.50倍计算。如图3-51所示，疏散楼梯的疏散距离可以按照 $1.5 \times L_1 + L_2 + 1.5 \times L_3$ 计算。对于其他建筑中的夹层等类似场所，其内部疏散楼梯的疏散距离计算均可以按照此方法确定。

问题3-244 关于楼梯的梯段净宽度，《民用建筑设计统一标准》GB 50352—2019 对每股人流提出了增加了（0～0.15）m 的人体摆幅要求，与《建规》《中小学校设计规范》GB 50099—2011 的规定不同，如何协调？

答：（1）根据现行国家标准《民用建筑设计统一标准》GB 50352—2019 第 6.8.3 条的规定，楼梯梯段的净宽度除应符合《建规》及国家现行相关专项建筑设计标准的规定外，供日常主要交通用的楼梯梯段的净宽度应根据建筑的使用特征，按照每股人流宽度为 0.55m+（0～0.15）m 的人流股数确定，并且不应少于 2 股人流。其中，（0～0.15）m 为人流在行进中人体的摆幅，公共建筑人流众多的场所应取上限值，即应取 0.15m。根据 GB 50352—2019 第 6.8.4 条的规定，当楼梯的梯段改变方向时，扶手转向端处的平台最小宽度不应小于梯段的净宽度，并且不得小于 1.2m。当有搬运大型物件需要时，应适当加宽。直跑楼梯的中间平台宽度不应小于 0.9m。

（2）根据现行国家标准《中小学校设计规范》GB 50099—2011 第 8.7.1 条的规定，中小学学校建筑中疏散楼梯的设置应符合现行国家标准《民用建筑设计通则》GB 50352—2019、《建规》和《建筑抗震设计规范》GB 50011—2010（2016 年版）的有关规定。根据 GB 50099—2011 第 8.7.2 条的规定，中小学学校教学用房的楼梯梯段宽度应为人流股数的整数倍；梯段宽度不应小于 1.20m，并且应按照 0.60m 的整数倍增加梯段宽度。每个梯段可增加不超过 0.15m 的摆幅宽度。中小学学校建筑中疏散楼梯的设计应同时符合 GB 50099—2011 的规定与 GB 50352—2019 的规定；对于同一事项的要求，应符合 GB 50352—2019 的规定。

（3）《建规》规定建筑中疏散楼梯的最小净宽度及疏散宽度应根据疏散人数确定。中小学学校建筑中疏散楼梯的宽度确定，除应符合 GB 50099—2011 和 GB 50352—2019 的规定外，在总疏散宽度和最小净宽度上还应符合《建规》的规定；其他民用建筑中疏散楼梯的宽度除应符合 GB 50352—2019 的规定外，在总疏散宽度和最小净宽度上还应符合《建规》的规定。

（4）应注意的是，在测量疏散楼梯的净宽度时，GB 50352—2019 第 6.8.2 条规定，当一侧有扶手时，梯段净宽应为墙体装饰面至扶手中心线的水平距离；当双侧有扶手时，梯段净宽应为两侧扶手中心线之间的水平距离。当楼梯间内两侧或一侧有凸出物时，梯段的净宽度应从凸出物表面算起。而《建规》对疏散楼梯梯段的净宽度测量要求是两侧只有围墙而无扶手的楼梯，应为两侧完成墙面之间的最小水平净距；只有一侧为墙体、另一侧有扶手或栏杆的楼梯，应为完成墙面到栏杆或扶手内侧的最小水平净距；两侧均有栏杆或扶手的楼梯应为两侧栏杆或扶手相对内表面之间的最小水平净距。当上述情况有多个计算值时，应取其中的较小者。鉴于 GB 50352—2019 与《建规》存在一定差异，建筑中疏散楼梯梯段的净宽度测量应按照《建规》的要求确定。

问题 3-245 如何确定疏散走道、疏散楼梯、疏散出口门的净宽度？

答：（1）疏散出口门的净宽度，对于单扇门，应为门扇开启 90°时从门侧柱或门框边缘至门表面的最小水平净距。疏散出口门的疏散净宽度测量方法示意参见图 3-52；对于双扇门，应为两扇门分别开启 90°时相对两扇门表面之间的最小水平净距。

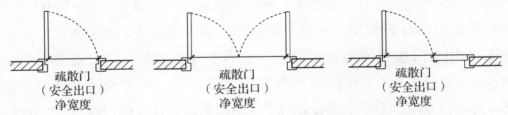

疏散门（安全出口）净宽度　　疏散门（安全出口）净宽度　　疏散门（安全出口）净宽度

图 3-52　疏散出口门的疏散净宽度测量方法示意图

（2）疏散走道的净宽度应为走道两侧完成墙面之间的最小水平净距；当一侧为栏杆或有扶手、一侧为墙体时，疏散走道的净宽度应为走道一侧完成墙面与栏杆或扶手内侧之间的最小水平净距；当疏散走道两侧均有栏杆或扶手时，疏散走道的净宽度应为其两侧栏杆或扶手内侧之间的最小水平净距。当上述情况有多个计算值时，应为其中的较小者。疏散走道的最小净宽度测量方法示意参见图 3-53。

（3）疏散楼梯梯段的净宽度计算或测量方法参见问题 3-246 释疑。疏散楼梯的最小净宽度测量方法示意参见图 3-54。

图 3-53 疏散走道的最小净宽度测量方法示意图

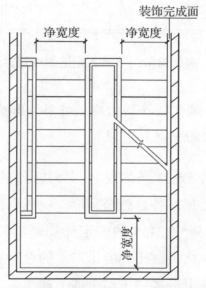

图 3-54 疏散楼梯的最小净宽度测量方法示意图

问题 3-246 疏散走道净宽度是否需要考虑疏散门开启后的影响？

答：房间疏散门向疏散走道开启时，门在开启后存在减少疏散走道宽度的情形，但因标准要求疏散门如为防火门，应具有自动关闭的功能；如为普通门，在人员出来后也可以被走道上的人员关闭。因此，一般不考虑疏散门开启后对走道宽度减小的影响。但是对于人员密集的场所，尤其是观众厅、歌舞娱乐放映游艺场所、医院以及儿童活动场所等，应考虑向疏散走道一侧开启的疏散门在开启后对疏散走道净宽度的影响，采用增加疏散走道宽度或者改变门的设置位置，使疏散门开启后不侵入走道等方法消除此影响，参见图 3-55所示。

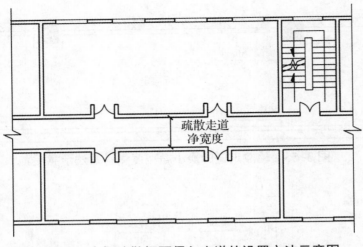

图 3-55　房间疏散门不侵入走道的设置方法示意图

问题 3-247　建筑中的疏散楼梯到达建筑首层后如需经过同一条疏散走道通至室外时，如何确定该疏散走道的宽度？

答：根据《建规》第 5.5.21 条的规定，公共建筑每层的房间疏散门、安全出口、疏散走道和疏散楼梯的各自总净宽度，应根据疏散人数按照每 100 人的最小疏散净宽度不小于表 5.5.21-1 的规定计算确定。建筑地下部分与地上部分在首层的疏散楼梯（包括疏散楼梯的出口）的总净宽度，应分别按照其下部楼层（对于地下建筑）或上部楼层（对于地上建筑）上疏散人数最多一层的人数计算。根据《建规》第 6.4.4 条的规定，建筑的地下部分与地上部分不应共用疏散楼梯间，当确需共用疏散楼梯间时，应在首层将地下部分与地上部分完全分隔。因此，建筑的地下部分和地上部分在建筑的首层一般应通过各自独立的疏散走道直通室外，或通过扩大的封闭楼梯间、防烟楼梯的前室通至室外。

根据上述疏散设计原则，建筑中的疏散楼梯到达建筑首层后如需经过同一条疏散走道通至室外时，该疏散走道的宽度应按照下述方法确定：

（1）当地下部分和地上部分的疏散楼梯分别通过不同的疏散走道直通室外时，疏散走道的净宽度不应小于各自所连接的疏散楼梯的净宽度，参见图 3-56（a）。

（2）当地下部分与地上部分的疏散楼梯共用疏散楼梯间，并在首层通过同一条疏散走道直通室外时，该疏散走道的净宽度不应小于连通至该走道的地下部分和地上部分的疏散楼梯的净宽度之和，参见图3-56（b）和（c）。

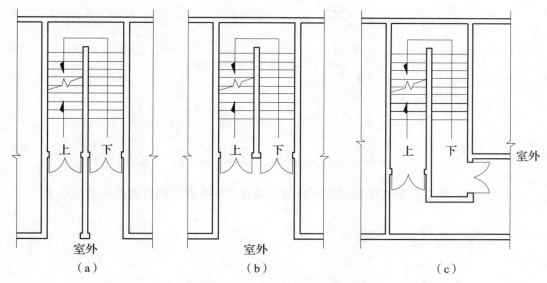

图3-56 地下部分与地上部分共用疏散楼梯间并在首层
不共用或共用疏散走道示意图

（3）当地下部分与地上部分的疏散楼梯不共用疏散楼梯间，在首层通过同一条疏散走道直通室外时，该疏散走道的净宽度不应小于地下部分连通至该走道的疏散楼梯总净宽度与地上部分连通至该走道的疏散楼梯总净宽度两者中的较大值，且该疏散走道的长度（自最远的楼梯间的出口门起算）不应大于15m。

（4）当地上（或地下）有多部疏散楼梯在首层通过同一条疏散走道直通室外时，该疏散走道的净宽度一般不应小于所有连通至该走道的疏散楼梯的净宽度之和，参见图3-57。

（5）当地下部分与地上部分的疏散楼梯间、地上或地下部分多座疏散楼梯间在首层通过同一条疏散走道直通室外，但进入走道的位置相距较远时，可以分段确定该疏散走道的宽度，靠近室外出口一侧的最末一段疏散走道的宽度，可以通过核算相邻两座疏散楼梯间间隔范围内疏散走道容纳人数的能力来确定，且不应小于其中宽度最大一座疏散楼梯的宽度，参见图3-58。

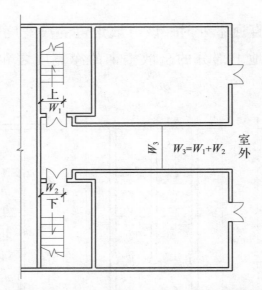

图 3-57　地下部分与地上部分不共用疏散楼梯间在首层共用疏散走道示意图

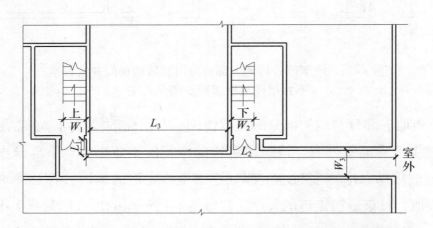

图 3-58　地下部分与地上部分、地上部分或地下部分多座疏散楼梯间
在首层共用疏散走道示意图

注：1. L_1、L_2 之和不应大于 15m。

2. L_3 不宜小于 5m，以保证疏散人流的缓冲空间。

3. $W_3 \geqslant \max(W_1$、$W_2)$。

问题 3-248　建筑中的部分楼层，当其疏散楼梯完全独立设置，不供其他楼层的疏散人员使用时，如何确定该楼梯间的形式和所需疏散净宽度？

答：当一座建筑的部分楼层独立设置疏散楼梯，且这些楼梯不供其他楼层的疏散人员使用时，这些楼梯的形式和疏散宽度可以根据其实际服务的楼层数、使用用途和每层的疏散人数确定，且下部楼层疏散楼梯的宽度按照其上部（对于地上楼层）或下部（对于地下楼层）人数最多一层的疏散人数计算确定。但是这些疏散楼梯均应能直通建筑的首层或室外，在首层的位置应符合相应的疏散距离和防烟要求，如设置扩大的封闭楼梯间等。

例如，某6层二级耐火等级的办公建筑，一、二层的疏散楼梯完全独立，且仅供一、二层的人员使用。一层至二层疏散楼梯的疏散净宽度应根据各层的疏散人数和百人最小疏散净宽度计算确定，百人最小疏散净宽度可以按照地上2层办公建筑的标准确定，即不应小于0.65m/百人；其他楼层通至首层或地面的疏散楼梯每100人的最小疏散净宽度仍应按照6层确定，即不应小于1.00m/百人。一层至二层的疏散楼梯可以采用开敞楼梯间，其他楼层通至首层或地面的疏散楼梯应为封闭楼梯间。

问题 3-249　大型体育馆观众厅内任一点到最近安全出口的距离应符合什么要求？

答：大型体育馆观众厅内任一点到最近安全出口的距离应符合《建规》第5.5.17条的规定，即不应大于30m；设置自动灭火系统时，不应大于37.5m。但大型体育馆观众厅的空间高度高，观众席上的可燃物数量较少，具有良好的视线和疏散条件。因此，其疏散距离还可以根据疏散人数和出口设置情况，在保证人员能在安全疏散时间内疏散完毕的基础上经科学分析和计算后确定，通常会比标准规定的疏散距离大些，但观众厅内的疏散距离还需根据疏散出口的设置位置和数量要求综合考虑。

问题 3-250　如何确定电影院等候场门厅内的疏散人数？

答：《建规》未明确电影院候场门厅内的疏散人数确定方法。根据国家现行标准《电影院建筑设计规范》JGJ 58—2008第4.3.2条的规定，电影院门厅和休息厅合计使用面积指标，特、甲级电影院不应小于0.50m²/座；乙级电影院不应小于0.30m²/座；丙级电影院不应小于0.10m²/座。电影院设置分层观众厅时，各层的休息厅面积宜根据分层观众厅的数量适当分配。根据这一规定确定的候场门厅的建筑面积可以推算出候场人数，再考虑一定的人员聚集系数就可大致确定候场门厅内的疏散人数。

另外，参考已废止的《电影院建筑设计规范》JGJ 58—88 第 6.1.2 条的规定，计算门厅、休息厅（廊）内的面积时所取人数：一个观众厅时，等于该观众厅的容量；两个观众厅共用门厅、休息厅时，等于较大一厅的容量；三个观众厅共用门厅、休息厅时，等于观众厅总容量的 60%。如其中一个观众厅独用门厅、休息厅时，仍按照该观众厅实际容量计算。参考这一规定，也基本可以预测候场门厅内的疏散人数。

随着技术进步、人们生活方式的改变和交通的便利性，前往电影院内观影和消费的人数与过去相比已经大大减少了，候场门厅所需建筑面积也变得越来越小。因此，候场厅内的疏散人数一般可以按照该电影院内座位数最多的一个观众厅的座位数乘以 1.1 倍的系数确定。

问题 3-251 设置在商店建筑中的餐饮场所，如何确定其疏散人数？

答：现行行业标准《饮食建筑设计标准》JGJ 64—2017 第 4.1.3 条规定，附建在商业建筑中的饮食建筑，其防火分区划分和安全疏散人数计算应按照《建规》关于商业建筑的规定执行。这里的"商业建筑"应理解为商店建筑。根据这一规定，在商店建筑内设置的餐饮场所可以视为一种商业业态，与其他商店经营区域的疏散人数一并考虑是合理的。因此，这些餐饮场所的疏散人数可以根据其所在楼层的位置和建筑面积，按照商店建筑的相应人员密度计算。但是，餐饮场所的建筑面积应为用餐区域、库房和厨房区域的建筑面积之和。

对于无固定座位的独立餐馆、快餐店、饮品店、食堂等，其疏散人数主要为用餐区域的人数，疏散人数可以根据用餐区域的建筑面积，参考 JGJ 64—2017 第 4.1.2 条对每个座位所需面积的规定，并考虑排队等候的人数和服务人员的人数计算确定。

对于设置固定座位的独立餐馆、快餐店、饮品店、食堂等，其固定座位数尽管也是根据 JGJ 64—2017 第 4.1.2 条的规定确定的，但与实际用餐人数还是有区别的。因此，其疏散人数可以根据固定座位数和相应的服务人数及适当的等候人数计算，或根据其固定座位数的 1.1 倍确定。用餐区域每座最小使用面积宜为：餐馆，1.3m²/座；快餐店，1.0m²/座；饮品店，1.5m²/座；食堂1.0m²/座。

问题 3-252 《中小学校设计规范》GB 50099—2011 与《建规》关于每百人所需最小疏散净宽度的要求不一致，如何确定中小学学校建筑的疏散楼梯宽度？

答：现行国家标准《中小学校设计规范》GB 50099—2011 关于每百人所需最小疏散净宽度的要求为：中小学学校建筑的安全出口、疏散走道、疏散楼梯和房间疏散门等处每百人的疏散净宽度应按照表 3-1 计算。同时，教学用房的内走道净宽度不应小于 2.40m，单侧走道及外廊的净宽度不应小于 1.80m。《建规》关于公共建筑中每百人所需最小疏散净宽度的要求为：每层的安全出口、疏散走道、疏散楼梯和房间疏散门每百人的疏散净宽度应符合表 3-2 的规定。

表 3-1　中小学学校建筑中每层安全出口、疏散走道、疏散楼梯和房间疏散门每百人的最小疏散净宽度（m）

所在楼层位置	建筑的耐火等级		
	一、二级	三级	四级
地上一、二层	0.70	0.80	1.05
地上三层	0.80	1.05	—
地上四、五层	1.05	1.30	—
地下一、二层	0.80	—	—

表 3-2　建筑中每层安全出口、疏散走道、疏散楼梯和房间疏散门每百人的最小疏散净宽度（m）

建筑层数	建筑的耐火等级		
	一、二级	三级	四级
地上 1、2 层	0.65	0.75	1.00
地上 3 层	0.75	1.00	—
大于或等于 4 层	1.00	1.25	—
埋深小于或等于 10m 的地下场所	0.75	—	—
埋深大于 10m 的地下场所	1.00	—	—

对比表 3-1 和表 3-2 中的数值可以发现，GB 50099—2011 有关每百人所需最小疏散净宽度的要求较《建规》的规定略大。另一个区别在于，前者按照楼层位置规定，后者按照建筑总层数规定。究其原因是，GB 50099—2011 的规定是依据 2006 年版《建规》的规定确定的，未根据 2014 年版《建规》进行调整。因此，在设计中小学学校建筑时，应先按照现行国家标准《中小学校设计规范》GB 50099—2011 的规定计算建筑中每层安全出口、疏散走道、疏散楼梯和房间疏散门所需最小疏散总净宽度，再按照《建规》的规定校核，最后取其中的较大值作为设计依据。

问题 3-253 商店建筑中设置仓储场所时，是否要限制仓储场所的建筑面积？

答：根据《建规》第 5.4.2 条的规定，除为满足民用建筑使用功能所需附属库房外，民用建筑内不应设置其他库房。在商店建筑中，为保证营业厅内商品的销售量与放置商品的库房面积相平衡，允许设置为保证产品销售所需附属周转库房或暂存库房，但应尽量减少仓储面积。现行标准未明确限制商店建筑内附属库房的面积，但还是应有所控制。例如，《天津市城市综合体建筑设计防火标准》DB/T 29-264-2019 规定，商店建筑中每个防火分区内附属库房的总建筑面积不应大于其防火分区建筑面积的 10%。此要求可作为参考。

问题 3-254 商店建筑中设置仓储场所需要采取什么防火分隔措施？

答：为商店经营服务的附属库房不应直接设置在营业厅或商铺内，与其他区域应采用耐火极限不低于 2.00h 的不燃性防火隔墙和耐火极限不低于 1.00h 的不燃性楼板分隔，隔墙上需要相互连通的门应采用乙级防火门。当库房独立划分防火分区时，应符合相应类别火灾危险性库房防火分区的要求。

问题 3-255 商店建筑中设置的仓储场所可否经过营业厅疏散？

答：商店建筑中设置的仓储场所可以设置连通营业厅的门，但不宜作为疏散门；确有困难时，应保证仓储场所至少有 1 个疏散出口通向其他区域或室外，与营业厅连通的疏散门应向营业厅方向开启，且不应作为营业厅的疏散门。

问题 3-256 计算商店营业厅的疏散人数时，营业厅的建筑面积是否包括办公、仓储、卫生间、自动扶梯、疏散走道以及外廊等部分的建筑面积？

答：计算商店营业厅的疏散人数时，营业厅的建筑面积包括营业厅内展示货架、柜台、走道等顾客进行交易活动的经营性区域的建筑面积和营业厅内卫生间、楼梯间、自动扶梯等的建筑面积。对于与营业厅采用防火分隔措施与营业厅分隔，且疏散时顾客无须进入的仓储、设备房、工具间、办公室等场所的建筑面积，可以不计入营业厅的建筑面积，参见图3-59所示右上角的区域。

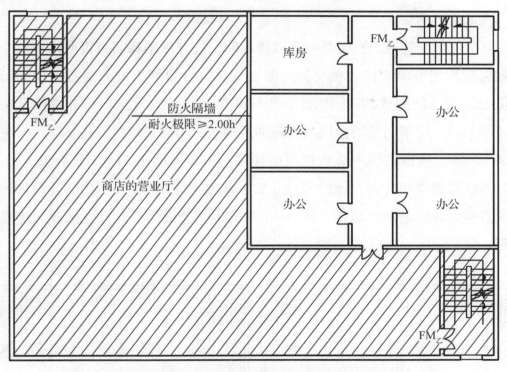

图3-59 确定营业厅内疏散人数时的建筑面积计算范围示意图

问题 3-257 计算电影院、礼堂、剧场、体育馆等的观众厅的疏散人数时，是按照实际座位数计算还是实际座位数的1.1倍计算？

答：根据《建规》第5.5.21条的规定，对于有固定座位的电影院、礼堂、剧场、体育馆等的观众厅，其疏散人数应按照实际座位数的1.1倍计算。

问题 3-258 公共建筑的房间疏散门可否直接开向疏散楼梯间？

答：从建筑楼层上进入疏散楼梯间的门（封闭楼梯间或防烟楼梯间的前室）或楼梯间开口部（开敞楼梯间）为该楼层的安全出口。根据《建规》第6.4.2条和第6.4.3条的规定，对于公共建筑，除加压送风口、楼梯间的出入口和外窗外，其他开口（包括房间疏散门）不应直接开向封闭疏散楼梯间或防烟楼梯间，应通过疏散走道与疏散楼梯间连接。因此，对于内部无防火分隔的开敞区域（如开敞办公室），当其疏散门用作安全出口时，该疏散门可以直接开向疏散楼梯间。

但是如房间疏散门直接开向疏散楼梯间，或开敞楼梯间直接通向楼层上的开敞区域，均可能因任一楼层的房间发生火灾导致烟火进入疏散楼梯间，使人员无法安全使用楼梯间。因此，当房间疏散门作为安全出口并直接开向疏散楼梯间时，应采用封闭楼梯间或防烟楼梯间，不应采用敞开楼梯间（参见图3-60），房间疏散门也不应直接通向楼梯间（参见图3-61）。图3-60（a）中的封闭疏散楼梯间允许直接设置在开敞区域内，图3-60（b）中的开敞楼梯间不应直接设置在开敞区域内。图3-61中的房间疏散门不允许直接开向疏散楼梯间。

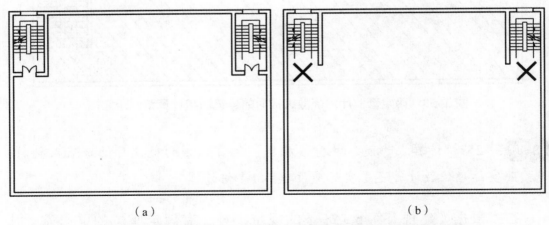

（a）　　　　　　　　　（b）

图3-60 房间疏散门允许直接开向疏散楼梯间的情形示意图

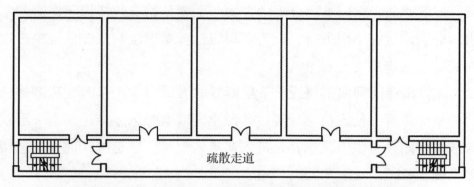

图 3-61　房间疏散门不允许直接开向疏散楼梯间的情形示意图

问题 3-259　具备两个安全出口的疏散走道的净宽度及安全出口的净宽度，是按照走道区域所有疏散人数还是走道区域疏散人数的一半确定？

答：具有两个安全出口的疏散走道，其宽度可以按照下述方法确定：

（1）当安全出口分别位于疏散走道两端，疏散走道两侧房间的人员密度及面积、室内高度、内部分隔与布置等相近时，疏散走道和每个安全出口的净度宽在满足标准规定的最小净宽度基础上，可以按照疏散走道和安全出口服务区域内总疏散人数的一半确定。

（2）当安全出口分别位于疏散走道两端，疏散走道两侧房间的人员密度相差较大时，应根据不同房间的疏散人数和疏散距离调整疏散走道和相应安全出口的净宽度，确保安全出口净宽度与疏散区域的疏散人数匹配。

（3）当在疏散走道的端部存在袋形走道时，中间部位的疏散走道宽度可以按照上述方法确定，袋形部分的疏散走道宽度应根据该部分区域的疏散人数确定，且不应小于标准规定的最小净宽度要求。

问题 3-260　通向避难层的疏散楼梯如何满足其在避难层分隔、同层错位或上下层断开的要求？

答：要求通向避难层的疏散楼梯在避难层分隔、同层错位或上下层断开，是一种在火灾时强制避难的要求，使疏散人员在疏散过程中不会错过避难层，以提高疏散人员的安全性，确保疏散楼梯间畅通。高层建筑强制避难的方式主要有：

（1）疏散楼梯间在避难层分隔的方式。主要是将疏散楼梯间在避难层的入口和出口分别设置在不同方位，使人员可以选择是继续利用疏散楼梯疏散，还是前往避难区域避难。

（2）疏散楼梯间同层错位或上下层断开的方式。主要是改变疏散楼梯间在避难层的平面位置，使人员必须经过疏散走道或避难区才能进入上一层或下一层的疏散楼梯间，可供人员选择是进入避难区避难，还是继续前往疏散楼梯疏散，参见图3-62。

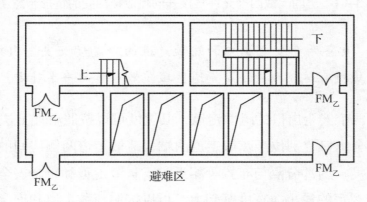

（a）疏散楼梯在避难层同层错位平面示意图

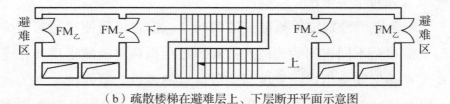

（b）疏散楼梯在避难层上、下层断开平面示意图

图 3-62　疏散楼梯间同层错位或上、下层断开的方式示意图

问题 3-261　如何确定避难层（间）的设计避难人数？

答：建筑中避难区的净面积应能满足设计避难人数避难的要求，并应按照不大于 4.0 人 /m² 进行核算。避难人数可以按照下述方法确定：

（1）对于避难层，设计避难人数应为该避难层与上一避难层或下一避难层之间各楼层的疏散人数之和中的较大值。

（2）对于避难间，应根据所设置楼层的用途、疏散人数及其行为能力、楼梯间的形式等综合考虑确定，一般可以按照该层总疏散人数的 1/4 确定。

问题 3-262 避难区的净面积是否包括连接楼梯间、消防电梯和避难区的走道的净面积?

答:避难层或避难间内避难区的净面积,为在建筑发生火灾时可以直接供人员安全避难停留的面积,应按照人员在避难时实际可以利用的使用面积计算,应扣除结构和设施、设备及固定家具等所占面积。但是在火灾时不是楼层上的全部人员都必须进入避难区进行避难,避难层上还需为正常通过的疏散人员和消防救援人员进出避难层与救援休整提供必要的面积,如走道、楼梯间等。因此,避难区的使用面积还应扣除下列面积:

(1)楼梯间或消防电梯等连通至避难区的连接走道或转换走道的面积。

(2)疏散楼梯间及其前室、消防电梯前室、用于辅助人员疏散的电梯前室等区域的面积。

(3)疏散楼梯间所占面积。

(4)消防员修整、存放装备和作业所需面积。

问题 3-263 非消防电梯是否可以在避难层停靠?

答:非消防电梯一般不应在避难层停靠,当确实需要在避难层停靠时,应设置防烟前室;或按照在避难层设置设备用房的防火分隔要求与避难区分隔。对于非消防电梯中用于在火灾时辅助人员疏散的电梯,由于其防火性能和设置要求与消防电梯基本一样,因此可以在避难层停靠,且一般都需要在避难层停靠,但也仍应与消防电梯一样设置前室。

问题 3-264 消防电梯是否需要设置前室并直接开向避难区?

答:消防电梯尽管在其他楼层均设置了防烟前室,但消防电梯前室受电梯竖井的影响,其防烟性能较防烟楼梯间低,火灾烟气仍可能经消防电梯竖井蔓延至避难层或避难区,在实际火场中存在防烟效果不能完全满足防烟要求的情形。因此,无论是独立的前室,还是与疏散楼梯间合用的前室,消防电梯在避难层应设置前室,消防电梯不应直接开向避难区。消防电梯一般应经过疏散走道连通避难区域,走道隔墙的耐火极限不应低于 2.00h,净宽度应满足标准对

185

高层公共建筑或住宅建筑内疏散走道的最小净宽度要求，并按照疏散和避难人数校核。

问题 3-265　建筑设置避难间时，是否需要避难间的两个面均靠外墙或至少有一面位于建筑的一条长边上？

答：国家相关标准明确要求设置避难间的建筑，主要有医疗建筑中的手术部、高层病房楼、养老设施和高层住宅建筑等。这些建筑中设置的避难间应至少有一面靠外墙，且位于消防车登高操作场地或满足消防车安全救援作业要求的范围内，不要求有 2 个及以上的立面均靠外墙。由于消防车登高操作场地一般要至少沿建筑的一个长边设置，因此满足上述设置要求的避难间能够使其至少有一面位于建筑的长边上。

对于高层住宅建筑，当疏散人数少、所需避难面积小，不需要整个楼层作为避难区时，可以设置避难间来替代避难层或采用该避难层的局部区域作为避难区，但避难区应采用无任何开口的防火墙与其他区域分隔；避难间或避难区应至少有 2 个面靠外墙、有 1 面位于建筑的一条长边上，以满足消防救援的需要。

问题 3-266　避难层（间）是否需要与消防车登高操作场地对应，并设置消防救援口？

答：避难层（间）是用于建筑发生火灾后供人员临时避难和等待救援的场所，应至少有一面外墙与消防车登高操作场地或可供消防车展开救援的场地对应，并设置可供消防救援人员进入的窗口（消防救援口）。

问题 3-267　避难层（间）的外墙可否采用幕墙？

答：国家相关标准未禁止在避难层或避难间部位的外墙采用幕墙，但当采用幕墙时，应采取防止火势及其烟气通过幕墙或幕墙与建筑外墙间的空腔侵入避难区的防火措施，并满足方便消防救援人员从外部进入避难区的要求。对于建筑高度大于 250m 的建筑，根据《建筑高度大于 250 米民用建筑防火设计加强性技术要求（试行）》（公消〔2018〕57 号）的要求，在避难区对应位置的外墙处不应设置幕墙。

问题 3-268 除设备用房外，避难层的其他空间还可以用作其他用途吗？

答：建筑中设置的避难层，当不需要将全部区域用作避难区时，除设备房或设备管道外，不宜设置其他用途的房间。对于避难人数较少，所需避难面积小的避难层，必须用作除设备间或设置设备管道外的其他用途时，应采用无任何开口的防火墙将该部分区域与避难层的其他区域分隔，相互之间不能设置门等相通，仅允许与满足避难层强制避难要求的疏散楼梯相通。

问题 3-269 在避难层设置设备用房时，对这些设备用房的火灾危险性有何要求？

答：当建筑中某避难层所需避难区的面积较小并需要设置设备用房时，应设置水泵房、风机房、水池等火灾危险性小的设备用房，不能设置火灾危险性高的其他设备用房。

问题 3-270 避难层（间）是否可以穿越管道、电缆桥架和各类风管？

答：避难层的避难区和避难间内不允许穿越或敷设与避难区无关的管道、电线电缆和各类风管。

避难层内可以设置设备房和管道区，但设备、管道宜集中布置，其中的易燃、可燃液体或气体管道应集中布置，设备、管道区应采用耐火极限不低于 3.00h 的防火隔墙与避难区分隔。管道井和设备间应采用耐火极限不低于 2.00h 的防火隔墙与避难区分隔，管道井和设备间的门不应直接开向避难区，参见图 3-63。

问题 3-271 避难层（间）是否要设置自动灭火、火灾自动报警、防排烟、消防应急照明和疏散指示标志和配置灭火器等消防设施或器材？

答：避难层（避难间）是在建筑发生火灾时供人员应急避险的场所，应设置保证人员安全通行、停留和与外界联系沟通的基本设施、设备，并通过设置这些设施来尽量稳定避难人员的焦急和恐慌情绪。因此，应设置消防应急照明和疏散指示标志、防烟系统、消防专线电话和应急广播系统，室内消火栓系

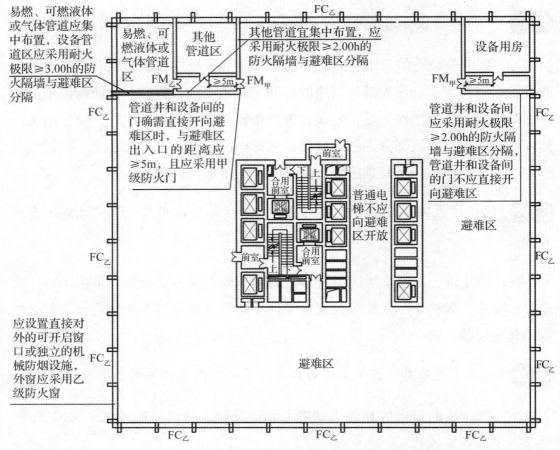

图 3-63   避难层中避难区域的平面布置示意图

统，并配置消防软管卷盘和灭火器，不要求设置自动喷水灭火系统和火灾自动报警系统。为便于在消防控制室掌握避难层或避难间内的实时情形，避难区内应设置能在消防控制室控制的视频监控系统。

问题 3-272   医疗（养老）建筑中的避难间，当设置机械加压送风系统有困难，采用自然通风系统又不具备不同朝向的可开启外窗时，应如何设计？

答：根据现行国家标准《建筑防烟排烟系统技术标准》GB 51251—2017 第 3.2.3 条的规定，采用自然通风方式防烟的避难间应设置不同朝向的可开启外窗，且外窗的有效开口面积不应小于该避难间地面面积的 2%，每个朝向的面积不应小于 $2.0m^2$。这一规定主要针对所需避难区面积较大的避难层。

对于只需要设置避难间的建筑，避难间内的烟气主要来自避难间自身失火，一旦出现意外能很快被控制，而可以不考虑外部烟气通过房间的门、窗侵入的情形。避难间的建筑面积通常不大，往往难以设置不同朝向的外窗。这样的避难间采用自然通风方式时，只在一个朝向设置可开启外窗也基本能够满足实际安全避难的需要，但可开启外窗的有效面积不应小于该避难间地面面积的2%，且不应小于 $2.0m^2$。

问题3-273　建筑高度大于 27m，但不大于 54m 的住宅建筑，当只有一个单元并设置 1 部疏散楼梯，户门采用乙级防火门时，该疏散楼梯是否只要通至屋面即可，而不需要设置 2 个安全出口？

答：住宅建筑将其疏散楼梯通至屋顶，可在建筑发生火灾且下部楼层的疏散楼梯难以满足安全疏散要求时，人员经疏散楼梯间到达屋面并通过相邻单元的楼梯进行疏散。对于建筑高度大于 27m，但小于或等于 54m 的住宅建筑，当只有一个单元并设置一座疏散楼梯间，户门采用乙级防火门时，其疏散楼梯通至屋面即可，不要求每层均设置 2 个安全出口，但屋面应满足人员临时避难的要求，避难人数可以按照本单元每户 5 人的标准考虑，避难面积宜按照不大于 4.0 人 $/m^2$ 确定。

问题3-274　建筑高度大于 27m，但不大于 54m 的住宅建筑，当每个单元只设置 1 部疏散楼梯，相邻单元之间的建筑高差较大时，如何满足出屋面的疏散楼梯在不同单元之间连通的要求？

答：对于建筑高度大于 27m，但不大于 54m 的住宅建筑，当每个单元只设置 1 部疏散楼梯时，该疏散楼梯应通至屋面，并通过屋面连通至相邻单元的疏散楼梯间，为人员逃生提供第二条应急通道。如果相邻单元的建筑高度相差较大，这些单元出屋面的疏散楼梯仍应相互连通，但应采取确保人员安全使用的措施，如在建筑外墙上设置室外楼梯并设置安全围栏等。

问题3-275　在采用敞开疏散楼梯间的住宅建筑中，与电梯井相邻布置的疏散楼梯应采用封闭楼梯间。对于公共建筑中与电梯井相邻布置的疏散楼梯，是否也要求采用封闭楼梯间？

答：电梯井是烟火竖向蔓延的通道，建筑中的火灾和烟气会通过电梯井道蔓延到其他楼层，给人员安全疏散和火灾的控制与扑救带来更大困难。因此，疏散楼梯的位置要尽量远离电梯井，或将疏散楼梯设置为封闭楼梯间或防烟楼梯间。《建规》对住宅建筑的这一要求适用于公共建筑，只是公共建筑因楼层面积较大，不是普遍问题而未在标准中做明确要求。

问题 3-276 图 3-64（a）、（b）、（c）所示三个住宅户型，两侧疏散走道或前室同时向疏散楼梯间开口或两个前室均与两个户门直接连通，是否符合要求？

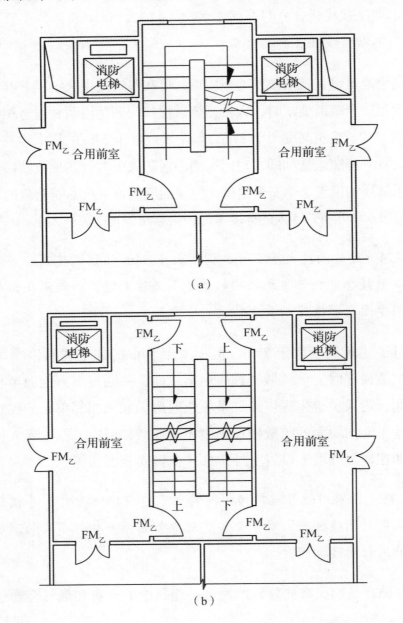

（a）

（b）

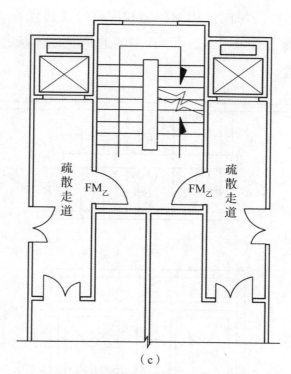

图3-64 住宅建筑中疏散楼梯间与前室或走道的联系示意图

答：住宅建筑中的疏散楼梯间是在建筑发生火灾时保障居民安全疏散的室内疏散安全区，同层开向同一疏散楼梯间的入口宜为1个，不宜同时开设多个入口。否则会降低疏散楼梯间的防火、防烟性能，影响人员的疏散安全。图3-64所示设计方案符合相关标准要求，但都是安全性较低的方案，需要尽量增设疏散走道连通楼梯间和前室，以减少直接开向前室和疏散楼梯间的户门数量。

问题 3-277 图3-65所示住宅建筑中消防电梯的前室与剪刀楼梯间的共用前室合用，位于消防电梯部位的前室面积和短边尺寸均满足规范要求，过道和客用电梯前的区域的面积是否可以计入该三合一前室的面积？

答：住宅建筑中与剪刀楼梯间的共用前室合用的消防电梯前室（简称三合一前室），至少应保证位于消防电梯层门正对部分的尺寸和使用面积符合消防电梯前室的要求。在此基础上，合用前室内的过道、位于前室内的客梯前区域的使用面积可以计入三合一前室的使用面积。位于三合一前室内其他区域的总使用面积与消防电梯前区域的使用面积之和应符合《建规》对三合一前室的最小使用面积要求，即不应小于 $12m^2$。其中的通道宽度不应小于住宅建筑中疏散走道的最小净宽度。

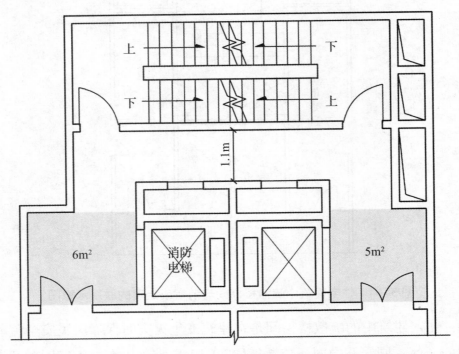

图 3-65　住宅建筑中三合一前室的最小使用面积与尺寸要求示意图

问题 3-278　住宅建筑中共用前室的疏散楼梯间，在首层可否共用同一直通室外的安全出口？

答：住宅建筑中共用前室的疏散楼梯间，其共用前室在建筑的首层实际上是一个扩大的前室，因而可以共用同一条疏散走道通向室外。有条件的，首层的疏散门要尽量分开设置在不同方位，如图 3-66（a）所示。当地下或半地下楼层与地上楼层的疏散楼梯间在首层均通至大堂时，应采用扩大的封闭楼梯间或扩大的前室在首层通至室外，如图 3-66（b）所示。

图 3-66（a）为地上楼层疏散楼梯间的前室，在首层共用前室并通过 2 个不同方向的出口直通室外的情形。图 3-66（b）为地上楼层与地下楼层的疏散楼梯间的前室，在首层通过扩大的前室在一个方向共用同一个出口直通室外的情形。

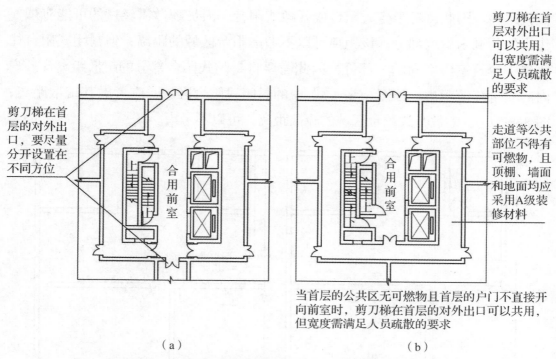

剪刀梯在首层对外出口可以共用，但宽度需满足人员疏散的要求

剪刀梯在首层的对外出口，要尽量分开设置在不同方位

走道等公共部位不得有可燃物，且顶棚、墙面和地面均应采用A级装修材料

合用前室

合用前室

当首层的公共区无可燃物且首层的户门不直接开向前室时，剪刀梯在首层的对外出口可以共用，但宽度需满足人员疏散的要求

（a）　　　　　　　　　　（b）

图3-66　共用前室在首层经过同一走道直通室外示意图

问题 3-279　别墅和跃层式住宅的户内楼梯，如何确定其疏散楼梯的宽度等？

答：别墅和跃层式住宅的户内楼梯仅供户内居民使用，属于户内疏散通道的一部分，不属于安全出口外的疏散安全区。因此，户内楼梯的宽度可以按照现行国家标准《住宅设计规范》GB 50096—2011 有关套内楼梯的规定确定，不需要满足《建规》有关住宅建筑中公共疏散楼梯的最小净宽度要求。

问题 3-280　位于住宅建筑公共区的储藏室，如何确定其安全疏散距离和疏散楼梯？

答：在住宅建筑公共区内设置的储藏室无论位于地上还是地下，均应按照公共建筑的有关要求确定其安全疏散距离、疏散楼梯间的形式和宽度。

问题 3-281　住宅建筑户内的安全疏散距离是否需要考虑阳台区域的距离？

答：住宅建筑户内的疏散距离应按照户内任一房间内任一点至户门的直线距离确定。建筑内有关疏散距离的要求均基于人员经过烟气疏散时可以行走的最大距离。因此，对于露天阳台或开敞式阳台，人员疏散需经过的可能有烟气作用的区域为室内部分，该距离可以不考虑阳台区域的距离；但封闭式阳台往往属于建筑室内空间的一部分，因此需要将封闭式阳台部分的疏散距离计入户内的安全疏散距离。如图3-67（a）中的封闭式阳台区域，应考虑其疏散距离；图3-67（b）中敞开式阳台区域的疏散距离，可以不考虑。

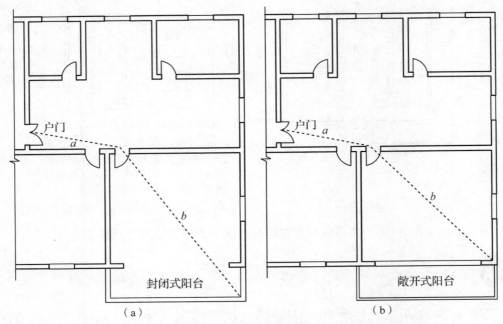

图 3-67　不同类型阳台的疏散距离计算方法示意图

问题 3-282　建筑高度大于54m的住宅建筑，要求户内设置一间在火灾时可用于人员避难的房间。建筑高度大于100m的建筑要求设置避难层，是否可以不设置这样的房间？

答：《建规》要求建筑高度大于54m的住宅建筑，每户均应设置一间在火灾时可用于人员避难的房间。这些建筑包括建筑高度大于100m的建筑，尽管《建规》要求建筑高度大于100m的建筑应设置避难层，但两者要求的作用不一样。前者是为每户提供一个在火灾时难以及时疏散的人员可以就地避难的条件；而后者是为火灾时在疏散过程中需要休息或停留的人员，或难以继续向下或向屋面疏散的人员提供一个集中的避难区域。此外，避难层还可以供消防救援人员休整、准备进攻使用。因此，设置避难层的住宅建筑仍应在每户设置一间满足居民在火灾时临时避难需要的房间。

4 建筑防火构造

4.1 建筑构件和管道井

问题 4-1 数字影院的放映室是否需要按照电影放映室、卷片室的要求与其他部位分隔?

答:数字影院的放映室主要采用数字播放器播放影片,相当于使用功率较大的投影仪,其火灾危险性比传统胶片(硝化纤维胶片属于易燃物质)电影的放映室低,但与观众厅属于不同火灾危险性和不同用途的区域,仍应按照要求采用耐火极限不低于 1.50h 的防火隔墙与其他部位分隔。当放映室内可燃物较少时,其观察孔和放映孔可不采取防火分隔措施。

问题 4-2 住宅建筑的储藏室是否要按照民用建筑内附属库房的要求采取防火分隔措施?

答:位于住宅建筑套内的自用储藏室可视具体情况(如建筑的耐火等级和结构类型)采取相应的防火分隔措施;对于建筑面积较大、存放可燃物品较多的储藏室,应采取防火分隔措施与其他区域分隔。对于在住宅建筑公共区内(如公共地下室)设置的储藏室,应按照民用建筑内附属库房的要求采取防火分隔措施。

问题 4-3 别墅或独栋住宅建筑内的机动车车库是否需要采取防火分隔措施?

答:附设在别墅或独栋住宅建筑内的机动车车库,无论建筑的耐火等级高低,均应采用耐火极限不低于 2.00h 的不燃性防火隔墙和耐火极限不低于 1.00h 的不燃性楼板与其他区域或部位分隔,墙上的门、窗应采用甲级或乙级防火门、窗。

问题 4-4 防火隔墙是否应设置在耐火极限不低于防火隔墙耐火极限的楼板或框架、梁等结构上？

答：防火隔墙应尽量设置在耐火极限不低于防火隔墙耐火极限的承重墙体或框架、梁等结构上。但是根据我国标准对同一耐火等级建筑不同形式受力构件耐火极限规定的原则，防火隔墙可以设置在相同耐火极限的楼板上。不过，在建筑结构受力的合理性上应尽量避免这种布置和分隔情况，并要对相应的楼板进行受力性能校核。

问题 4-5 具有耐火性能要求的房间隔墙与防火隔墙的主要区别有哪些？

答：防火隔墙是在建筑内为防止火灾蔓延至相邻区域，设置在不同火灾危险性的区域或房间之间且具有较高耐火性能的墙体。房间隔墙是为满足建筑内部功能要求而设置在不同房间之间的分隔墙体，房间隔墙不一定是防火隔墙。这两者的主要区别在于其耐火性能和构造：

（1）防火隔墙一般为不燃性构件，防火间隔对墙体的燃烧性能要求可以根据其所在建筑的耐火等级或结构类型确定。

（2）防火隔墙是根据标准要求设置在不同火灾危险性区域之间的墙体，用于防止火灾蔓延；房间隔墙是根据建筑内部功能需要设置在不同房间之间的墙体，用于满足内部的功能需要。

（3）防火隔墙的耐火性能和防火要求较房间隔墙高。

防火隔墙应从建筑的楼地面砌至上一层的梁、楼地板或屋面板的底面，不仅要求防火隔墙与梁体、柱体、相交接的墙体、楼地板或屋面板之间的缝隙要采取防火封堵措施，而且当管线穿过防火隔墙时也应采取相应的防火封堵措施；而标准对房间隔墙的耐火性能要求较低，对墙体与建筑结构之间的缝隙和管线穿过房间隔墙的缝隙等不要求采取防火封堵措施。防火隔墙上的门、窗应采用甲级或乙级防火门、窗。

房间隔墙也要从建筑的楼地面砌至上一层的梁、楼地板或屋面板的底面；除较大的开口外，房间隔墙上的门、窗一般不要求采用防火门、窗，其他孔洞或穿过墙体的管线等不严格要求进行防火封堵。

（4）房间隔墙可以是防火隔墙，也可以不是防火隔墙。防火隔墙可以用作房间隔墙，但房间隔墙难以替代防火隔墙。

问题 4-6　对于建筑中的同一个防火分区，其外墙上下层开口之间或别墅和跃层住宅的外墙上下层开口之间是否需要按照要求采取防火分隔措施？

答：建筑外墙上的开口是火灾通过立面蔓延的路径之一，应采取有效的措施防止火灾通过这些开口在建筑的上下层蔓延。常用的技术措施有：在开口处设置防火门、窗或防火分隔水幕等，在上下层的开口之间设置足够高度的窗间墙，在下一层开口的上方设置足够宽度和出挑深度的防火挑檐，对具有外幕墙构造的外墙还需配合层间封堵等措施。

对于建筑中同一个防火分区外墙上下层的开口，别墅的外墙上下层开口或跃层住宅建筑中同一户的外墙上下层开口，火灾可能蔓延的区域为同一防火分区，除其中的一些重要部位（如避难间、疏散楼梯间、重要功能房间等）外，可以不按照要求设置用于阻止建筑火灾通过这些开口蔓延的窗间墙或防火挑檐等防火措施。

问题 4-7　建筑外墙上设置窗槛墙和窗间墙部位可否采用防火窗替代？

答：建筑外墙上设置窗槛墙和窗间墙的部位，可以采用满足设计耐火性能要求的防火玻璃墙或窗扇不可开启的防火窗替代实体墙。鉴于可开启窗扇防火窗的防火可靠性和安全性受其窗扇能否在火灾时及时关闭的影响，而在火灾时自动关闭窗扇的可实施性不强，故不应采用可开启窗扇的防火窗。

问题 4-8　位于住宅建筑相邻户外墙上内转角处的开口之间的墙体宽度应符合什么要求？

答：根据《建规》第 6.1.3 条和第 6.1.4 条的规定，建筑不燃性外墙在防火墙两侧的开口之间的水平间距不应小于 2.0m，当外墙上的两个相邻开口位于建筑内转角处两侧不同的防火分区时，开口之间的水平距离不应小于 4.0m。根据《建规》第 6.2.5 条的规定，住宅建筑中相邻单元或相邻不同户外墙上开口之间的水平间距不应小于 1.0m。参考这些规定，位于住宅建筑相邻户外墙上内转角处的开口之间的墙体宽度应按照不小于 2.0m 考虑。该距离应按照开口之间的最近水平直线距离计算。住宅建筑中位于外墙内转角处的开口间距计算示意图参见图 4-1。

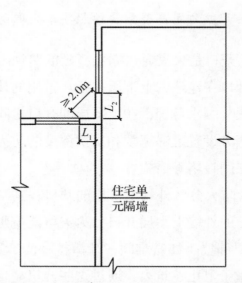

住宅单元隔墙

图 4-1　住宅建筑中位于外墙内转角处的开口间距计算示意图

问题 4-9　客、货电梯机房和消防电梯机房通向建筑内部的门，是否需要采用防火门？

答：建筑中的客、货电梯机房和消防电梯机房属于《建规》第 6.2.7 条规定的"其他设备房"。这些设备房开向建筑内的门应采用甲级或乙级防火门；当建筑高度大于 250m 时，应采用甲级防火门。

问题 4-10　电缆井等电气竖井是否可以作为电气设备间放置弱电设备、电气控制器等？

答：建筑中的电缆井等电气竖井具有一定的火灾危险性，且火灾隐蔽，不易及时发现，当电气竖井火灾被发现时，火灾往往已发生较大范围的蔓延。故每层应采取防火分隔和防火封堵措施，并使每个竖井相互分隔、相对独立，不宜兼作电气设备间。确需设置电气设备间时，要尽量设置自动灭火设施和火灾自动报警系统，采取相应的散热和通风措施。

4.2　疏散楼梯间和疏散楼梯

问题 4-11　设置在同一个防火分区内的疏散楼梯间的形式是否要求一致？

答：建筑中疏散楼梯间的形式主要取决于建筑的使用功能或火灾危险性、建筑高度或埋深和自然排烟条件等。建筑楼层上进入各疏散楼梯间的门为其所在防火分区的安全出口，因此设置在同一个防火分区内的疏散楼梯间的基本形式应一致；当采用室外疏散楼梯时，符合要求的室外疏散楼梯可以视为封闭楼梯间或防烟楼梯间；当采用封闭楼梯间但自然排烟条件不符合要求时，可以采用防烟楼梯间。

问题 4-12　屋面楼梯间的顶部设置了风机房、水泵房、电梯机房，可否直接向疏散楼梯间开门？是否可利用金属爬梯作为检修梯，而不设置疏散楼梯连通至屋面？

答：根据《建规》第 6.4.1 条～第 6.4.3 条的规定，风机房、水泵房、电梯机房等设备房的门均不应直接开向疏散楼梯间，可以通过一段走道连通，也可以在楼梯间的最上部用防火门隔断。风机房、水泵房、电梯机房等均属于可能有人场所，当设置在屋面楼梯间的顶部时，应设置独立的疏散楼梯下至屋面，利用建筑内部或建筑外墙上的疏散楼梯到达地面，不能利用单一的金属爬梯作为疏散楼梯。

问题 4-13　疏散楼梯间、前室的隔墙可否采用防火卷帘？

答：疏散楼梯间（包括封闭楼梯间、防烟楼梯间及其前室）属于人员的室内疏散安全区域，应采用耐火极限不低于 2.00h 的防火隔墙与其他区域分隔，不应采用防火卷帘，不宜采用防火玻璃隔墙替代。

问题 4-14　如何确定疏散楼梯的坡度、踏步的宽度和高度？

答：疏散楼梯的坡度、踏步的宽度和高度、级数等应满足现行国家标准

《民用建筑设计统一标准》GB 50352—2019 第 6.8.5 条和第 6.8.10 条等的要求。楼梯梯段的踏步高度和宽度、级数确定了，其坡度自然就确定了。

问题 4-15　疏散楼梯间和前室可否设置配电箱和电表箱？

答：疏散楼梯间和前室内不得设置配电箱、电表箱等设施。配电箱和电表箱确需设置在住宅建筑的敞开楼梯间内时，应采取加强性防火保护措施（如设置专用竖井，设置丙级防火门，采用满足防火要求的箱体，加设防火盖板或包覆等），且不应凸出墙体表面影响疏散等。

问题 4-16　疏散楼梯间和前室可否穿越电缆、桥架、通风管道等其他设施？

答：除住宅建筑和其他建筑中楼梯间的出入口、加压送风口或外窗外，封闭楼梯间、防烟楼梯间及前室的墙上不应开设其他门、窗、洞口；输送可燃液体、可燃气体的管道禁止穿过楼梯间和前室，其他类型的管道和电缆等不应穿过楼梯间和前室，难以避免时，应采取加强性防火保护措施（如设置金属套管等）。在住宅建筑的疏散楼梯间内设置燃气管道、管道井门等时，应符合《建规》第 6.4.1 条～第 6.4.3 条的规定。

问题 4-17　扩大的封闭楼梯间和扩大的防烟楼梯间前室是否适应于建筑地下、半地下部分的楼梯间？

答：根据《建规》第 6.4.2 条和第 6.4.3 条的规定，封闭楼梯间在建筑的首层可以将首层的疏散走道和门厅等包括在楼梯间内形成扩大的封闭楼梯间，防烟楼梯间在建筑的首层可以将首层的疏散走道和门厅等包括在楼梯间的前室内形成扩大的前室。这些规定是对建筑中疏散楼梯间的通用性规定，既适用于地上建筑，也适用于地下建筑或建筑的地下、半地下室内的疏散楼梯间；既适用于民用建筑，也适用于工业建筑和汽车库。

问题 4-18　扩大的封闭楼梯间和扩大的前室在建筑的首层直通室外的距离有否要求？

答：封闭楼梯间或防烟楼梯间在建筑首层扩大的封闭楼梯间或扩大的前

室，自封闭楼梯间在首层的出口处或防烟楼梯间在首层的门口处至建筑首层直通室外的门的直线距离不应大于30m。在建筑首层扩大的封闭楼梯间和防烟楼梯间扩大的前室示意图，如图4-2所示。

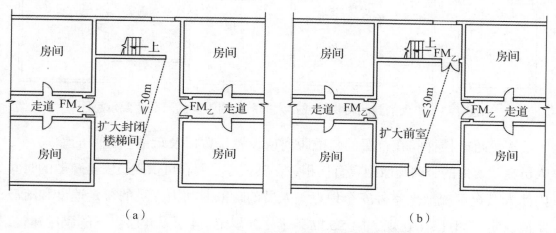

图4-2 扩大的封闭楼梯间和扩大的前室示意图

问题 4-19 扩大的封闭楼梯间或扩大的前室应采用乙级防火门等与其他走道和房间分隔，如何确定扩大的封闭楼梯间和扩大的前室周围房间的疏散距离？

答：对于建筑高度小于或等于250m的建筑，扩大的封闭楼梯间和扩大的前室应采用乙级防火门与周围房间分隔；对于建筑高度大于250m的建筑，扩大的封闭楼梯间和扩大的前室应采用甲级防火门与周围房间分隔。

在建筑首层扩大的封闭楼梯间和扩大的前室周围的房间，每个房间内的疏散距离（L_1）均应符合《建规》第5.5.17条第3款的规定，即房间内任一点至房间疏散门的直线距离（L_1）不应大于《建规》表5.5.17规定的袋形走道两侧或尽端的疏散门至最近安全出口的直线距离。例如，对于一座二级耐火等级的高层旅馆，该疏散距离（L_1）不应大于15m。位于首层的这些房间的安全疏散距离，即房间疏散门至建筑首层直通室外门口的直线距离（L_2），可以按照扩大的封闭楼梯间或扩大的前室内的最大疏散距离确定，即不应大于30m，如图4-3所示。

问题 4-20 一座层数大于4层的建筑，当其敞开楼梯间在首层的出口不能直通室外时，能否在首层采用扩大的封闭楼梯间？

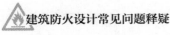

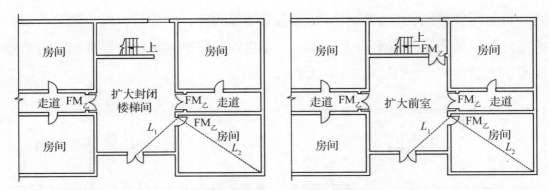

图4-3 扩大的封闭楼梯间或扩大的前室周围房间疏散距离示意图

答：疏散楼梯间在首层的疏散距离或设置位置以及疏散楼梯间的形式，与人员在建筑内的竖向疏散距离直接相关，其核心是要在可供人员安全疏散的时间内使人员全部疏散至室外安全地点。人员的疏散时间由人员的行走速度和疏散距离决定。因此，《建规》第5.5.17条第2款规定，4层及4层以下的民用建筑，其敞开楼梯间在首层的出口可设置在距离建筑直通室外的门口不大于15m处。

封闭楼梯间具有较高的安全性，在建筑的首层设置扩大的封闭楼梯间，实际上是要求提高建筑首层中扩大到楼梯间内的区域的防火性能。因此，对于5层及5层以上的民用建筑，其敞开楼梯间在首层的开口不能直通室外时，可以在首层采用扩大的封闭楼梯间，以满足人员安全疏散的要求，不应将疏散楼梯间直接设置在距离建筑直通室外的门口不大于15m处。

问题 4-21 扩大的封闭楼梯间和扩大的防烟楼梯间前室是否可以用于除首层以外的其他楼层？

答：扩大的封闭楼梯间和扩大的防烟楼梯间前室主要用于解决建筑中的疏散楼梯在首层不能直通室外的问题。由于在疏散楼梯间或防烟楼梯间的前室不允许设置除疏散门、送风口以外的其他开口，不得用于疏散和避难外的其他用途，而且要尽量缩短建筑的竖向疏散距离，以更好地保障人员疏散的安全性。因此，采用扩大的封闭楼梯间和扩大的防烟楼梯间前室这种做法一般不允许用于除建筑首层以外的其他楼层。

但是对于疏散人数较多的楼层，为防止人员在进入疏散楼梯的门口处发生拥挤而不能进入更安全的楼梯间，可以采用增大前室或楼梯间休息平台面积的方式缓解此情形。

问题 4-22 采用机械加压送风系统的封闭楼梯间，当在首层采用扩大的封闭楼梯间时，封闭楼梯间在建筑的首层出口处是否需要设置防火门，以满足楼梯间的正压送风要求？

答：根据《建规》第 6.4.2 条的规定，封闭楼梯间不能自然通风或自然通风条件不能满足要求时，应设置机械加压送风系统或采用防烟楼梯间。采用设置机械加压送风系统进行防烟的封闭楼梯间，在建筑的首层采用扩大的封闭楼梯间通向室外时，为满足楼梯间内的正压送风要求，应在封闭楼梯间的出口处设置门。此时，相当于该封闭楼梯间在首层设置了扩大的前室。因此，封闭楼梯间在首层出口处的门可以不采用防火门，但其漏风量应能满足正压送风的要求，首层其他区域也需要按照扩大的前室的要求采取防火分隔措施与周围相连通的房间、通道等进行分隔，并采取烟气控制措施。

问题 4-23 扩大的防烟楼梯间前室如无法满足其机械加压送风要求，有何解决方法？

答：建筑内一个空间的防烟可以采用机械加压送风的方式，也可以采用机械排烟或自然排烟的方式来实现，其目标是要确保需要防烟的空间内不会被烟气侵入，或者从外部溢入的烟气能够尽快排除，不会影响人员的安全疏散和后期消防救援人员的安全。

防烟楼梯间在建筑首层采用扩大的前室时，如该扩大的前室空间体积较大，往往难以通过设置机械加压送风系统来保证前室所需正压值，或者即使可以设置机械加压送风系统，但经济上是不合理的。此时，可以在该扩大的前室设置机械排烟系统或自然排烟系统来进行防烟，并根据建筑条件尽可能采用自然排烟方式。

问题 4-24 住宅建筑由于平面布置难以将电缆井和管道井的检查门开设在其他位置时，可以设置在前室或合用前室内。其中"难以将检查门开设在其他位置"是指哪些位置？

答：住宅建筑中电缆井和管道井的检查门因平面布置难以开设在其他位置时，可以设置在前室或共用前室内，但检查门应为乙级或甲级防火门。其中"难以开设在其他位置"，主要指户门直接开向共用前室的情况，但对于与消防电梯的合用前室，除共用前室与消防电梯前室合用的前室外，不允许开设电缆井和管道井的检查门。在共用前室与消防电梯前室合用的前室内开设电缆井和管道井的检查门时，应采用甲级防火门。

问题 4-25 住宅建筑中电缆井和管道井的检查门可否开设在首层扩大的封闭楼梯间或扩大的防烟楼梯间前室内？

答：楼梯间在建筑首层的扩大封闭楼梯间或扩大的防烟楼梯间前室是需要控制为火灾危险性较低的区域，空间体积一般较大。因此，该区域既需要确保其具有较高的防火性能，又要具有较好的条件防止烟气影响人员的疏散安全。

当住宅建筑中电缆井和管道井的检查门由于平面布置难以开设在其他位置时，可以设置在首层扩大的封闭楼梯间或扩大的前室内，但检查门应为乙级或甲级防火门；对于建筑高度大于 250m 的建筑，检查门应采用甲级防火门。

问题 4-26 建筑的地下或半地下区域与地上区域确需共用楼梯间时，可否在首层共用建筑直通室外的出口？

答：除部分允许设置中庭的场所外，建筑的地下、半地下区域与地上区域实际上是两个不同的建筑空间，具有不同的设防标准。为保证建筑的地下区域与地下区域各自相对独立，防止人员在应急疏散过程误入地上或地下，建筑的地上区域和地下区域不应共用楼梯间；确需共用楼梯间时，应在首层采用耐火极限不低于 2.00h 的防火隔墙和乙级防火门将地下或半地下区域与地上区域的连通部位完全分隔，使地下区域和地上区域的疏散楼梯出口位于不同位置，并尽可能直接通向室外。

因此，建筑的地下或半地下区域与地上区域确需共用楼梯间时，一般应分别直通室外，尽量不共用建筑在首层直通室外的出口。但如受条件限制，也不限制人员从楼梯间出来后在首层共用建筑直通室外的出口。此时，需要将首层用于人员疏散的区域按照扩大的封闭楼梯间或扩大的前室进行设防。建筑地下区域与地上区域的疏散楼梯间在首层的分隔示意图参见图 4-4。

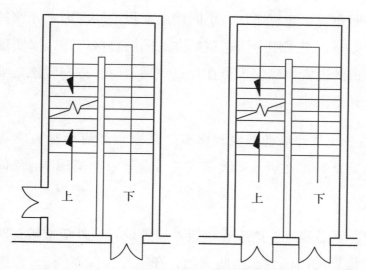

图 4-4   建筑中地下区域与地下区域的疏散楼梯间在首层的分隔示意图

问题 4-27   在确定地下、半地下建筑（室）的疏散楼梯间形式时，如何确定地下的层数或埋深？

答：疏散楼梯间的形式是根据人员在竖向的疏散距离和所服务区域的火灾危险性或功能确定的。在确定地下、半地下建筑（室）疏散楼梯间的形式时，地下室或地下建筑的层数应为其自然层数，包括有人使用和无人使用的楼层，即设备夹层；地下或半地下建筑（室）的埋深应为人员可能进入的地下最下一层的地面至疏散楼梯在室外出口地面（该地面可能是自然地坪，也可能是楼梯出口平台，但不是室外设计地面，也不是下沉庭院或下沉广场的室外设计地面）之间的高度。

问题 4-28   除通向避难层错位的疏散楼梯外，建筑内的疏散楼梯间在各层的平面位置不应改变。如无法避免时，可通过何种方式转换？

答：疏散楼梯是建筑内人员竖向疏散的主要设施，有时甚至是唯一的疏散路径，必须确保其在使用时的安全性和便捷性。疏散楼梯的设置不能导致人员在疏散过程中迷失方向而贻误宝贵的安全逃生时间，更不能使人员误入其他不安全的区域，导致疏散失败而造成人员伤亡。为此，确保建筑内的疏散楼梯间在各层的平面位置不发生改变是一种可靠的方式。但是当建筑内个别部位的疏散楼梯因平面布置、建筑形状、不同楼层面积不同等因素导致其在上下楼层不得不错位布置时，应采用专用通道的方式同层直接连通，以实现上述设计目标。该专用通道的设置要确保人员在经过该通道时，方向应该是唯一的，不会被导向或误入其他区域。

问题4-29 当建筑外墙的耐火极限低于疏散楼梯间的防火隔墙和乙级防火门的耐火性能要求时，是否有必要提高室外疏散楼梯周围2m范围内墙体的耐火性能？

答：通常，当沿建筑外墙或在建筑外墙外设置室外疏散楼梯时，建筑各层通向室外疏散楼梯的门应为乙级防火门，在室外楼梯周围2m范围内的墙面上不应设置门、窗等洞口。但是建筑的耐火等级有一、二、三、四级以及木结构建筑，国家相关标准对不同耐火等级建筑或木结构建筑外墙的耐火性能要求不一。因此，室外疏散楼梯梯段和休息平台的耐火性能和燃烧性能可以按照不低于其所在建筑耐火等级对建筑外墙的耐火性能要求来确定，也不要求提高室外疏散楼梯周围2m范围内外墙的耐火性能。

问题4-30 在建筑首层外墙上对应于上部各层通向室外疏散楼梯的疏散门位置处可否开设门？

答：建筑发生火灾时一般要求整座建筑同时疏散，各层的疏散人员经过楼梯间到达下一层会因楼层的高度而产生一定的时间差。建筑的室外疏散楼梯具有良好的防止烟气积存的性能，但一般没有围护结构或不完全封闭，难以阻止火势和烟气的直接作用。因此，建筑各层通向室外疏散楼梯处应设置门，设置疏散楼梯部位的周围外墙上一定范围内要限制设置其他无防火保护的开口（如《建规》第6.4.5条规定，在室外疏散楼梯周围的外墙上2m范围内不应设置其他开口）。

建筑内火灾发生的位置是随机的，即建筑的首层也可能发生火灾，如在建筑首层外墙上对应于上部各层通向室外疏散楼梯的疏散门位置处设置门，虽也可能使该室外疏散楼梯受到建筑内部烟气蔓延的作用，但其作用和在其他楼层发生火灾的情形是一样的。因此，在室外疏散楼梯的下部首层可以与其他楼层一样设置疏散门。为尽量减小疏散门对室外疏散楼梯的影响，各层通向室外疏散楼梯的门（包括首层直接对外门），其开启过程和开启后的位置均不应影响人员的疏散，不应减小楼梯或休息平台的有效使用宽度，门应为乙级或甲级防火门。首层直通室外的门应尽可能避开无外围护结构保护的室外疏散楼梯设置，见图4-5。

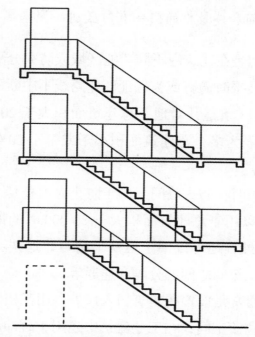

图4-5　建筑首层外墙上设置疏散门的位置示意图

问题 4-31　《人民防空工程设计防火规范》GB 50098—2009 和《建规》对下沉广场的规定有何区别？

答：现行国家标准《人民防空工程设计防火规范》GB 50098—2009 第3.1.7条和《建规》第6.4.12条关于下沉广场的规定基本一致。这两项标准的有关要求均是针对总建筑面积大于 20 000m² 的地下商店，需要利用下沉广场划分为多个总建筑面积小于或等于 20 000m² 的区域对下沉广场的基本规定，同时考虑了下沉广场兼作人员疏散的需要。这些规定重点在于确保防火分隔的有效性。这两项标准的主要区别在于，下沉广场顶部需要设置雨篷等封闭围护结构时所需开口面积略有差异，但本质是一样的。在实际工程设计时，应按照《建规》

的要求确定。

此外，还有其他用途的下沉广场，如仅用于人员疏散、用于人员疏散兼作灭火救援场地、用于避难和疏散等用途，不同用途的下沉广场的防火要求均有所不同，不应将现行标准中明确用于防火分隔的下沉广场的要求生搬硬套地用于其他用途的下沉广场。相关内容还可参见问题3-100的释疑。

问题 4-32 防火隔间和建筑中的门斗有何区别？

答：（1）防火隔间是在建筑内不同功能区域或防火分隔区域之间，用于防止火灾蔓延又满足人员平时通行或为保证商业路线不中断而设置的防火分隔用房间。《建规》第6.4.13条是针对地下总建筑面积大于20 000m²的地下商店，需要利用防火隔间分隔为多个总建筑面积小于或等于20 000m²的区域时对防火隔间的基本要求。

在建筑内发生火灾时，防火隔间只用于防止火灾蔓延，不用于人员疏散和通行。防火隔间除可以用于总建筑面积大于20 000m²的地下商店划分多个分隔区域后之间的连通外，还可以用于地铁车站与非地铁功能之间的分隔和连通、冷库的库房与加工车间之间的分隔和连通等。

（2）建筑的门斗通常是设置在建筑物入口处，用于挡风、防寒、避光、隔声、冷热区衔接等的过渡空间；在工业建筑中还用于缓冲爆炸冲击作用，降低爆炸对疏散楼梯间和相邻区域的作用，起防爆隔离，限制爆炸性可燃气体、可燃蒸气混合物扩散的作用。

（3）根据防火隔间和门斗的上述作用，为保证人员通行、防止火灾蔓延、减小爆炸作用或防止爆炸性气体扩散，国家相关标准规定了相应的基本要求，详细要求见《建规》等标准。

问题 4-33 当建筑中部分安全出口通向避难走道，并有多个防火分区利用同一条避难走道进行疏散时，如何确定该避难走道的宽度？

答：根据《建规》第6.4.14条的规定，用于防火分隔的避难走道兼作人员疏散使用时，避难走道的宽度不应小于任意一个防火分区通向该避难走道的设计疏散总净宽度。例如，一条避难走道连通3个防火分区，这些防火分区通向该避难走道的安全出口的总净宽度分别为 4m、5m 和 6m，则该避难走道的最小净宽度应为 6m。

但是，实际上不同防火分区或同一个防火分区通向避难走道的安全出口如果不是集中在一处或邻近，而是相互间存在较大间距时，在相邻两个安全出口之间的避难走道可以在疏散过程中同时容纳一定的人数。此时，避难走道的最小宽度按照其中任意一个防火分区通向该避难走道的设计疏散总净宽度中的最大值确定是保守的。当安全出口通向避难走道的位置位于同一处时，会增加此处人员疏散的拥挤排队现象，如避难走道的宽度仍按照上述方法确定，则可能会增加人员脱离危险区域的时间，是不安全的。此时，避难走道的宽度按照此处安全出口的宽度之和与其他位置安全出口宽度的较大值确定较合理。因此，避难走道实际所需净宽度可以根据相邻防火分区向避难走道疏散的总人数和能够在同一疏散时间内经过避难走道疏散至前方走道或室外地坪的人数为基础通过计算确定。

例如，假设建筑内有 2 个防火分区（防火分区 A 和防火分区 B）经过同一条避难走道进行疏散，每个防火分区有 1 个安全出口通向该避难走道，两个安全出口（出口 A 和出口 B）的净宽度分别为 W_1（m）和 W_2（m），两个安全出口相互间隔 L（m），避难走道所需宽度为 W（m），单位时间、单位宽度安全出口或走道内通过的人数为 P［人/（m·s）］，疏散时间为 t（s）。

（1）当该避难走道只有 1 个出口直通室外地面时，假设人员沿避难走道自出口 A 至出口 B 方向疏散。该避难走道所需最小净宽度可以按照下述方法计算确定：

1）每个防火分区在相同疏散时间内进入该避难走道的人数为：$N_i = W_i \cdot P \cdot t$（人），$i$=1，2；

2）在防火分区 A 的出口 A 与防火分区 B 的出口 B 之间的避难走道内，可以容纳的人数为：$N = n \cdot L \cdot W$（人）；

3）当 $N_1 \leqslant N$ 时，$W = \max（W_1，W_2）$（m）；当 $N_1 > N$ 时，将有（$N_1 - N$）的人数进入下一段避难走道与从出口 B 出来的人员合流，$W = \max\left(W_1，W_1 + W_2 - \dfrac{nLW_1}{Pt}\right)$（m）。

n 为避难走道内的合理人员密度，一般取 2 ~ 2.5（人/m²）；水平行走时，P 通常取 1.0［人/（m·s）］，向上经楼梯或台阶行走时，取 0.7［人/（m·s）］。

（2）当该避难走道有 2 个出口直通室外地面时，由于人员的疏散具有 2 个不同方向的选择，该避难走道所需最小净宽度，理论上可以按照这两个防火分区中通向避难走道宽度最大的一个安全出口的宽度确定，即 $W=\max(W_1, W_2)$（m）。但是人员在应急疏散过程中，通常会在从众心理作用下选择大多数人去往的出口，因此该避难走道所需最小净宽度还需考虑人员不均匀分布系数，也可以直接按照只有一个直通室外地面出口的避难走道所需最小宽度确定。人员的不均匀系数通常可以根据黄金分割比例确定，即走道的宽度可以按照 $W=\max[(0.382W_1+W_2),(0.382W_2+W_1)]$（m）确定。

（3）当有 2 个及以上防火分区且每个防火分区有 2 个及以上安全出口通向避难走道时，可以依据上述方法类推，参见图 4-6。

问题 4-34　通过避难走道进入防烟楼梯间，是否需要设置前室？

答：避难走道是具有防烟性能，并在走道两侧设置耐火极限不低于 3.00h 的防火隔墙，用于人员安全通行至室外的走道。避难走道主要用于解决进深大、单层面积大的建筑或地下建筑中受地面条件限制难以设置直通地面出口的区域的人员疏散问题。因此，在建筑内进入避难走道处应设置防烟前室，避难走道应具有直通室外地面的出口。

本质上，避难走道的功能和防火、防烟性能与建筑竖向的防烟楼梯间基本相当，但也有所区别。避难走道如需采用楼梯间通至室外时，该楼梯间不应在建筑的其他楼层设置开口，而应直接通向室外地面，即该楼梯间是为解决避难走道所在地面与出口处室外地面之间高差所设置的台阶。所谓避难走道进入防烟楼梯间这一说法是不妥的。避难走道本身就需要设置防烟前室，较长的避难走道还需设置防烟措施。因此，不需要在避难走道通往室外地面前再设置防烟楼梯间、前室或封闭楼梯间。

问题 4-35　避难走道的前室应符合什么防火要求？

答：避难走道是建筑内人员的疏散安全区，从建筑内进入避难走道前应设置防烟前室。该前室应符合下列防火要求：

（1）使用面积不应小于 6.0m²。

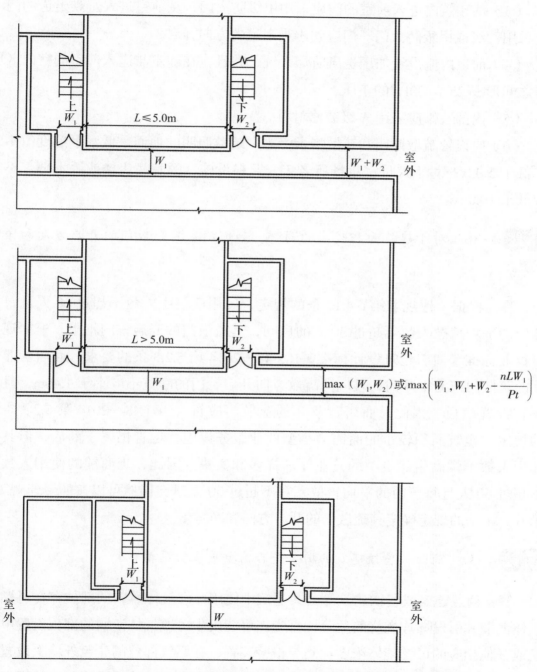

图 4-6　多个安全出口或疏散楼梯共用同一条疏散走道时疏散
走道的宽度确定方法示意图

（2）应采用耐火极限不低于 2.00h 的防火隔墙和耐火极限不低于 1.00h 的楼板与相邻区域及避难走道分隔。

（3）从建筑内进入前室的门应采用甲级防火门；从前室进入避难走道的门应采用乙级或甲级防火门。门应朝避难走道的方向开启。

（4）前室内应设置加压送风防烟系统，并且应在前室与进入前室的室内区域之间形成 25 ~ 30Pa 的正压。

（5）内部装修应采用 A 级装修材料。

（6）应设置疏散照明和疏散指示标志。疏散照明的地面最低水平照度值不应低于 5.0 lx；对于人员密集场所老年人照料设施、医院病房楼或手术部，不应低于 10.0 lx。

问题 4-36 对于建筑面积较小的商铺，如何确定其疏散门的开启方向和净宽度？

答：根据《建规》第 6.4.11 条的规定，民用建筑中人数不超过 60 人且每樘门的平均疏散人数不超过 30 人的房间，其疏散门的开启方向不限。根据现行行业标准《商店建筑设计标准》JGJ 48—2014 第 5.2.3 条的要求，商店营业厅的疏散门应为平开门，且应向疏散方向开启，门的净宽不应小于 1.40m，且不宜设置门槛。因此，商店营业厅的疏散门应符合 JGJ 48—2014 第 5.2.3 条的规定。建筑面积较小的商铺为小型商业服务设施，尽管仍属于商店，但其使用人数不像商店建筑中的营业厅那样多和聚集。因此，当商铺的使用人数不超过 60 人且每樘门的平均疏散人数不超过 30 人时，仍然可以按照《建规》第 6.4.11 条的规定确定其疏散门的开启方向和净宽度。

问题 4-37 商业、餐饮建筑的厨房是否需要采取防爆措施？

答：商业建筑或餐饮建筑等公共建筑中使用可燃气体燃料的部位存在可燃气体泄漏并引发爆炸燃烧的危险性，应在可能发生可燃气体泄漏的部位设置甲烷或其他相应的可燃气体浓度检测与报警装置，在用气部位的建筑外墙上设置相应的防爆泄压面积，电气装置应设置在爆炸危险性区域外或采用相应防爆等级的电气设备，参见图 4-7。

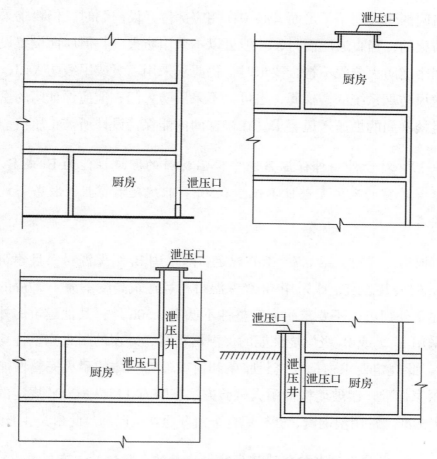

图 4-7　燃气厨房泄压口设置示意图

4.3　防火门、防火窗和防火卷帘

问题 4-38　疏散楼梯间直通室外的门是否需要采用防火门？

答：建筑中的封闭楼梯间、防烟楼梯间均应设置防止烟气进入楼梯间以及前室的门。进入疏散楼梯间和前室的门一般应为乙级或甲级防火门，如高层工业建筑、高层民用建筑、人员密集的多层公共建筑、人员密集的多层丙类厂房、甲类厂房和乙类厂房。对于建筑高度大于 250m 的建筑，进入前室和防烟楼梯间的门均应为甲级防火门。除上述建筑外的其他建筑，楼梯间的门可以根据具体情况采用防火门或双向弹簧门。

疏散楼梯间直通室外的门，当直通室外地面时，一般不要求采用防火门，但当建筑间的防火间距不足而又必须在相应部位开设门洞时，仍要求采用乙级或甲级防火门；当直通屋面时，一般可以不采用防火门，但屋面设置设备房等房间且间距或防火分隔不符合要求时，仍要求采用乙级或甲级防火门；对于设置加压送风防烟系统的楼梯间，也可以不采用防火门，但应保证门的密闭性能可以满足楼梯间的加压送风要求，在楼梯间内能保持设计所需正压值。

问题 4-39　对于外墙外保温系统中保温材料的燃烧性能为 B_1 或 B_2 级的建筑，要求其外窗的耐火完整性不低于 0.50h。此规定对窗框、胶条、玻璃等有何特殊要求？

　　答：根据《建规》第 6.7.7 条的规定，除采用 B_1 级保温材料且建筑高度不大于 24m 的公共建筑，或采用 B_1 级保温材料且建筑高度不大于 27m 的住宅建筑，其建筑外窗可以不要求耐火完整性不低于 0.50h 外，其他建筑的外墙外保温系统采用 B_1 级或 B_2 级燃烧性能的保温材料时，外窗的耐火完整性均不应低于 0.50h。此规定要求窗框、密封胶条和窗玻璃等一体的耐火完整性能均应符合现行国家标准《镶玻璃构件耐火试验方法》GB/T 12513—2006 规定的测试方法和判定标准。常用塑钢窗、断桥铝合金窗等通常难以满足此耐火性能的要求。

问题 4-40　当采用防火玻璃墙替代防火墙或防火隔墙时，有何要求？

　　答：防火玻璃墙是由防火玻璃、镶嵌框架和防火密封材料组成，在一定时间内满足一定耐火性能要求的非承重隔墙。防火玻璃按照其耐火性能可分为隔热型防火玻璃（A 类）和非隔热型防火玻璃（C 类），按照其耐火极限可分为 0.50h、1.00h、1.50h、2.00h、3.00h 五个等级。防火玻璃隔墙的耐火性能应符合现行行业标准《防火玻璃非承重隔墙通用技术条件》XF 97—1995 的要求。

　　当设置防火墙或防火隔墙处有特殊功能需要时，防火墙可以局部采用防火玻璃墙替代，不宜全部采用防火玻璃墙；防火隔墙可以局部或整体采用防火玻璃墙替代；但对于建筑高度大于 250m 的民用建筑，不应采用防火玻璃墙整体或局部替代防火墙或防火隔墙。防火玻璃墙的可靠性与镶嵌框架、防火玻璃的耐火性能及其构造有关，因此在应用中要符合以下基本要求：

　　（1）要采用可靠性高的防火玻璃及其镶嵌框架，应用尺寸不宜超过防火玻璃墙的认证检验尺寸。

（2）对于防火墙，应采用 A 类防火玻璃墙，不应采用 C 类防火玻璃墙。

（3）对于防火隔墙，一般应采用 A 类防火玻璃墙。当隔墙另一侧无可燃物或者采用 C 类防火玻璃墙不会因热辐射作用引燃隔墙另一侧的可燃物时，可以采用无防护冷却系统保护的 C 类防火玻璃墙；否则，C 类防火玻璃墙应采用防护冷却系统保护。C 类防火玻璃应尽量选用夹胶防火玻璃。

（4）防火玻璃墙的耐火极限不应低于所替代防火墙或防火隔墙的耐火极限要求。

问题 4-41 当采用防火卷帘替代防火墙或防火隔墙时，有何要求？

答：防火卷帘由帘面、导轨、箱体、卷门机、控制箱等组成，按照其耐火极限可分为钢质防火卷帘、钢质防火防烟卷帘、无机纤维复合防火卷帘、无机纤维复合防火防烟卷帘和特级防火卷帘。特级防火卷帘的耐火性能能够同时符合相应的耐火完整性、隔热性和防烟性能的要求，耐火极限不低于 3.00h。防火卷帘的性能应符合现行国家标准《防火卷帘》GB 14102—2005 和《门和卷帘的耐火试验方法》GB/T 7633—2008 的要求。

当设置防火墙或防火隔墙处有特殊功能需要时，防火墙或防火隔墙上的较大开口可以采用防火卷帘替代，并应符合下列基本要求：

（1）疏散楼梯间、疏散楼梯间的前室或合用前室、消防电梯前室、避难走道及其前室、疏散走道两侧的隔墙等部位的防火隔墙或分隔，不应采用防火卷帘。

（2）建筑高度大于 250m 的民用建筑中的防火墙或防火隔墙不应采用防火卷帘整体或局部替代。

（3）对于总建筑面积大于或等于 100 000m²（不包括住宅和写字楼部分的建筑面积），集购物、旅店、展览、餐饮、文娱、交通枢纽等两种或两种以上功能于一体的超大城市综合体，不应采用侧向或水平封闭式及折叠提升式防火卷帘。

（4）对于需要借用相邻防火分区进行疏散的防火分区，在与相邻防火分区的防火墙上不应设置防火卷帘。

（5）对于防火墙，防火卷帘的设置长度应符合《建规》第6.5.3条的要求。对于防火隔墙，防火卷帘的设置长度可以根据实际情况确定，但也要尽量控制其设置长度。

（6）防火卷帘一般应采用特级防火卷帘。防火卷帘的耐火极限不应低于所在防火墙或防火隔墙的耐火极限要求。

（7）在建筑发生火灾时，防火卷帘的电源应由消防电源保障。其他要求应符合《建规》第6.5.3条的规定。

问题 4-42 在建筑内自动扶梯等上、下楼层连通口部位设置的防火卷帘，是否有长度限制？

答：建筑内自动扶梯等上下楼层的连通开口，其火灾危险性与中庭类似。当为保证扶梯的正常使用在该开口部位设置防火卷帘时，防火卷帘的长度没有限制，但一般应只在自动扶梯的出入口部位设置防火卷帘，而在其他部位设置防火隔墙。另外，在每层设置防火卷帘的附近应设置逃生门，门的净宽度不宜小于0.9m，不应小于0.8m，以免影响在扶梯上未及疏散的人员及时逃生。

问题 4-43 在建筑内的防火分隔部位是否可以采用侧向封闭式、水平封闭式或折叠提升式防火卷帘？

答：根据《关于加强超大城市综合体消防安全工作的指导意见》（公消〔2016〕113号）的要求，在总建筑面积大于100 000m² 的大型城市综合体中严禁使用侧向式、水平封闭式和折叠提升式防火卷帘。

根据《建规》第6.5.3条的规定，在建筑内防火分隔部位设置的防火卷帘，应具有火灾时靠自重自动关闭的功能。侧向封闭式、水平封闭式防火卷帘不具备自重自动关闭功能，折叠提升式防火卷帘也未有效解决自重自动关闭的功能，不符合《建规》的规定。因此，在建筑内的防火分隔部位不应采用侧向式、水平封闭式和折叠提升式防火卷帘，以确保防火分隔的可靠性和有效性。

问题 4-44　可否用耐火极限不低于 3.00h 的特级防火卷帘或防火玻璃墙替代防火墙?

答：防火墙的耐火极限应满足耐火完整性、隔热性和承载能力的要求，且不应低于 3.00h。防火墙应直接设置在建筑的基础上，或建筑中耐火极限不低于防火墙耐火极限的框架、梁等承重结构上，不应直接设置在耐火极限不低于 3.00h 的楼板上。防火墙的构造应使其能在火灾中保持足够的稳定性能，并发挥隔烟阻火作用，不会因高温或邻近结构破坏等作用而引起防火墙的倒塌或被破坏。

在大部分场所中，防火墙上较大的开口或有特殊功能要求的部位可以采用耐火极限不低于 3.00h 的特级防火卷帘或 A 类防火玻璃墙局部替代。允许采用防火卷帘或防火玻璃墙局部替代防火墙的场所和部位应符合国家相关标准的规定。

问题 4-45　消防控制室、消防水泵房、消防电梯机房、空调机房、锅炉房、变压器室、变配电室和发电机房等设备房中直通室外的疏散门，是否需要采用防火门?

答：为防止可能的设备火灾蔓延至设备房外部，或者设备房外部的火灾危及设备用房的安全，消防控制室、消防水泵房、消防电梯机房、空调机房、锅炉房、变压器室、变配电室和发电机房等应设置防火墙或防火隔墙和耐火楼板等与其他区域分隔，防火墙或防火隔墙上的门应为甲级或乙级防火门。当这些设备房的门直接开向室外时，是否采用防火门要视设备房的火灾危险性、周围环境条件和门洞上部的开口情形等确定，一般可以不采用防火门。但下列情形的设备房中直通室外的门仍应采用乙级或甲级防火门，当在这些设备房的门洞口上方设置了耐火极限不低于 1.00h，挑出深度不小于 1.0m、宽度不小于门洞口宽度的防火挑檐时，可以不采用防火门：

（1）变配电室、变压器室、发电机房等火灾危险性较大的设备房；

（2）与相邻建筑防火间距不符合标准规定的设备房，且设备房的门直接开向相邻建筑；

（3）设备房门口上一层的外墙具有开口且未设置防火挑檐等防火措施的设备房。

4.4 天桥、栈桥和管沟

问题 4-46 在两座防火间距符合标准要求的建筑之间设置运送煤粉的栈桥、皮带廊等时，是否需要采取防火分隔措施？

答：在建筑之间设置运送可燃物的栈桥、皮带廊等时，栈桥和皮带廊及其所运输的可燃物都可能导致火势从一座建筑蔓延至另一座建筑。因此，无论相邻建筑的间距是否符合标准规定的防火间距，在栈桥、皮带廊等与建筑物连接的洞口处均应采取防止火灾蔓延的措施，如设置防火门、防火卷帘、防火分隔水幕等。

问题 4-47 民用建筑之间的天桥与连廊有何区别？

答：民用建筑之间的天桥和连廊均为连接不同建筑物、方便人员通行的架空建筑构筑物。天桥与连廊的主要区别为封闭性不一样。连廊的两侧和顶部都有围护结构，周围开敞面积小或完全封闭；天桥通常为开敞式结构，也可以有雨篷。

问题 4-48 建筑通向天桥和连廊的门能否作为安全出口？如作为安全出口，应符合什么要求？

答：建筑通向天桥或连廊的门可以作为建筑中直通室外的安全出口。建筑利用天桥或连廊疏散时，要符合下列基本要求：

（1）应采用与相邻建筑耐火等级相适应的材料构造，一般应采用不燃材料。

（2）应仅用于人员通行，不能用于其他具有火灾危险性的用途，如设置商铺、摊位等。

（3）天桥或连廊两端与建筑物相通的开口应采取防火分隔措施。天桥、连廊周围不应有危及其人员疏散安全的情况，如在天桥、连廊下方或相邻部位不宜开设门窗洞口，或对这些开口采取相应的防火措施。

（4）建筑物通向天桥、连廊的出口应符合安全出口的要求，如疏散门的开启方向、门的最小净宽度、疏散指示标志等。

问题 4-49　连接同一建筑的不同部分或两座不同建筑的连廊是否需要考虑连廊部分的人员疏散？

答：连接同一建筑的不同部分或两座不同建筑的连廊是否需要考虑其人员疏散，主要根据连廊的面积和使用用途确定。当连廊面积较大且有实际使用用途时，应按照独立的防火分区考虑其人员疏散；当连廊只用作交通功能时，可以不单独考虑其人员疏散。连廊两端通向相邻建筑区域的门可以作为安全出口，但应符合相应的防火与疏散要求。

问题 4-50　建筑通向天桥、连廊的门作为安全出口时，是否需要控制其疏散净宽度不大于疏散总净宽度的 30%？

答：建筑通向天桥、连廊的门符合安全出口的要求时，该天桥、连廊可以视为着火建筑外的人员疏散安全区域，不要求按照《建规》第 5.5.9 条有关借用相邻防火分区进行疏散的要求控制通向天桥或连廊的出口总净宽度。

问题 4-51　天桥、连廊与建筑物的连通处必须采用防火门等进行防火分隔吗？

答：在天桥、连廊与建筑物的连通处一般应采取防火分隔措施，大多数情况是在连通的开口处设置乙级或甲级防火门。对于采用不燃材料建造的开敞式天桥，当天桥两侧建筑的间距符合防火间距要求时，开口处的门也可以不采用防火门；当连通处的洞口尺寸较大时，还可以采用防火卷帘或防火分隔水幕等分隔。

问题 4-52　当天桥、连廊与建筑中的开敞式外廊连通时，需要进行防火分隔吗？

答：天桥、连廊与建筑中的开敞式外廊连通时，由于开敞式外廊具有较好的自然通风排烟条件，难以导致烟气蔓延，但是在连通处是否需要防火分隔，要综合天桥或连廊的跨度和构造材料的燃烧性能、天桥或连廊上是否存在火灾危险性用途、两侧建筑的外围护结构及内部发生火灾后的作用情况确定。在天桥、连廊与建筑物中的开敞式外廊连通处，当天桥或连廊两侧建筑的防火间距符合要求时，一般可以不进行防火分隔；当防火间距不符合要求时，需要根据上述情况综合考虑后确定是否需要进行防火分隔，保守来说，尽量采取防火分隔措施。

问题 4-53 在建筑之间设置天桥、连廊时，如何确定其防火间距？

答：参照《建规》表5.2.2注6的规定，设置连廊或天桥连接的两座工业或民用建筑应按照两座不同的建筑，根据建筑的高度、火灾危险性和耐火等级等确定其防火间距。

问题 4-54 在建筑之间设置的天桥和连廊必须采用不燃性材料吗？

答：连接两座建筑物或同一座建筑不同部分的天桥、连廊，应具有防止火灾在两座建筑间蔓延的性能，一般应采用不燃性材料构造。当相连接建筑的耐火等级较低或为木结构建筑时，也可采用难燃性材料或可燃性材料。

问题 4-55 连接同一座建筑的不同部分或两座不同建筑的连廊，是否需要同步设置消防设施？

答：建筑中的连廊是否需要设置消防设施，主要根据连廊的火灾危险性、建筑面积和使用用途等情况确定：

（1）当连廊的建筑面积较大、有实际使用用途并存在火灾危险时，应根据独立的防火分区按照相邻建筑的防火标准，设置相应的室内消火栓、消防软管卷盘等。当相连通的建筑设置自动喷水灭火系统时，连廊内应设置自动喷水灭火系统。

（2）连廊应设置自然排烟设施或机械排烟系统。

（3）当相连通的建筑设置火灾自动报警系统时，连廊内应设置火灾自动报警系统，并入相邻建筑的火灾自动报警系统。

（4）处于两端建筑室内消火栓保护范围的连廊可以不设置室内消火栓系统。

4.5 建筑保温和外墙装饰

问题 4-56 不同功能合建的建筑可能涉及不同的外墙外保温系统防火要求，如何确定其保温材料的燃烧性能？

答：不同功能合建的建筑，当国家相关标准对建筑中不同功能部分的外墙外保温系统保温材料的燃烧性能有不同要求时，应按照以下原则确定保温材料的燃烧性能：

（1）当住宅与其他使用功能竖向或水平组合建造时，住宅部分和非住宅部分应分别根据各自的建筑高度和使用功能确定。

（2）设置商业服务网点的住宅建筑，可以根据建筑的总高度整体按照住宅建筑的有关要求确定。

（3）设置人员密集场所的建筑，应根据建筑的总高度整体按照人员密集场所的有关要求确定。

（4）除上述建筑外，其他设置多种功能的建筑，一般应根据建筑的总高度整体按照国家标准对这些功能建筑中要求最高者确定。

问题 4-57 对于有特殊使用功能或性能要求的场所，如室内滑雪、戏雪场所等，建筑中保温系统的保温材料如何确定？

答：对于室内滑雪、戏雪等低温冰雪娱乐场所，建筑的外墙多采用内保温系统或在建筑内设置独立的低温环境区域，其保温系统中保温材料的燃烧性能及保温系统的构造，一般应按照《建规》有关人员密集场所的要求确定。对于一些采用不燃性保温材料难以满足功能和性能要求的场所或区域，在当前尚无其他专项标准的情况下，可以参照冷库的内保温技术要求确定，但应按照国家有关规定经专项论证或评审。

问题 4-58 对于允许采用燃烧性能为 B_1 和 B_2 级保温材料的建筑，要求建筑外墙上门、窗的耐火完整性不低于 0.50h。这些门、窗是否需要具备自动关闭的功能？

答：对于允许采用燃烧性能为 B_1 和 B_2 级保温材料的建筑，要求建筑外墙上门、窗的耐火完整性不低于 0.50h，可以较好地阻止火势沿建筑外立面蔓延至室内。考虑到住宅建筑外窗的其他物理性能要求等因素，《建规》规定了外墙上窗或门的基本防火性能，未要求这些门、窗应具备与防火门或防火窗相同的耐火性能，不要求这些门、窗具备在火灾时自动关闭的功能，但鼓励在实际工程中采用具有在火灾时自动关闭功能的外门或外窗。

问题 4-59 建筑的外保温系统采用燃烧性能为 B_1 或 B_2 级的保温材料时，应在保温材料的表面设置防护层。当在外墙上干挂石材时，是否还要做此防护层？

答：理论上，当保温材料与干挂石材之间无空腔做法时，只要干挂石材的厚度符合要求，石材与保温材料之间无空隙，该干挂石材可以视为保温系统的外防护层；当保温材料与干挂石材之间有空腔做法时，应在保温材料外按照要求设置防护层。但实际上，在外墙上干挂石材时，总是会在石材与保温系统之间存在一定的间隙。因此，此种情况应一律按照国家标准的要求，在保温材料的表面设置防火保护层。

5 消防救援设施

5.1 消防车道

问题 5-1 沿街长度大于150m或总长大于220m的建筑物应设置穿过建筑物消防车道,确有困难时,应设置环形消防车道。是否可以理解为设置环形消防车道的建筑物长度无限制?

答:城镇内的建筑建造时间或年代各不相同,街道规划和建设也是逐步发展和改造形成的,各地的城镇公共消防设施建设也存在不平衡。为满足建筑发生火灾,消防救援人员到场后可以在不同气象条件下快速展开灭火救援行动或根据环境条件快速转换灭火场地,《建规》要求建筑沿街长度大于150m或建筑总长度大于220m的建筑物应设置穿过建筑物的消防车道。

当前,全国绝大部分城镇的公共消防设施,特别是城镇消防供水系统得到了很大提升,基本能满足城镇建筑灭火的需要。因此,当受条件限制难以设置穿过建筑物的消防车道时,可以通过在建筑周围设置环形消防车道来实现标准规定的上述功能目标。此时,在建筑周围设置环形消防车道是一种与设置穿过建筑物的消防车道的要求基本等效的技术措施,与设置环形消防车道的建筑物的长度是否有限制不是一回事。一座建筑物是否需要设置环形消防车道,一般与建筑的规模和高度相关,《建规》等国家标准对此均有明确规定,如《建规》第7.1.2条和第7.1.3条。

问题 5-2 当建筑物沿街道部分的长度大于150m或总长度大于220m时,应设置穿过建筑物的消防车道。如何确定建筑物的沿街和总长度?

答:建筑物沿街道部分的长度应为建筑物沿街道的边长中最长者的长度,如图5-1所示,建筑物沿街部分的长度应按照L_1的长度确定。建筑物沿街道的总长度为建筑物沿街道的各边长度之和，如图 5-1 所示，建筑物的沿街总长度为 $L_1+L_2+L_3$。

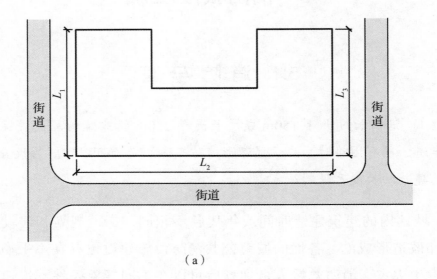

（a）

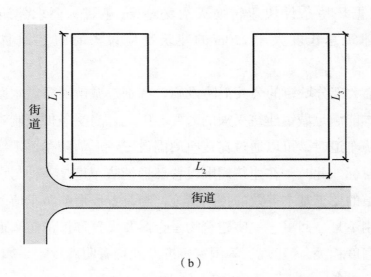

（b）

图 5-1　建筑物的沿街长度示意图

对于圆形建筑，其沿街道部分的长度可以按照该圆的直径确定，沿街道的总长度应为该建筑的周长。对多边形建筑，其沿街道部分的长度可以按照其中边长或弦长最长者的长度确定，沿街道的总长度应为该建筑沿街道各边长度的和。

问题 5-3　根据灭火救援实际，建筑物的进深最好控制在 50m 以内。对于两侧均设置消防车道的建筑，是否仍要考虑建筑的进深不大于 50m？

答：根据灭火救援经验，对于生产车间或库房等内部分隔少的场所，消防员利用 DN65 的消防水带和消防车加压出水的保护深度约为 30m；对于建筑内部分隔复杂的场所，实际灭火范围会受到很大限制。因此，对建筑物的进深最好控制在 50m 以内的说法，是针对建筑两侧均设置消防车道的情况，这也是要求建筑物尽量设置环形消防车道或沿建筑物的两条长边设置消防车道的一个重要原因。

问题 5-4　如何理解《建规》要求消防车道距离建筑外墙不宜小于 5m？

答：建筑设置消防车道，一是用于保证在灭火救援时消防车能够快速通过并接近火场；二是对于那些不要求设置消防车登高操作场地的建筑（如单层和多层建筑），可以兼作灭火救援场地。消防车道与建筑外墙的距离既要考虑消防车通行和停靠救援时的操作空间要求，防止建筑在着火过程中的上部坠落物对救援车辆、救援人员和救援器材的伤害或破坏，也要考虑不同建筑立面设计的实际需要和建筑用地中部分区域的局限情况。因此，为保证消防救援需要和消防车快速安全通行，建筑周围设置的消防车道要尽量距离建筑外墙不小于 5m，对于局部仅用于通行的消防车道，可以根据实际条件在保证消防车安全通行的情况下设置，不是必须保证消防车道距离建筑外墙不小于 5m。

问题 5-5　如何控制消防车道与建筑外墙的最远距离？

答：消防车道与建筑外墙的最远距离没有硬性要求，一般可以根据建筑周围环境和市政道路设置情况确定，但要从满足消防车快速到达火场，便于敷设水带和向火场快速供水的要求出发，不宜太大，可以根据允许建筑周围 40m 范围的市政消火栓计入建筑室外消火栓的要求，按照最远不大于 40m 考虑。同时，对于需要利用消防车道就近展开灭火的建筑，消防车道与建筑外墙的最大水平距离可以参照消防车登高操作场地的相应要求，按照不大于 10m 确定（见《建规》第 7.2.2 条）。

问题 5-6　用于人员疏散安全区的步行街,是否需要考虑消防车通行?

答:用于人员疏散安全区的步行街需要考虑消防车通行,此步行街的坡度和步行街端部的开口大小应满足消防车通行的需要。当步行街因高差大而需要设置台阶连接时,应在不同高程的步行街区段设置满足消防车进出要求的开口。

5.2　救援场地和消防救援口

问题 5-7　为何单层或多层建筑不要求设置消防救援场地?

答:现行相关国家标准对在建筑周围设置消防车道和消防车登高操作场地均有明确要求,对消防救援场地的设置没有明确规定。《建规》是以建筑高度为基础来划分单层或多层建筑和高层建筑的,多层建筑的建筑高度均不大于24m,单层建筑除少数特殊建筑外,其建筑高度也不大于24m,大多数不需要利用举高消防车、云梯消防车或登高平台消防车等需要较大展开作业面的救援车辆,灭火救援可以直接利用消防车道作为消防救援场地。因此,相关标准没有明确要求单层或多层建筑设置消防救援场地,但对于一些大型的公共建筑,车辆到场数量和种类多,仍需要结合建筑的疏散等用地设置必要的消防救援场地。

问题 5-8　对于局部凹形、凸形等不规则建筑物,如何确定建筑的边长和周长?

答:建筑物的周长为建筑的各边长度之和。在确定建筑物的边长时,一般可以忽略建筑中凹进和凸出不大于5m的部分,如图5-2、图5-3所示。在图5-2中,建筑物的周长可以按照 $2L_1+2L_2$ 计算;在图5-3中,建筑物的周长可以按照 $L_1+L_2+L_3+a+c+b+c+d$ 计算。但是根据《建规》对消防车道和消防车登高操作场地与建筑外墙的最大水平距离要求,可以忽略其中凸出或凹进深度小于10m的情形对灭火救援的影响。因此,当建筑中的边长凸出或凹进深度大于10m时,需要将凸出或凹进的深度计入建筑的总长度;当建筑中的边长凸出或凹进深度小于或等于10m时,可以不计。

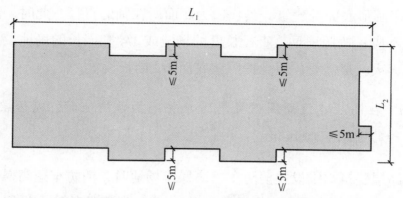

图 5-2　建筑物中凹凸深度小于或等于 **5m** 时的周长计算示意图

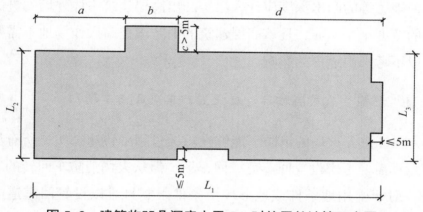

图 5-3　建筑物凹凸深度大于 **5m** 时的周长计算示意图

问题 5-9　高层建筑应至少沿一个长边或周边长度的 1/4 且不小于一个长边长度的底边连续布置消防车登高操作场地，如何理解"至少沿一个长边或周边长度的 1/4 且不小于一个长边长度的底边"？

答：（1）当建筑物的长边等于或大于建筑物周长的 1/4 时，消防车登高操作场地至少应按照该建筑物的长边所在底边布置；当建筑物为不规则形状，长边小于建筑物周长的 1/4 时，消防车登高操作场地应按照该建筑物的长边及相邻边所在底边布置，且总长不应小于该建筑物周长的 1/4。

（2）对于某些特殊外形的建筑物，当具有凹凸形状且建筑物的周边长度的 1/4 大于建筑物长边所在底边的长度时，消防车登高操作场地设置在该建筑物的长边所在底边部分区域，虽然能够满足标准规定的长度要求，但仍应沿该建筑物长边所在底边全长设置消防车登高操作场地。

（3）对于圆形底面的建筑，其长边为底面所在圆的直径。此时，消防车登高操作场地不应只按照满足该直径长度的场地或1/4圆周长的场地设置，而应考虑实际的灭火救援需要，至少按照该底面1/2周长设置。

问题 5-10 在高层建筑周围设置消防车登高操作场地时，是否要求雨篷、挑檐和门头等的进深不大于4m？

答：在高层建筑周围设置消防车登高操作场地时，消防车登高操作场地范围内的雨篷、挑檐和门头的进深不应大于4m，如裙房的外墙上设置雨篷、挑檐和门头，雨篷等的凸出深度应计入裙房凸出高层建筑主体外墙的进深。但是当雨篷等的宽度小于10m，且该高层建筑的消防车登高操作场地不需要连续布置时，可以不考虑雨篷等的影响。

问题 5-11 哪些尽头式消防车道应设置回车道或回车场？

答：为保证进入火场的消防车能够在救援过程中快速掉头，所有尽头式消防车道一般都需要考虑设置回车道或回车场。但从火场消防车回转的实际操作需要考虑，对于受用地条件或地形环境条件限制且难以设置回车道或回车场的尽头式消防车道，参考国外有关标准，可以将尽头式车道的长度限制在40m内，即尽端长度小于或等于40m的尽头式消防车道可以不设置回车道或回车场。

问题 5-12 在同一座裙房或裙楼上建造的多座不同建筑高度的高层塔楼，其消防车登高操作场地应如何设置？

答：在同一座裙房或裙楼上建造的多座不同建筑高度的高层塔楼，其消防车登高操作场地可依据各自塔楼的建筑高度，按照《建规》第7.2.1条的规定分别设置，并满足各自的要求。在确定消防车登高操作场地的设置要求时，塔楼的建筑高度可以从消防车登高操作场地的设置地面算起。当裙楼或裙房的屋面允许设置消防车登高操作场地，并具有自室外地坪到达该屋面的消防车道时，塔楼的建筑高度可以从该屋面算至塔楼的檐口或屋面面层；当只能利用室外设计地面设置消防车登高操作场地时，塔楼的建筑高度应从该室外设计地面算至塔楼的檐口或屋面面层。

问题 5-13 用于人员疏散安全区的步行街，当其两侧的建筑为高层建筑时，是否需要考虑消防车登高操作场地？

答：用于人员疏散安全区的步行街，当其两侧的建筑为高层建筑时，应按照《建规》第 7.2 节的要求设置相应的消防车登高操作场地。由于步行街顶棚的高度一般只跨越几层，通常不会沿高层建筑通高设置，步行街的顶棚对步行街两侧建筑的灭火救援是有影响的，因此步行街两侧建筑的消防车登高操作场地应设置在步行街外。当步行街的顶棚不影响灭火救援，建筑的其他方向难以设置符合要求的消防车登高操作场地时，可以在步行街内设置消防车登高操作场地，但应采用相应的安全防护措施和防止顶棚垮塌的防火保护措施。

问题 5-14 用于人员疏散安全区的步行街两侧的建筑是否需要设置消防救援窗？

答：用于人员疏散安全区的步行街两侧的建筑应按照标准规定设置消防救援窗（口）。对于直接面向步行街的商铺，消防救援窗（口）可以利用商铺开向步行街或外廊的疏散门。

问题 5-15 建筑中未面对消防车登高操作场地的立面是否要求设置消防救援口？

答：消防车登高救援是灭火救援的方式之一，还有其他的消防灭火救援方式，未来也可能发展新的灭火救援技术。因此，不要求设置消防车登高操作场地的建筑，以及按照标准要求设置消防车登高操作场地的建筑，在其不面向消防车登高操作场地的外墙上，均要设置可供消防救援人员进入的窗口，即消防救援窗（口）。

问题 5-16 高层建筑中建筑高度大于 100m 以上的楼层是否要求设置消防救援口？

答：高层建筑中位于距地面高度大于 100m 以上楼层的外墙上，仍应按照标准要求设置可供消防救援人员进入的窗口。

问题 5-17 避难层和避难间是否要求设置消防救援口？

答：根据国家相关标准的规定，建筑中的避难层或避难间至少应有一面外墙面向消防车登高操作场地或灭火救援场地。该要求主要为方便救援人员向滞留在避难层和避难间内的人员提供救助。因此，避难层或避难间的外墙上应按照标准要求设置可供消防救援人员进入的窗口。

问题 5-18 不靠外墙的防火分区是否需要设置供消防救援人员进入的窗口？

答：消防救援窗（口）是方便消防救援人员直接从建筑外部进入建筑的开口。根据《建规》第 7.2.5 条的规定，每个防火分区供消防救援人员进入的窗口不应少于 2 个。根据《建规》第 7.2.4 条的规定，建筑的外墙应在每层的适当位置设置可供消防救援人员进入的窗口。因此，对于建筑中不靠外墙的防火分区，当无外墙时，这些防火分区不要求设置可供消防救援人员进入的窗口。对于这些防火分区，消防人员在灭火救援时需要通过疏散楼梯间、专用的消防楼梯、消防电梯从建筑内部接近，或利用其他具有外墙的防火分区中的消防救援窗（口）进入。

问题 5-19 消防救援窗（口）的设置位置有何要求？

答：消防救援窗（口）宜结合可供消防车登高操作的场地，在建筑每层连接楼层上的疏散走道、公共卫生间等公共区域对应的外墙上设置。消防救援窗（口）可以利用建筑上的外窗、外门（包括开敞式阳台、开敞式外廊上的门）等符合消防救援窗（口）尺寸要求和便于救援人员进入建筑的开口。其他要求应符合《建规》第 7.2.5 条的规定。

问题 5-20 如何理解消防救援窗（口）的尺寸？

答：消防救援窗（口）的尺寸是保证救援人员携装备可以出入的净尺寸，应为消防救援窗（口）可以打开或破拆后的净尺寸，中间不应有任何拦挡物件。对于外窗，应为窗扇开启或窗玻璃击碎后的洞口净尺寸；对于门，应为门完全开启后的开口净尺寸。

问题 5-21 具有双层幕墙结构的外墙如何设置消防救援口?

答: 具有双层幕墙结构的外墙,可以根据双层幕墙中空腔的宽度和建筑外墙设置情况确定。当两层幕墙间的空腔宽度较大时,应在内外幕墙上分别设置消防救援口,并设置专用的耐火平台从消防救援口连通至建筑内部。在消防救援口周围应采取防止烟气经双层幕墙之间的空腔危及救援人员安全的防火分隔措施。

5.3 消防电梯

问题 5-22 住宅与其他非住宅功能竖向组合建造的建筑,其消防电梯的设置原则是什么?

答: 住宅与非住宅功能竖向组合建造的建筑,其消防电梯的设置可以根据住宅部分和非住宅功能部分各自的建筑高度,分别按照《建规》等标准有关住宅建筑和其他功能建筑的规定确定。

问题 5-23 住宅与其他非住宅功能竖向组合建造的建筑,当住宅部分要求设置消防电梯,而非住宅功能部分不要求设置消防电梯时,住宅部分的消防电梯是否要在非住宅部分层层停靠?

答: 住宅与其他非住宅功能竖向组合建造的建筑,住宅部分和非住宅部分的消防电梯不宜共用,住宅部分和非住宅功能部分均需要设置消防电梯时,要尽量分别独立设置。当非住宅功能部分位于住宅下部且不要求设置消防电梯,住宅部分要求设置消防电梯时,住宅部分设置的消防电梯在非住宅功能部分的楼层可以不设置层门,可以不停靠,且住宅部分的消防电梯不宜在建筑下部的非住宅部分停靠。反之亦然。

问题 5-24 住宅与公共功能上下竖向组合建造的建筑,当下部公共功能部分按照其高度和功能应划分为一类高层公共建筑时,上部住宅部分的消防电梯应如何设置?

答：根据《建规》第 7.3.1 条的规定，一类高层公共建筑应设置消防电梯。根据《建规》第 5.4.10 条有关住宅与非住宅功能合建建筑的防火要求，该建筑下部的公共功能部分要求设置消防电梯，但该消防电梯不宜延伸至其上部住宅部分的楼层，也可以不延伸至其上部的住宅部分的楼层。对于建筑上部的住宅部分，当其建筑高度（自消防车登高操作场地算至住宅部分的屋面面层或檐口的高度）不大于 33m 时，不要求设置消防电梯；当住宅部分的建筑高度大于 33m 时，应设置消防电梯，并宜独立于下部公共建筑部分设置，即住宅部分的消防电梯不宜利用其下部公共建筑部分的消防电梯。

问题 5-25　建筑地上部分设置的消防电梯应延伸至地下室各楼层，地下室其他根据标准规定不要求设置消防电梯的区域是否要增设消防电梯？

答：为充分利用建筑资源，便于消防救援行动，建筑地上部分设置的消防电梯应延伸至地下室各楼层上部消防电梯对应的地下区域，而地下室按照标准规定不要求设置消防电梯的其他区域，可以不设置消防电梯。要求地下室设置消防电梯的条件参见《建规》第 7.3.1 条。

问题 5-26　建筑地上部分设置的消防电梯应延伸至地下室各楼层，并应能每层停靠。对于一些超高层建筑，如何解决无法保证同一部消防电梯在建筑的地下室各层均可停靠的问题？

答：为方便消防人员快速实施救援，要求消防电梯应能层层停靠和开门。对于建筑高度较高的超高层建筑，当受地下水位或地质条件、结构整体安全等限制，电梯井基坑施工难度大，导致消防电梯井的基坑难以下挖，无法保证同一部在建筑上部设置的消防电梯在建筑的地下室各层均可停靠时，可以采用以下技术措施来满足消防救援的需要：

（1）尽量使该消防电梯在可到达的地下楼层每层停靠；

（2）在建筑的首层和其他方便消防救援人员安全进出地下室的位置，针对建筑地下部分单独增设消防电梯，并使增设的每部消防电梯均能在地下各层停靠；

（3）建筑上部和地下室设置的每部消防电梯，均应在建筑的首层及其能到达的地下各层设置明显的指示标识；

（4）消防电梯的其他要求应符合《建规》第 7.3 节的要求。

问题 5-27 未按照标准要求与高层建筑主体进行防火分隔的裙房是否要求设置消防电梯?

答:根据测试,消防员从楼梯攀登的有利登高高度一般不大于 23m。《建规》据此要求一类高层公共建筑、建筑高度大于 32m 的二类高层公共建筑、建筑高度大于 33m 的高层住宅建筑设置消防电梯。因此,裙房无论是否按照标准要求与高层建筑主体进行了防火分隔,除用作或设置有老年人照料设施、医院手术部、住院病房的情形外,均不要求设置消防电梯,但可以根据工程实际和灭火救援需要设置消防电梯。

问题 5-28 建筑内不同防火分区的消防电梯是否可以共用?

答:根据《建规》第 7.3.2 条的规定,消防电梯应设置在不同的防火分区内,且每个防火分区不应少于 1 部。因此,建筑内不同防火分区的消防电梯原则上不能共用。对于设置在地下的设备用房、非机动车库等区域内的防火分区,以及上下楼层防火分区大小和数量不一样且难以增设消防电梯的情形,当受首层建筑平面布置等因素限制,每个防火分区分别设置消防电梯有困难时,可以在相邻两个防火分区共用 1 部消防电梯,但应分别设置前室,且共用消防电梯的防火分区数量不能超过 2 个,如图 5-4 ~ 图 5-6 所示。

图 5-4 所示方式,在国家标准《消防电梯制造与安装安全规范》GB 26465—2011 附录 B 中有示意。在实际应用中,需要与消防电梯生产商或供应商沟通,以确保其符合相关产品标准和设计标准要求,并取得相应的检验认证材料。

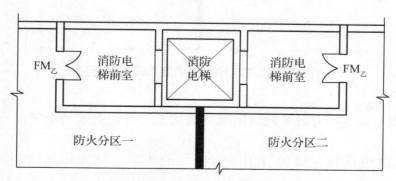

图 5-4 消防电梯分别设置前室示意图

图 5-5 所示为共用候梯厅的方式。共用候梯厅的短边尺寸需要满足不小于 2.4m。此时，前室一般也要求其短边尺寸不小于 2.4m，前室的使用面积需满足相应功能建筑的要求。

图 5-6 所示为采用防火隔间进入消防电梯前室的方式。此时，对防火隔间的使用面积不作要求。

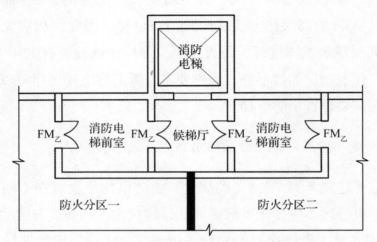

图 5-5　消防电梯共用候梯厅的设置示意图

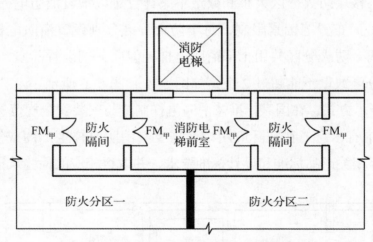

图 5-6　消防电梯共用前室的设置示意图

问题 5-29　在建筑首层连接消防电梯前室至室外的走道的净宽度有何要求？

答：消防电梯在建筑的首层一般要靠消防车登高操作场地一侧的外墙设置，并直通室外。当消防电梯前室在首层不能直通室外而需要利用走道直通室外时，该走道不是疏散走道，其长度不应大于 30m，净宽度应满足至少 2 人并排通行（即两股人流）的要求。当该走道为专用通道时，其净宽度可以参照高层公共建筑、高层住宅建筑对疏散楼梯和首层疏散外门的最小净宽度确定，即公共建筑不应小于 1.2m，住宅建筑不应小于 1.1m；当该走道利用建筑首层的疏散走道时，还应满足疏散走道的设计疏散净宽度要求。

问题 5-30 消防电梯的首层是否需要设置前室？

答：消防电梯的前室主要为保证火灾烟气不会侵入电梯井和电梯中，为消防员在灭火救援过程中提供一个相对安全的空间，以做灭火整备、开展救助等活动。消防电梯在建筑的首层是否需要设置前室，主要根据建筑首层的火灾危险性、消防电梯层门在首层的位置和出入口设置情况确定。

当消防电梯的层门或出入口在首层直接开向室外或通过专用的通道通至室外，且通道上无其他任何开口时，消防电梯在首层可以不设置前室。其他情形，消防电梯在首层应设置前室，可以与首层防烟楼梯间的扩大前室合用。

问题 5-31 如何理解消防电梯前室的短边尺寸不应小于 2.4m 的要求？

答：为满足救援人员在前室实施救助的需要，《建规》第 7.3.5 条要求消防电梯前室的短边不应小于 2.4m，该尺寸主要为建筑楼层上正对消防电梯井部位的尺寸。消防电梯井两侧及其连接走道等区域的尺寸，可以不严格要求其宽度或短边尺寸不小于 2.4m 可以与首层防烟楼梯间的扩大前室合用。

问题 5-32 在建筑首层连接消防电梯至室外的通道上可否开设门洞？

答：消防电梯在建筑的首层应尽量靠外墙设置并直通室外，也可以在首层设置前室，并通过一条长度不大于 30m 的通道直接通至室外。该连接通道不是专用的通道，可以利用建筑内的疏散走道。

由于我国有关建筑防火标准中的绝大部分设防技术要求都是基于一座建筑物在同一时间只发生 1 次火灾来确定的，因此该通道两侧的门可以采用普通门，即当首层发生火灾时，不再考虑上部楼层发生火灾，而上部楼层发生火灾并需要使用消防电梯时，首层不考虑同时发生火灾。因此，在该连接通道上允许开设门洞。

问题 5-33 不同消防电梯可否共用排水井（集水池、集水坑）、排水泵等排水设施？

答：不同消防电梯有条件时可以共用排水井（集水池、集水坑）、排水泵等排水设施，但应采取可靠的连通措施。由于在灭火过程中流入消防电梯排水井的水量是通过排水泵一直在向外排出，因此共用的排水井（集水池、集水坑）、排水泵可以仍然按照一台消防电梯的排水需要考虑。但是，实际上当多台消防电梯共用排水井时，进入排水井的水量也会相应增加，为保证消防电梯安全可靠运行，在工程上共用排水井（集水池、集水坑）的容量和排水泵的排水量，应按照每台消防电梯排水井的最小容量不小于 $2m^3$ 叠加考虑。

问题 5-34 消防电梯排水井的排水泵是否需要采用消防水泵？可否采用潜水泵？

答：消防电梯排水井的容量小，主要是用于容纳灭火时通过消防电梯的层门泄入电梯竖井的消防废水，所需排水泵的扬程和流量小，可以采用潜水泵，不要求采用消防水泵。

问题 5-35 消防电梯排水井的排水泵是否需要按照消防用电负荷供电？

答：消防用电负荷是指消防用电设备的用电功率。消防用电设备主要包括消防控制室设备及照明、消防水泵及消防水泵房的照明、消防电梯、防烟与排烟设施、火灾探测与报警系统、疏散照明、疏散指示标志和电动的防火门窗、卷帘、阀门等各类设施、设备。消防电梯排水井的排水泵虽不属于消防设备，但它是保证消防电梯在灭火救援过程中正常运行的重要设备，应按照建筑消防用电设备由消防电源供电。

问题 5-36 消防电梯井底的排水井应如何设置？

答：消防电梯是灭火救援的重要设施，为保证消防电梯的可靠运行，应在消防电梯的井底采取可靠的排水措施，防止底坑内的水面超出可能使消防电梯发生故障或停止运行的位置。此排水井的设置通常有以下两种方式：

（1）当消防电梯井底有条件直接向室外排水时，应优先采取直接排水的方式，排水管应采取防止室外水倒灌的措施，如在外墙位置设置单流阀等，排水管的流量不应小于10L/s。

（2）当消防电梯井底不能直接向室外排水时，应在井底下部或旁边设置排水井（集水池、集水坑），通过排水泵等设施将水排出至室外，排水井不宜设置在消防电梯井的正下方，如图5-7所示。

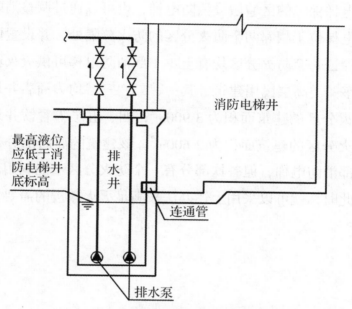

图5-7　消防电梯井底排水设施的设置示意图

问题 5-37　消防电梯可否采用无机房电梯？

答：无机房电梯是不需要建筑物提供专门机房用于安装电梯驱动主机、控制柜、限速器等设备的电梯。无机房电梯为了节约空间，将过去安装在井道上方机房内的控制柜、主机、限速器等设备改为安装在井道内，不需要设置专门的机房，电梯的安全性和可靠性较有专用机房的电梯低。

消防电梯是在建筑发生火灾后保障应急救援的设施，无论是电梯及其相关设备和供配电本身，还是电梯井和前室等的防火、防烟、防水等以及电梯的运行速度、载重等均有专门的要求，且要求具有较高的可靠性和安全性。因此，无机房电梯不宜用作消防电梯。

问题 5-38　按照标准需要设置消防电梯的建筑，当不同楼层的用途或功能不同且防火分区的最大允许建筑面积不一样时，可能导致建筑中有的楼层每个防火分区均有消防电梯，而部分楼层的部分防火分区需要增设消防电梯的情形。如何处理此种情形？

答：问题中所述这种情形，在多种功能的高层民用建筑内是存在的，一般需要在无消防电梯保障的区域增设消防电梯，也可以通过调整消防电梯的设置位置，使消防电梯位于相邻两个防火分区的防火分隔处，并设置两个独立的消防电梯前室来保证每个防火分区均有至少 1 部消防电梯可供灭火救援使用。

例如，一座一类高层民用建筑，其一、二、三层均为商店并划分 2 个防火分区，每个防火分区的建筑面积为 3 900m²；四、五层为餐饮并划分 3 个防火分区，每个防火分区的建筑面积为 2 600m²。该建筑的商店部分每层每个防火分区均设置 1 部消防电梯，但餐饮部分有一个防火分区不能利用商店部分设置的消防电梯。此时，就可以采用上述办法来满足灭火救援的需要。

6 消防设施的设置

6.1 通 用 问 题

问题 6-1 在确定建筑是否应设置室内外消火栓系统及其设计流量时，如何确定建筑的体积？

答：在确定建筑是否应设置室内和室外消火栓系统及确定其设计流量时，建筑的体积应按照建筑物外围护结构所形成空间的体积计算，包括建筑中地下或半地下室的体积。

问题 6-2 在确定建筑应设置哪类消防设施时，如何确定建筑的总建筑面积？

答：如在标准条文中规定的面积未明确为特定区域，在确定建筑应设置哪类消防设施时，建筑的总建筑面积应按照建筑物外围护结构围合的各楼层的建筑面积之和计算，包括建筑中地下、半地下室的建筑面积以及建筑内游泳池、水池、雪场、冰场等的面积；对于明确了是某特定区域的面积者，仅为该特定区域需要设置相应的消防设施。例如，《建规》第 8.3.4 条规定总建筑面积大于 $500m^2$ 的地下或半地下商店应设置自动灭火系统，并宜采用自动喷水灭火系统。该要求中的建筑面积仅为位于地下或半地下的商店的总建筑面积，不包括地上商店的建筑面积。

问题 6-3 在《建规》中规定的"人员较多的场所""经常有人停留的场所"和"可燃物较多的场所"主要包括哪些场所？

答：（1）《建规》中规定的"人员较多的场所"，主要包括建筑内的会议室、多功能厅、观众厅、商店和证券或银行等的商业营业厅、展览厅、图书阅览室、歌舞娱乐放映游艺场所、滑雪或溜冰场、其他休闲或运动房间、教室、门诊诊疗室、医疗建筑的病房、儿童活动场所、餐厅、旅馆或酒楼（设备房和库房等除外）、同一时间在线作业人数大于 10 人的生产车间或仓库、办公或写字楼内的办公室等。

（2）《建规》中规定的"经常有人停留的场所"，主要包括在工作时间总是有人员停留或值守的房间，如上述人员较多的场所以及值班室、控制室、指挥或调度室、汽车库，不包括需要人员定期进入进行检修维护的设备房间以及人员不定期短时进入的资料库、档案库等房间。

（3）《建规》中规定的"可燃物较多的场所"，主要为可燃物的数量大或燃烧热值高，可燃物被引燃后存在延烧、热辐射传播危险性的房间。根据日本《避难安全验证法》对不同场所火灾荷载的统计，走廊、楼梯和其他通道内的火灾荷载密度为 $32MJ/m^2$。因此，大致可以将火灾荷载密度大于 $30MJ/m^2$（地面面积）的房间视为可燃物较多的场所。火灾荷载密度的定义参见问题 1-6 的释疑。

问题 6-4　如何理解"超过 2 层或建筑面积大于 $10\ 000m^2$ 的地下建筑（室）的室内消火栓给水系统应设置消防水泵接合器"？

答：（1）这一要求是针对地下或半地下建筑，或者建筑的地下或半地下室。

（2）这一要求中的层数或建筑面积均为地下或半地下部分的层数或建筑面积，不包括建筑地上部分的层数或建筑面积。

（3）超过 2 层指地下或半地下的总层数为 3 层或大于 3 层，不包括 2 层，即 3 层及以上层数的地下、半地下建筑或地下、半地下室，无论各层的建筑面积之和是多少，其室内消火栓给水系统均应设置消防水泵接合器。

（4）"建筑面积"为地下或半地下部分全部楼层的总建筑面积，由于前面已要求 3 层及以上层数的地下、半地下建筑或地下、半地下室的室内消火栓给水系统应设置消防水泵接合器，因此该"建筑面积"是指 1 层或 2 层的地下、半地下建筑或地下、半地下室的总建筑面积。

问题 6-5　如何理解锅炉房、变压器室、消防控制室、消防水泵房等的疏散门应直通室外或安全出口？

答：（1）疏散门是指建筑内任一房间直接连接疏散走道或直接通向室外地

面的门（包括下沉广场或庭院的地面和室外地坪）。

（2）疏散门直通室外，指疏散门不需要经过建筑内其他用途的房间或空间而可以直接到达室外地面，或经过一条疏散走道通至室外地面。

（3）疏散门直通安全出口，指疏散门经过一条疏散走道连接直通室外的疏散楼梯间入口、防烟楼梯间的前室入口或避难走道前室的入口、通向采用防火墙分隔的相邻防火分区的出口、上人屋面、天桥等，也可以是疏散门不经过疏散走道而直接开向疏散楼梯间或楼梯间的前室。

问题 6-6 消防水泵房和消防控制室的防水淹技术措施有哪些？

答：在实际火灾中，有不少消防水泵房和消防控制室被淹或因进水而无法使用，导致自动消防设施和消防水泵、消防报警控制设备等无法正常运行，消防救援人员不能充分利用建筑既有消防设施，影响灭火救援行动和效果。

消防水泵房和消防控制室的防水淹措施，除要合理确定这些房间的布置楼层和在楼层的位置，不布置在建筑地下室的最下一层或地下建筑的最下一层外，还有以下主要技术措施：

（1）在消防水泵房和消防控制室的门口设置挡水门槛和临时性的挡水板。

（2）在消防水泵房和消防控制室的门口设置挡水门槛和排水管沟措施。

（3）在消防水泵房内部设置排水沟、集水坑和排污泵，具体要求参见现行国家标准《消防给水及消火栓系统技术规范》GB 50974—2014。

（4）将消防水泵房和消防控制室的地面抬高不小于300mm，并设置临时性的挡水板。

6.2　室内消火栓系统

问题 6-7 消防软管卷盘与轻便消防水龙有何区别？

答：（1）消防软管卷盘是由阀门、输入管路、卷盘、软管和喷枪等组成，能在展开软管的过程中射水、喷放干粉或泡沫灭火剂的灭火器具，可分为消防车用和非消防车用软管卷盘。在《建规》中要求设置的消防软管卷盘，为与室内消防给水管道直接连接，并在灭火时出水的非消防车用消防软管卷盘。

消防软管卷盘的性能应符合现行国家标准《消防软管卷盘》GB 15090—2005 的要求。

（2）轻便消防水龙是由专用接口、水带及喷枪组成，直接与室内的自来水或消防供水管路连接的一种轻便喷水灭火器具，分自来水管用轻便消防水龙和消防供水管用轻便消防水龙。自来水管用轻便消防水龙主要应用于家庭，直接与户内自来水管网（设计工作压力为 0.25MPa）连接；消防供水管用轻便消防水龙可应用于自来水管网或消防给水管网。轻便消防水龙的性能应符合现行行业标准《轻便消防水龙》XF 180—2016 的要求。

（3）轻便消防水龙和消防软管卷盘的作用与建筑手提灭火器相当，主要用于火灾初起时由建筑内的人员就地取用灭火的器材。两者均可以利用室内生活给水系统的水压进行灭火，不需要外部向给水管网进行专门的加压，均可以独立设置和独立使用。消防软管卷盘常与室内消火栓共同设置在室内消火栓箱内。

问题 6-8　建筑占地面积大于 300m² 的冷库，有些冷间温度低于 0℃，是否要设置室内消火栓系统？

答：冷库属于仓库范畴，建筑占地面积大于 300m² 的冷库需要设置室内消火栓系统。冷库内的消火栓应设置在穿堂或楼梯间等常温环境的区域内，当环境温度可能低于 4℃ 时，室内消火栓系统可采用干式系统，但应在首层入口处设置快速接口和止回阀，在管道最高处设置自动排气阀。其中，冷间属于高湿低温场所，将室内消火栓设置在靠近冷间出入口处，冷间内可以不设置室内消火栓。

问题 6-9　建筑面积大于 200m² 的商业服务网点内应设置消防软管卷盘或轻便消防水龙。这个建筑面积是指商业服务网点的总建筑面积，还是每个分隔单元的面积？

答：在建筑面积大于 200m² 的商业服务网点内，应设置消防软管卷盘或轻便消防水龙。根据商业服务网点的定义，这个建筑面积是每个独立分隔的商业服务网点的建筑面积，即住宅下部相互之间采用耐火极限不低于 2.00h 且无开口的防火隔墙分隔的每个商业服务单元或商铺的建筑面积。对于上、下两层且室内上、下连通的商业服务网点，该建筑面积为商业服务网点中一层和二层的建筑面积之和。住宅下部设置多个商业服务网点时，可以只在其中建筑面积大于 200m² 的商业服务网点内设置消防软管卷盘或轻便消防水龙，其他建筑面积小于或等于 200m² 的商业服务网点不要求设置，也即可以不设置。但是从快速控火、灭火角度，当商业服务网点内局部供水管道且建筑面积大于 100m² 时，要尽量设置，其作用优于建筑灭火器。

6.3 自动灭火系统

问题 6-10 设计温度高于 0℃的高架冷库应设置自动灭火系统，何谓高架冷库？

答：高架冷库与高架仓库对应，是设置采用机械化操作或自动化控制且高度大于 7m 的货架的冷库。

问题 6-11 当国家标准要求建筑内的自动扶梯底部应设置自动灭火系统时，该自动扶梯的底部具体指什么？

答：国家标准要求建筑内的自动扶梯底部应设置自动灭火系统，是考虑到自动扶梯在运行过程中存在因机械故障或其他人为因素导致自动扶梯内部起火的危险性，为减小因不易及时发现和扑救此类火灾所产生的后果而采取的防火保护措施。因此，要求自动扶梯设置自动灭火系统的部位应为自动扶梯内部的传动机构下部，包括建筑内每层每段的自动扶梯，而不是自动扶梯盖板的下部。

现代新型自动扶梯的结构越来越紧凑，材料的防火性能也有所提高，电梯的机械性能和整体的安全性也越来越高，加之国家立法禁止在公共场所吸烟，自动扶梯本身引发的火灾已经非常少见了。因此，对于新型自动扶梯可以不在其内部设置自动喷水灭火系统保护。

问题 6-12 菜市场是否需要参照商店建筑的要求设置自动灭火系统？

答：根据现行行业标准《商店建筑设计规范》JGJ 48—2014 的规定，商店建筑为商品直接进行买卖和提供服务供给的公共建筑。菜市场为销售蔬菜、肉类、禽蛋、水产和副食品的场所或建筑。菜市场建筑属于商店建筑，故室内菜市场应按照《建规》有关商店建筑的要求设置自动灭火系统。

问题 6-13　仓库内是否可以采用固定消防炮灭火系统？

答：仓库内的自动灭火系统是否采用固定消防炮灭火系统，需要综合仓库的空间高度、存放的可燃物类型或火灾发展速度、仓库内货架高度和布置方式等因素确定。对于仓库内存在可能遮挡消防炮作用范围的障碍物（如高架仓库、密集货架库或堆垛较高的仓库等）的仓库，或库内存放的可燃物被点燃后火灾发展迅速的仓库，一般不适合采用固定消防炮灭火系统保护。其他空间高度不满足自动喷水灭火系统应用高度的仓库可以采用固定消防炮灭火系统保护。

问题 6-14　空间室内高度超出闭式自动喷水灭火系统应用高度的场所，可以采用哪些灭火系统替代闭式自动喷水灭火系统？

答：根据现行国家标准《自动喷水灭火系统设计规范》GB 50084—2017的规定，除雨淋系统外，闭式自动喷水灭火系统的应用高度有一定限制：对于民用建筑，一般不大于18m；对于厂房，一般不大于12m；对于仓库，一般不大于9m。空间室内高度超过上述最大应用高度的场所均不适合采用闭式自动喷水灭火系统。因此，当闭式自动喷水灭火系统超过上述应用高度时，应采用其他灭火系统替代。通常应首先考虑采用经济、可靠的水基灭火系统，如自动跟踪定位射流灭火系统、固定消防炮灭火系统、细水雾灭火系统等，也可以采用水喷雾灭火系统、雨淋系统、泡沫灭火系统或气体灭火系统等。

问题 6-15　设置了火探管灭火装置的房间，是否还要设置其他灭火系统？

答：火探管灭火装置即探火管灭火装置，是采用探火管自动探测火情并能联动或自动启动喷射灭火剂实施灭火的预制灭火装置，一般适用于扑救容积较小的密闭空间内的火灾，如高低压配电柜、大型计算机主机、大型电子显示屏、通信设备、银行ATM机、大型空调主机、密闭式档案柜等。因此，如果房间容积小，设置探火管灭火装置即可；如果房间容积大，且探火管灭火装置只设置在其中的密闭设备内，则该房间还需要根据及时灭火或控火的需要设置适用的自动灭火系统或设施。

问题 6-16 气体灭火系统是否包括气溶胶灭火装置？

答：气体灭火系统是适用气体灭火剂进行灭火的系统，包括使用IG100、IG541、七氟丙烷、三氟甲烷、二氧化碳、全氟己酮等灭火剂的灭火系统，不包括气溶胶灭火装置和烟雾灭火系统。

6.4 火灾自动报警系统

问题 6-17 建筑内可能散发可燃气体、可燃蒸气的场所应设置可燃气体报警装置。这些场所包括哪些？

答：根据国家相关标准的规定，建筑内可能散发可燃气体、可燃蒸气并应设置可燃气体报警装置的场所包括：

（1）各类生产厂房内生产使用或产生可燃气体、使用或产生可燃液体并存在散发可燃蒸气的场所或部位，生产过程中储存可燃气体或储存可燃液体并可能散发可燃蒸气的场所。

（2）仓库内储存的物质在储存过程中可能分解产生可燃气体的场所，仓库内储存的物质因事故可能散发或泄漏可燃气体的场所，储存可燃液体并因事故可能产生可燃蒸气的场所。

（3）公共建筑内使用可燃气体的部位或场所（如使用天然气的厨房燃气灶部位），使用或存放可燃气体、物质在存放过程中可能分解可燃气体、使用或存放的可燃液体可能散发可燃蒸气的房间，如某些实验室等场所或部位。

（4）居住建筑内使用燃气的部位，如厨房或燃气灶部位、燃气热水器使用部位。

但是上述公共建筑或居住建筑内存在散发可燃气体或可燃蒸气的场所，当具有良好的自然通风条件时，可以不设置可燃气体报警装置。所谓良好的自然通风条件，就是空间的自然换气次数能够始终使该空间不会形成爆炸性气氛。

问题 6-18　《建规》规定总建筑面积大于 500m² 的商店应设置火灾自动报警系统。如果某地下商店总建筑面积 900m²，中间用防火墙分隔成每个防火分区建筑面积分别为 450m² 后，是否还需要设置火灾自动报警系统？

答：《建规》第 8.4.1 条第 3 款规定应设置火灾自动报警系统的地下商店，为总建筑面积大于 500m² 的地下商店。该总建筑面积是指整个地下商店各区域的建筑面积之和，不是指地下商店中每个防火分区的总建筑面积。因此，该地下商店即使采用防火墙分隔成互不相通的多个防火分区，仍应设置火灾自动报警系统。

问题 6-19　商业服务网点内是否需要设置火灾自动报警系统？

答：现行《建规》未明确要求在商业服务网点内设置火灾自动报警系统。考虑到商业服务网点的业态类型多，引发火灾的因素复杂，个别还擅自设置住宿（不符合消防安全管理规定），具有较高的火灾危险性，因此商业服务网点内要尽量设置火灾自动报警系统。火灾自动报警系统可以根据建筑的管理特点，采用与物业管理室或住宅消防控制室联系并集中管理的火灾自动报警系统，也可以采用独立式火灾探测报警装置。

问题 6-20　甲、乙类厂房或甲、乙类仓库是否需要设置火灾自动报警系统？

答：甲、乙类厂房或甲、乙类仓库多为散发可燃气体或蒸汽、可燃粉尘的场所，部分场所为具有易燃固体或助燃气体的场所。这些场所由于条件和产生这些物质的部位或情况比较复杂，是否需要设置火灾自动报警系统，《建规》未做明确要求，但有关专项建筑标准均根据生产或储存的物质特性和条件，确定了相应的设置要求。因此，这些场所应根据实际情况设置可燃气体探测报警系统、温度监测系统等早期探测与预警、报警设施。

问题 6-21　如何执行现行国家标准《火灾自动报警系统设计规范》GB 50116—2013 第 4.6.1 条有关建筑中防火门的状态信息监控的要求？

答：现行国家标准《火灾自动报警系统设计规范》GB 50116—2013 第 4.6.1 条

规定了防火门系统的联动控制设计要求。根据该要求，当建筑内设置防火门联动控制和状态信息监控系统时，要求该系统具有联动关闭常开防火门和监控和显示防火门状态及其信息的功能，并没有要求建筑内的防火门需要设置联动控制或状态信息监控系统。

一般情况下，一座建筑需要设置什么样的消防设施，会在相应的建筑设计或建筑防火设计标准中予以规定。目前，国家相关标准尚未明确要求建筑内的防火门应设置联动控制系统和状态信息监控系统，有条件或有需求的建筑或场所可以视实际情况设置。但是如果建筑内设置了防火门联动控制和状态信息监控系统，则该系统的设计应符合 GB 50116—2013 第 4.6.1 条的规定。

问题 6-22 常闭式防火门是否应设置防火门监控系统？

答：防火门应具有反馈其启闭状态信号的功能，但如果该建筑未设置火灾自动报警系统或只设置了家用火灾报警装置，可以不设置防火门监控系统；如果该建筑设置了火灾自动报警系统，防火门的状态信号一般要反馈至火灾报警控制器，即需要考虑设置防火门监控系统。

问题 6-23 对于按照同一物业管理的建筑群，当设置消防控制中心时，是否每座建筑均需要设置消防控制室？

答：设置消防控制中心的建筑群，该建筑群内的每座设置火灾自动报警系统和联动控制系统的建筑仍应分别设置分消防控制室，以便及时、准确地处置火情。消防控制中心的消防设备应对系统内共用的消防设备进行控制，并显示其状态信息；应能显示各分消防控制室内消防设备的状态信息，并可对分消防控制室内的消防设备及其控制的消防系统和设备进行控制。各分消防控制室之间的消防设备之间可以互相传输、显示状态信息，但不应互相控制。

问题 6-24 规范要求设置火灾自动报警系统的"歌舞娱乐放映游艺场所"，是否有建筑面积或设置楼层等的限制？

答：《建规》第 8.4.1 条要求歌舞娱乐放映游艺场所应设置火灾自动报警系

统。该场所包括独立建造和设置在其他建筑内的歌舞娱乐放映游艺场所，无论其建筑面积多大，也无论设置在哪个楼层，均应设置火灾自动报警系统。火灾自动报警系统的类型，可以根据该场所的实际建筑面积和所在建筑其他区域火灾自动报警系统的设置情况统筹考虑。

问题 6-25 规范要求设置火灾自动报警系统的"老年人照料设施"，是否有建筑面积或设置楼层等的限制？

答：《建规》第8.4.1条要求老年人照料设施应设置火灾自动报警系统。该场所包括独立建造和设置在其他建筑内的老年人照料设施，无论其建筑面积多大，也无论设置在哪个楼层，均应设置火灾自动报警系统。火灾自动报警系统的类型，可以根据该场所的实际建筑面积和所在建筑其他区域火灾自动报警系统的设置情况统筹考虑。

但是，要求设置火灾自动报警系统的老年人照料设施，是指床位总数或可容纳老年人总数大于或等于20床或20人，并为老年人提供集中照料服务的公共建筑，包括老年人全日制照料设施和老年人日间照料设施，不包括非集中照料的老年人照料设施，也不包括床位总数少于20床或照料老年人数少于20人的老年人照料设施。这些分散的小型老年人照料场所，可以根据实际情况，设置家用火灾探测与报警装置或系统、独立式火灾探测报警装置等火灾报警设施。

问题 6-26 建筑内净高大于2.6m且可燃物较多的技术夹层、净高大于0.8m且有可燃物的闷顶或吊顶内应设置火灾自动报警系统，是否包括所有建筑内的上述空间？

答：《建规》第8.4.1条要求建筑内应设置火灾自动报警系统的技术夹层、闷顶或吊顶，是指这些技术夹层、闷顶或吊顶位于按照标准要求，或者根据设计设置了火灾自动报警系统的建筑或场所内时的情况。当一座建筑或其他具有夹层或闷顶、吊顶的场所不要求或者未设置火灾自动报警系统时，在上述技术夹层和闷顶或吊顶内，可以不设置火灾自动报警系统。这里的"可燃物较多"主要指电缆技术夹层，或敷设可燃液体、气体输送管道的技术夹层；具有可燃物的闷顶或吊顶主要指采用木结构或可燃、难燃材料保温的闷顶，明敷设线缆或采用可燃材料制作的吊顶等。一般设置可燃物较多的技术夹层的建筑，均为需要设置火灾自动报警系统的工业与民用建筑。

问题 6-27 建筑内设置机械排烟、防烟系统、气体灭火系统等需要与火灾自动报警系统联锁动作的场所或部位，如何设置火灾自动报警系统？

答：需要设置机械排烟或防烟系统的建筑，多为埋深较大，或建筑高度较高，或平面面积大的场所；需要设置气体灭火系统的建筑，主要为其中具有重要设备或精密仪器的房间或重要的资料、档案、文物等库房的建筑。根据相关标准的要求，通常这些建筑需要全部设置火灾自动报警系统。因此，消防设施的联动控制大多为建筑内火灾自动报警系统的一部分。当建筑不需要全部设置火灾自动报警系统时，可以只在需要联动相应消防设施或系统的部位或场所局部设置火灾自动报警系统。如，建筑内某疏散通道上设置了在火灾时需自动关闭的防火卷帘，而其他区域不需要设置火灾自动报警系统，则可以只在设置防火卷帘的部位两侧设置联动关闭防火卷帘的火灾探测与联动系统。该火灾自动报警系统应具备相应的火灾探测、声光警报和火灾报警与联动控制等基本的功能。

6.5 防烟和排烟设施

问题 6-28 如何理解建筑面积大于 5 000m² 的丁类生产车间应设置排烟设施中"生产车间"的含义？

答：建筑面积大于 5 000m² 的丁类生产车间，是指厂房内一个建筑面积大于 5 000m² 的丁类生产火灾危险性的房间或车间，不是一个总建筑面积大于 5 000m² 的丁类生产厂房，也不是多个车间的建筑面积之和大于 5 000m² 的丁类生产车间。当多个丁类生产车间的总建筑面积大于 5 000m²，但每个车间的建筑面积小于或等于 5 000m² 时，这些车间均不要求设置排烟设施。如图 6-1 所示，图中建筑面积为 3 000m² 的车间可以不设置排烟设施，建筑面积为 5 500m² 的车间需要设置排烟设施。

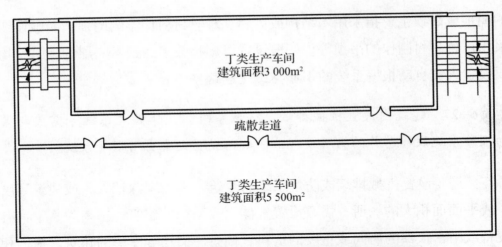

图6-1　丁类生产车间应设置排烟设施的条件示意图

问题 6-29　高度大于32m的高层厂房（仓库）内长度大于20m的疏散走道，其他厂房（仓库）内长度大于40m的疏散走道以及民用建筑内长度大于20m的疏散走道应设置排烟设施。应如何计算或确定这些疏散走道的长度？

答：（1）疏散走道的长度应按照其建筑长度确定，即走道一端至另一端的水平距离。当为T形、U形或L形走道，且在端部可以设置外窗时，应为其中任意一段在两端可以设置外窗的水平距离；当为T形、U形或L形走道，且在端部无法设置外窗或外窗无可开启窗扇时，应为其中任意一段水平距离大于20m或40m的走道。

（2）在确定疏散走道是否需要设置排烟系统时，不能因采用防火门将走道分隔成多段长度不大于20m或40m的分段而规避设置排烟系统的要求。因此，即使总长度符合规定要求设置排烟设施的疏散走道在中间采用防火门分成若干长度不大于20m或40m的分段，该疏散走道仍需要设置排烟系统，且每个分隔段均应划分为独立的防烟分区。

问题 6-30　如何理解地下或半地下建筑（室）、地上建筑内的无窗房间，当总建筑面积大于200m²或一个房间建筑面积大于50m²，且经常有人停留或可燃物较多时，应设置排烟设施？

答：（1）本题中的总建筑面积，为无外窗或外窗无可开启窗扇的房间所在区域的总建筑面积，包括房间和走道等区域的建筑面积。因此，地下或半地下建筑（包括建筑的地下或半地下室）中无外窗或外窗无可开启窗扇且总建筑面积大于 $200m^2$ 的区域，应设置机械排烟设施；地上建筑中无外窗或外窗无可开启窗扇且总建筑面积大于 $200m^2$ 的区域，应设置机械排烟设施。但是当房间的建筑面积小于或等于 $50m^2$ 时，这些无窗房间可以不设置机械排烟系统；当区域内每个房间的建筑面积均小于 $50m^2$ 时，可只在公共区（如走道）内设置机械排烟系统，房间内可以不设置机械排烟系统。

（2）对于建筑中无外窗或外窗无可开启窗扇的房间，无论是地上房间还是地下、半地下的房间，也无论其所在区域的面积大小，只要房间的建筑面积大于 $50m^2$，该房间就应设置机械排烟系统。

7 其 他

7.1 供暖、通风和空气调节

问题 7-1 乙类厂房（仓库）内是否允许使用防爆电暖器？

答：根据《建规》对厂房或仓库火灾危险性类别的划分标准，甲、乙类厂房或甲、乙类仓库涉及生产或物品类别的范围较大，有的全部区域存在爆炸危险性环境，有的只部分区域存在爆炸危险性环境。根据《建规》第 9.2.2 条的规定，禁止在爆炸危险性环境内使用明火或电散热器，但未限制使用其他具有安全保证的取暖器。当在厂房或仓库内的非防爆区域内使用符合安全要求的非明火或高温电暖器，或在爆炸危险性区域内使用相应防爆性能的防爆电暖器时，如有措施保证其散热部件或热风不会引发周围的爆炸性混合物发生燃烧或爆炸，原则上允许使用这些取暖设备。

但是实际环境往往比较复杂，而且爆炸危险性场所内的爆炸危险性物质的成分、特点具有较大差异，如粉尘容易在电暖器上积尘，并会因长时间受热发生燃烧引发事故，而较空气轻的可燃气体相对较安全。因此，除非经过严格的评估和分析，在正常情况下不允许在甲、乙类厂房或甲、乙类仓库内使用防爆电暖器。

问题 7-2 通风、空气调节系统的风管在穿越重要或火灾危险性大的场所的房间隔墙和楼板处应设置公称动作温度为 70℃ 的防火阀。其中，重要或火灾危险性大的场所主要包括哪些？

答：建筑内的重要场所，主要指使用性质重要、容易引发重大人员伤亡、容易导致重大经济损失或社会影响的房间，如多功能厅、会议室、儿童活动场所、老年人活动场所及其他人员聚集的房间，手术部或手术室、生物安全实验室，广播电视的播音室，指挥调度室，重要的控制室，存放重要档案资料、图书等或设置贵重物品、重要设备的其他房间等。

建筑内火灾危险性大的场所主要为具有易燃或易爆物品的实验室或库房，可燃物数量较多的书库、资料库或档案库，可燃物品存放间，使用燃油、燃气设备的房间，变电室、配电室，电动汽车库、电动自行车库等场所。

问题 7-3 通风、空气调节系统的风管能否穿越疏散楼梯间、楼梯间的前室、消防电梯的前室？

答：建筑内的疏散楼梯间、楼梯间的前室是人员的疏散安全区，消防电梯前室是消防救援人员进入建筑的重要安全区，必须确保疏散楼梯间、楼梯间的前室和消防电梯前室在火灾时的安全，防止烟气和火势蔓延进入其中。通风、空气调节系统中的风管连接建筑内不同空间或房间，这些管道通常不具备足够的耐火和防火性能，容易成为烟气或火势蔓延的通道。因此，不允许通风和空气调节系统的管道穿越上述这些部位，也不允许在上述这些区域内设置通风和空气调节系统的管道，以防止将火灾或烟气引入上述这些重要的部位。

问题 7-4 建筑火灾时的排烟系统管道是否需要与可燃或难燃物体之间的间隙不应小于150mm，或采用厚度不小于50mm的不燃材料隔热？

答：根据《建规》第9.3.10条的规定，排除和输送温度超过80℃的空气或其他气体以及易燃碎屑的管道，与可燃或难燃物体之间的间隙不应小于150mm，或需要采用厚度不小于50mm的不燃材料隔热；当管道上、下布置时，表面温度较高者应布置在上面。这条规定主要针对建筑内为满足生产或生活需要而设置的通风或空气调节系统的管道，一般不包括用于火灾时排烟的管道。

但是考虑到机械排烟系统在排除火灾烟气的过程中，由于烟气温度较高，使得未采取防火保护或耐火性能低的排烟系统管道在需经过防火分区、具有可燃物的吊顶、具有防火分隔要求的其他房间时，存在引燃与管道接触的可燃物而导致火灾蔓延的危险。因此，对于这些管道应采取相应的防火保护或隔离措施。如现行国家标准《建筑防烟排烟系统技术标准》GB 51251—2017 第4.4.8条第4款规定，设置在走道部位吊顶内的排烟管道以及穿越防火分区的排烟管道，其耐火极限不应低于 0.50h 或 1.00h；第 4.4.9 条规定，当吊顶内有可燃物时，吊顶内的排烟管道应采用不燃材料进行隔热，并应与可燃物保持不小于 150mm 的距离。

问题 7-5 规范要求防烟、排烟、采暖、通风和空气调节系统中的管道，在穿越防火隔墙、楼板及防火分区处的缝隙应采用防火封堵材料封堵。在这些管道穿越防火隔墙和楼板处是否应设置防火阀？

答：采暖、通风和空气调节系统中的风管和防排烟系统中的送风或排烟管道，在穿越防火隔墙或楼板时会破坏穿越处防火分隔的完整性，应采取在管道穿越处设置防火阀，并对管道穿越处周围的缝隙采用防护封堵材料封堵的措施。这两者都是为了防止火势和烟气经过风管及其穿越处的缝隙蔓延，所封闭的开口和缝隙类型不同，但目的相同。有关不同大小缝隙防火封堵的具体技术要求，参见现行国家标准《建筑防火封堵应用技术标准》GB/T 51410—2020。

问题 7-6 在建筑排烟补风管道上设置的防火阀，其动作温度应为 70℃还是 280℃？

答：建筑排烟时应向排烟空间补充足够的空气，才能保证有效排烟。排烟时的补风一般取自建筑室外，但补风管道系统与着火空间是相通的，为防止将高温烟气补充进排烟空间，或者因补风管道而发生蹿火或火势、烟气蔓延的情况，应在补风管道上设置防火阀。因此，此防火阀的动作温度应为 70℃，即动作温度比在高温天气情况下从室外吸入的空气温度高 30 ~ 40℃。当吸入的空气温度高于环境温度达到约 40℃时，该温度可以视为异常温度，表明所补充的空气为非室外正常空气，而可能含有高温烟气或管道内已发生蹿火等情况。

7.2 电　气

问题 7-7 《建规》有关消防用电设备负荷分级的要求，与《民用建筑电气设计标准》GB 51348—2019 及其他标准的要求有所不同，如何执行？

答：《建规》规定了各类建筑消防用电负荷等级的基本要求，其他专项标准根据各类建筑的具体需求，在《建规》规定的基础上进一步明确或细化了相应的消防用电负荷等级要求，这些要求总体上与《建规》的要求一致或较《建规》的要求高。因此，在实际工程设计中，当不同标准对同一类型或规模的建筑的消防用电负荷等级要求不一致时，应按照其中要求较高者确定。例如，对于剧场、电影院的消防用电负荷等级，现行国家标准《民用建筑电气设计标准》GB 51348—2019 的要求高于《建规》，则应按照 GB 51348—2019 的要求确定。

各类建筑消防用电负荷等级的要求，详见表 7-1。表中未列入的建筑，其消防用电负荷等级可为三级。

表 7-1 各类建筑消防用电负荷等级的要求

建筑类别	最低用电负荷等级
建筑高度大于 150m 的高层公共建筑	一级负荷中的特别重要负荷
特级体育设施	
一类高层民用建筑	一级负荷
特大型电影院（总座位数大于 1 800 个），特大型和大型剧场（座位数大于 1 500 个），甲级体育建筑，二层式、二层半式和多层民用机场航站楼，特大型和大型铁路旅客车站，城市轨道交通的地下车站	
Ⅰ类汽车库，Ⅰ、Ⅱ类飞机库，一、二类城市交通隧道	
建筑高度大于 50m 的乙、丙类厂房，建筑高度大于 50m 的丙类仓库	
二类高层民用建筑，大型电影院，中小型剧场，乙级和丙级体育建筑，一层式航站楼，中小型铁路旅客车站，城市轨道交通的地上车站，港口客运站、汽车客运站等交通建筑	二级负荷
任一层建筑面积大于 3 000m² 的商店和展览建筑，省市级及以上的广播电视、电信和财贸金融建筑，除一级负荷外室外消防用水量大于 25L/s 的其他公共建筑	
Ⅱ、Ⅲ类汽车库，Ⅰ类修车库，Ⅲ类飞机库，三类城市交通隧道	
粮食仓库、粮食筒仓，除一级负荷的建筑外室外消防用水量大于 30L/s 的厂房或仓库	
室外消防用水量大于 35L/s 的可燃材料堆场、可燃气体储罐（区）和甲、乙类液体储罐（区）	

问题 7-8 防烟和排烟风机房中消防用电设备的供电，应在其配电线路的最末一级配电箱处设置自动切换装置。该规定与《民用建筑电气设计标准》GB 51348—2019 要求的"各防火分区内的防排烟风机、消防排水泵、防火卷帘等可分别由配电小间内的双电源切换箱放射式、树干式供电""末端配电箱应安装于防火分区的配电小间或电气竖井内"是否一致？

答：防烟和排烟风机房中消防用电设备的供电应在其配电线路的最末一级配电箱处设置自动切换装置。根据现行国家标准《建筑防烟排烟系统技术标准》GB 51251—2017 的要求，防烟和排烟系统的风机均应设置在专用机房内，具备在此房间内设置配电箱的条件。因此，该最末一级配电箱可以设置在防烟或排烟风机房内或相应防火分区的消防设备配电小间内。这与现行国家标准《民用建筑电气设计标准》GB 51348—2019 的要求一致。

问题 7-9 按照一、二级负荷供电的消防用电设备，其配电箱应独立设置。该配电箱是末端消防配电箱还是建筑进线配电间内的总消防配电箱，或者两者都包括？

答：根据《建规》第 10.1.6 条的规定，消防用电设备应采用专用的供电回路，当建筑内的生产、生活用电被切断时，消防供电回路仍应能保证消防供电。要求消防配电箱独立设置，能通过设置明显的标识及不同配电箱与其他非消防供配电箱物理分隔，有效预防火灾时误切断消防电源。需独立设置的消防配电箱，包括建筑进线配电间内的总消防配电箱、消防配电线路的最末一级配电箱及其他消防配电箱。

问题 7-10 何谓矿物绝缘类不燃性电缆？

答：矿物绝缘类不燃性电缆由铜芯、矿物绝缘材料、铜等金属护套组成，具有良好的导电性能、机械物理性能、耐火性能，为不燃性电缆。这种电缆在火灾条件下不会延燃、不产生烟雾，能够较好地保证火灾延续时间内的消防供电。电缆的燃烧性能分级应符合现行国家标准《电缆及光缆燃烧性能分级》GB 31247—2014 的规定。

问题 7-11 建筑内消防用电设备的供电电源是否需要设置消防电源监控系统？

答：对于消防控制室、消防水泵房、防烟和排烟风机房内的消防用电设备和消防电梯的供电电源，国家相关标准没有明确要求应设置消防电源监控系统。在工程设计中，可以视情况设置与否。当建筑设置消防控制室时，一般要设置消防电源监控系统。当建筑设置消防电源监控系统时，根据现行国家标准《火灾自动报警系统设计规范》GB 50116—2013 第 3.4.2 条的规定，在消防控制室内设置的消防设备应包括消防电源监控器。

问题 7-12 配电箱和开关是否允许在采取相应防火措施的情况下设置在仓库内？

答：配电箱和开关存在一定的火灾危险性，是诱发电气火灾的主要因素之一。对于仓库，配电箱和开关要尽可能设置在库房外的走道或外墙上，必须设置在库房内时，对于甲、乙类库房，应采用相应防爆性能的电气设备，或设置在爆炸危险性区域外的单独房间内；对于丙类库房，应远离储存的可燃物品、设置防护外罩或设置在单独的房间内；对于火灾危险性较低的丁、戊类库房，应设置在无可燃物或远离可燃物（如可燃包装等）的区域，或采取必要的防火保护措施。

问题 7-13 敞开楼梯间和建筑高度小于 27m 的住宅建筑的楼梯间是否需要设置疏散照明？

答：建筑在发生火灾后，一般会要求或者需要切断正常照明。疏散照明是保证人员在火灾时快速安全疏散的重要设施，各类工业与民用建筑，无论是单层、多层或高层建筑，还是地上或者地下建筑，不管疏散楼梯间是封闭楼梯间、防烟楼梯间或者敞开楼梯间，是设置在建筑外墙上还是在室内，均应在建筑中的疏散走道、避难走道、疏散楼梯间、楼梯间和消防电梯的前室或合用前室内设置疏散照明。尽管在 2018 年版《建规》中不要求建筑高度小于 21m 的住宅建筑在疏散楼梯间内设置疏散照明，但在 2022 年版《建规》中将要求设置疏散照明。

问题 7-14 对于消防负荷可以按照三级负荷供电的建筑，是否也需要在最末一级配电箱处设置自动切换装置？

答：采用三级负荷供电的消防用电设备，一般只有一路外部电源保证，可以不设置自备发电设备。但是为保证消防供电的可靠性，消防供配电线路要求采用专用的供电回路，需要考虑单独设置消防设备的配电箱，因此仍要在供配电的最末一级配电箱处设置非消防供电与消防供电的自动切换装置，即不能因切断非消防电源时，误将保障消防用电设备的供配电线路切断。

问题 7-15 某建筑的消防负荷要求为一级负荷供电，采用 10kV 电源引自同一 110kV 区域变电站的两个母线段能否满足要求，是否还需要设置备用柴油发电机组？

答：根据国家标准《供配电系统设计规范》GB 50052—2009 第 3.0.2 条的规定，一级负荷应由双重电源供电，当一电源发生故障时，另一电源不应同时受到损坏。根据该要求，来自两个不同发电厂的电源，来自同一地区两个 35kV 及以上不同区域变电站的电源和一路来自区域变电站、另一路来自自备电源的电源，可以视为双重电源。当采用 10kV 电源引自同一个 110kV 区域变电站的两个母线段时，这两路供电来自 1 个 110kV 变电站的两个不同的供电回路，存在变电站发生故障时同时中断供电的可能。因此，一般不能视为双重电源，而要求设置消防应急备用电源。

问题 7-16 与其他线路敷设在同一个电气竖井内的消防线路，可否选用耐火电缆并采用封闭线槽敷设，而不必选用不燃性矿物绝缘电缆？

答：消防供配电线路的选型和敷设方式应能在建筑发生火灾时和在该建筑的设计火灾延续时间内，保证其向建筑内的消防用电设施或设备连续供电，不能因线缆选型或敷设方式不当而受到火势、高温或其他外力作用发生断路、短路，中断供电。因此，《建规》第 10.1.10 条第 3 款规定消防供配电线路要尽可能敷设在独立的建筑竖井内。当与其他线路敷设在同一个电气竖井内时，应分开敷设在竖井的两侧，并应选用矿物绝缘类不燃性电缆。

耐火电缆与矿物绝缘类不燃性电缆的性能有所区别，矿物绝缘类不燃性电缆属于耐火电缆，但耐火电缆的燃烧性能有不燃性、难燃性和阻燃类，不都属于不燃性的电缆。因此，即使消防供配电线路采用耐火电缆并采用封闭线槽敷设，当与其他线路共井敷设时，仍要选用不燃性矿物绝缘电缆。

问题 7-17　二类高层住宅建筑的出入口是否需要设置灯光疏散指示标志？

答：根据《建规》第 10.3.5 条的规定，在建筑高度小于或等于 54m 的住宅建筑（即二类高层住宅建筑）的疏散门（包括出入口）和疏散走道上，可以不设置灯光疏散指示标志。人员疏散主要依靠设置在楼梯间内和疏散走道上的疏散照明引导。但是为使人员在建筑发生火灾时能尽快安全疏散，有条件的住宅建筑还是要尽量设置灯光疏散指示标志，特别是内疏散走道较长的住宅建筑。

问题 7-18　根据现行行业标准《住宅建筑电气设计规范》JGJ 242—2011 第 6.4.5 条的规定，一类高层住宅建筑的应急照明应采用低烟无卤阻燃的线缆。如何执行此规定？

答：根据《住宅建筑电气设计规范》JGJ 242—2011 第 6.4.5 条的规定，19 层及以上的一类高层住宅建筑，公共疏散通道的应急照明应采用低烟无卤阻燃的线缆。10 ~ 18 层的二类高层住宅建筑，公共疏散通道的应急照明宜采用低烟无卤阻燃的线缆。

传统电线电缆绝缘层具有含卤聚合物与含卤阻燃剂混合而成的阻燃材料，热分解和燃烧会产生出大量烟雾和有毒有害气体，这些烟雾和有毒有害气体具有减光性和刺激性，容易导致人员窒息、伤亡。低烟无卤阻燃电线电缆在燃烧时只产生少量的气体和烟雾，具有难以着火并具有阻止或延缓火焰蔓延的能力。国家标准《阻燃和耐火电线电缆通则》GB/T 19666—2005 规定了此类电缆的阻燃性能、无卤性能和低烟性能。但在建筑防火中，一般采用线缆的燃烧性能和耐火性能来衡量供电线路在火灾或高温作用下的性能，并能准确地定量测定。

JGJ 242—2011 第 6.4.5 条所规定的应急照明是住宅建筑内的疏散照明，其供配电线缆的选型，除应选用低烟无卤阻燃的线缆外，还应根据其敷设方式按照《建规》第 10.1.10 条的规定选型。

问题 7-19 绝缘和护套为非延燃性材料的消防供电电缆，当穿金属管、封闭金属线槽或桥架明敷时，是否需要采取防火保护措施？

答：非延燃性材料的说法是一种不确切、难以定量评价的定性说法。严格来说，应采用材料的燃烧性能来表达。部分绝缘和护套为非延燃性材料的电缆的燃烧性能可以达到国家标准《电缆及光缆燃烧性能分级》GB 31247—2014 所规定的 B_1 级。

根据《建规》第 10.1.10 条第 1 款的规定，如果不属于下列情形之一，绝缘和护套非延燃性材料的消防供电电缆穿金属导管、封闭式金属线槽或桥架明敷时，金属导管、封闭式金属线槽或桥架应采取防火保护措施：

（1）明敷并为矿物绝缘类不燃性电缆。

（2）敷设在电缆井或电缆沟内并为阻燃或耐火电缆。

常见的防火保护措施有外包覆柔性耐火材料、防火板、喷涂防火涂料等。

问题 7-20 在建筑的疏散楼梯间及其前室内能否设置电表，有何具体的防火要求？

答：尽管《建规》没有限制在建筑的疏散楼梯间及其前室内设置电表，但要尽量避免将电表设置在疏散楼梯间内。必须设置时，要采取不燃材料制做的电表箱等防护措施，在线缆进出墙体处采取防火封堵措施。

问题 7-21 对于要求采用一、二级负荷供电的消防设备，其配电箱应如何独立设置？

答：对于要求采用一、二级负荷供电的消防设备，其配电箱应独立设置，该配电箱是指末端的消防设备配电箱，不是变电所的 PC（Power Control）柜或建筑的低压进线总配电箱。当供电线路由建筑外的变电所直接进入总配电室时，应在总配电室将消防负荷与非消防负荷的供电线路分开设置；当变电所位于建筑内，并通过电缆引至配电室时，消防负荷与非消防负荷的供电线路要尽量在变电所分开设置，避免混合供电电缆发生故障而影响消防负荷的供电可靠性。

问题 7-22 消防用电设备配电箱的防火保护措施有哪些?

答:消防用电设备配电箱的常见防火保护措施有:将配电箱和控制箱设置在符合防火要求的配电间或控制间内,采用内衬岩棉对箱体进行防火保护。

问题 7-23 在设计中如何预防丙类仓库内照明灯具引发的电气火灾?

答:根据《仓库防火管理规则》的规定,在储存丙类物品的库房内,不得使用碘钨灯和 60W 以上的白炽灯等高温照明灯具。当使用日光灯等低温照明灯具和其他防燃型照明灯具时,应对镇流器采取隔热、散热等防火保护措施。根据国家烟草专卖局《烟草行业消防安全管理规定》第二十五条的规定,贮丝、烘支房和各库房内不得使用 60W 以上的白炽灯,线路应采用暗管敷设,开关应设置在室外,并有断电指示。为满足仓库内的工作照度要求,应采用无镇流器的冷光源照明灯具、具有防爆玻璃装置的照明灯具、采用日光灯并将镇流器统一安装在库房外。电气开关应尽量设置在库房;设置在库内时,应采取防火保护措施和远离可燃物。

问题 7-24 消防电梯和普通电梯的机房和高层建筑中疏散楼梯间出屋面的门,是否应为防火门?

答:电梯机房和高层建筑中疏散楼梯间出屋面的门,由于直接开向室外,一般不会受到外部高温烟气和火势的作用,机房本身的火灾对屋面的影响也较小,且不太可能导致火势蔓延,因此这些门正常情况下不需要采用防火门。但是当出屋面的门附近存在其他火灾危险性的场所且防火间距不足时,应采用乙级或甲级防火门。